大飞机出版工程　总主编／顾诵芬

民机先进航电系统及应用系列

主编／冯培德　执行主编／金德琨

民用飞机飞行管理系统

Flight Management System for Civil Aircraft

王金岩　孙晓敏　齐林　等／编著
金德琨　赵春玲／审校

上海交通大学出版社
SHANGHAI JIAO TONG UNIVERSITY PRESS

内容提要

本书根据作者多年来的飞行管理系统研发实践经验,介绍了飞行管理系统的概念、发展历程、工作原理、系统组成、研制流程和功能设计。全书首先从飞行运行环境要求和飞行管理系统在各飞行阶段的操作使用情况出发,分析飞行管理系统功能要求;其次以系统工程研制流程为主线,简要叙述了飞行管理系统的研发过程;最后描述了飞行管理系统各项功能的设计,包括综合导航、飞行计划、飞行引导、性能管理、导航数据库以及健康管理功能。本书还分别介绍了传统的文本和图形触摸形式飞行管理系统人机交互设计、在空域协同管理中不可或缺的空地数据链应用以及两种提高机场运行效率的场面引导功能,并对飞行管理系统的未来发展进行了展望。

本书可为从事飞行管理系统研发的技术人员提供参考,也可作为高等院校航空电子系统相关专业的教师和研究生的参考用书。

图书在版编目(CIP)数据

民用飞机飞行管理系统/ 王金岩等编著. —上海:
上海交通大学出版社,2019(2020 重印)
大飞机出版工程
ISBN 978 - 7 - 313 - 22770 - 6

Ⅰ.①民… Ⅱ.①王… Ⅲ.①民用飞机—飞行管理
Ⅳ.①V249.122

中国版本图书馆 CIP 数据核字(2020)第 003610 号

民用飞机飞行管理系统
MINYONG FEIJI FEIXING GUANLI XITONG

编 著 者:王金岩 孙晓敏 齐 林 等			
出版发行:上海交通大学出版社	地 址:上海市番禺路 951 号
邮政编码:200030	电 话:021 - 64071208
印 制:上海盛通时代印刷有限公司	经 销:全国新华书店
开 本:710 mm×1000 mm 1/16	印 张:27.75
字 数:375 千字	
版 次:2019 年 12 月第 1 版	印 次:2020 年 7 月第 2 次印刷
书 号:ISBN 978 - 7 - 313 - 22770 - 6	
定 价:278.00 元	

大飞机出版工程
丛书编委会

总 主 编　顾诵芬(航空工业集团公司科技委原副主任、中国科学院和中国工程院院士)

副总主编　贺东风(中国商用飞机有限责任公司董事长)

　　　　　林忠钦(上海交通大学校长、中国工程院院士)

编 委 会　王礼恒(中国航天科技集团公司科技委主任、中国工程院院士)

　　　　　王宗光(上海交通大学原党委书记、教授)

　　　　　刘　洪(上海交通大学航空航天学院原副院长、教授)

　　　　　任　和(中国商飞上海飞机客户服务公司副总工程师、教授)

　　　　　李　明(航空工业集团沈阳飞机设计研究所科技委委员、中国工程院院士)

　　　　　吴光辉(中国商用飞机有限责任公司副总经理、总设计师、中国工程院院士)

　　　　　汪　海(上海交通大学航空航天学院研究员)

　　　　　张卫红(西北工业大学副校长、教授)

　　　　　张新国(中国航空工业集团原副总经理、研究员)

　　　　　陈　勇(中国商用飞机有限责任公司工程总师、ARJ21飞机总设计师、研究员)

　　　　　陈迎春(中国商用飞机有限责任公司CR929飞机总设计师、研究员)

　　　　　陈宗基(北京航空航天大学自动化科学与电气工程学院教授)

　　　　　陈懋章(北京航空航天大学能源与动力工程学院教授、中国工程院院士)

　　　　　金德琨(航空工业集团公司原科技委委员、研究员)

　　　　　赵越让(中国商用飞机有限责任公司总经理、研究员)

　　　　　姜丽萍(中国商用飞机有限责任公司制造总师、研究员)

　　　　　曹春晓(航空工业集团北京航空材料研究院研究员、中国工程院院士)

　　　　　敬忠良(上海交通大学航空航天学院原常务副院长、教授)

　　　　　傅　山(上海交通大学电子信息与电气工程学院研究员)

民机先进航电系统及应用系列
编委会

总序

国务院在 2007 年 2 月底批准了大型飞机研制重大科技专项正式立项,得到全国上下各方面的关注。"大型飞机"工程项目作为创新型国家的标志工程重新燃起我们国家和人民共同承载着"航空报国梦"的巨大热情。对于所有从事航空事业的工作者,这是历史赋予的使命和挑战。

1903 年 12 月 17 日,美国莱特兄弟制作的世界第一架有动力、可操纵、重于空气的载人飞行器试飞成功,标志着人类飞行的梦想变成了现实。飞机作为 20 世纪最重大的科技成果之一,是人类科技创新能力与工业化生产形式相结合的产物,也是现代科学技术的集大成者。军事和民生对飞机的需求促进了飞机迅速而不间断的发展,体现和应用了当代科学技术的最新成果;而航空领域的持续探索和不断创新为诸多学科的发展和相关技术的突破提供了强劲动力。航空工业已经成为知识密集、技术密集、高附加值、低消耗的产业。从大型飞机工程项目开始论证到确定为《国家中长期科学和技术发展规划纲要》的十六个重大专项之一,直至立项通过,不仅使全国上下重视起我国自主航空事业,而且使我们的人民、政府理解了我国航空事业半个世纪发展的艰辛和成绩。大型飞机重大专项正式立项和启动使我们的民用航空进入新纪元。经过 50 多年的风雨历程,当今中国的航空工业已经步入了科学、理性的发展轨道。大型客机项目其产业链长、辐射面宽、对国家综合实力带动性强,在国民经济发展和科学技术进步中发挥着重要作用,我国的航空工业迎来了新的发展机遇。

大型飞机的研制承载着中国几代航空人的梦想,在 2016 年造出与波音 737 和空客 A320 改进型一样先进的"国产大飞机"已经成为每个航空人心中奋斗的目标。然而,大型飞机覆盖了机械、电子、材料、冶金、仪器仪表、化工等几乎所有工业门类,集成了数学、空气动力学、材料学、人机工程学、自动控制学等多种学科，是一个复杂的科技创新系统。为了迎接新形势下理论、技术和工程等方面的严峻挑战，迫切需要引入、借鉴国外的优秀出版物和数据资料，总结和巩固我们的经验和成果，编著一套以"大飞机"为主题的丛书，借以推动服务"大型飞机"作为推动服务整个航空科学的切入点，同时对于促进我国航空事业的发展和加快航空紧缺人才的培养，具有十分重要的现实意义和深远的历史意义。

2008 年 5 月，中国商用飞机有限责任公司成立之初，上海交通大学出版社就开始酝酿"大飞机出版工程"，这是一项非常适合"大飞机"研制工作时宜的事业。新中国第一位飞机设计宗师——徐舜寿同志在领导我们研制中国第一架喷气式歼击教练机——歼教 1 时，亲自撰写了《飞机性能捷算法》，及时编译了第一部《英汉航空工程名词字典》，翻译出版了《飞机构造学》和《飞机强度学》，从理论上保证了我们的飞机研制工作。我本人作为航空事业发展 50 年的见证人，欣然接受了上海交通大学出版社的邀请担任该丛书的主编，希望为我国的"大型飞机"研制发展出一份力。出版社同时也邀请了王礼恒院士、金德琨研究员、吴光辉总设计师、陈迎春总设计师等航空领域专家撰写专著、精选书目，承担翻译、审校等工作，以确保这套"大飞机"丛书具有高品质和重大的社会价值，为我国的大飞机研制以及学科发展提供参考和智力支持。

编著这套丛书，一是总结整理 50 多年来航空科学技术的重要成果及宝贵经验；二是优化航空专业技术教材体系，为飞机设计技术人员培养提供一套系统、全面的教科书，满足人才培养对教材的迫切需求；三是为大飞机研制提供有力的技术保障；四是将许多专家、教授、学者广博的学识见解和丰富的实践经验总结继承下来，旨在从系统性、完整性和实用性角度出发,把丰富的实践经验进一步理论化、科学化,形成具有我国特色的"大飞机"理论与实践相结合的知识体系。

"大飞机"丛书主要涵盖了总体气动、航空发动机、结构强度、航电、制造等专业方向,知识领域覆盖我国国产大飞机的关键技术。图书类别分为译著、专著、教材、工具书等几个模块;其内容既包括领域内专家最先进的理论方法和技术成果,也包括来自飞机设计第一线的理论和实践成果。如:2009 年出版的荷兰原福克飞机公司总师撰写的 *Aerodynamic Design of Transport Aircraft*(《运输类飞机的空气动力设计》);由美国堪萨斯大学 2008 年出版的 *Aircraft Propulsion*(《飞机推进》)等国外最新科技的结晶;国内《民用飞机总体设计》等总体阐述之作和《涡量动力学》《民用飞机气动设计》等专业细分的著作;也有《民机设计 1000 问》《英汉航空双向词典》等工具类图书。

该套图书得到国家出版基金资助,体现了国家对"大型飞机项目"以及"大飞机出版工程"这套丛书的高度重视。这套丛书承担着记载与弘扬科技成就、积累和传播科技知识的使命,凝结了国内外航空领域专业人士的智慧和成果,具有较强的系统性、完整性、实用性和技术前瞻性,既可作为实际工作指导用书,亦可作为相关专业人员的学习参考用书。期望这套丛书能够有益于航空领域里人才的培养,有益于航空工业的发展,有益于大飞机的成功研制。同时,希望能为大飞机工程吸引更多的读者来关心航空、支持航空和热爱航空,并投身于中国航空事业做出一点贡献。

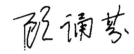

2009 年 12 月 15 日

系列序

20世纪后半叶特别是21世纪初，信息技术的高速发展带动了其他学科的发展，航空信息化、智能化加速了航空的发展。航空电子已成为现代飞机控制和运行的基础，越来越多的重要功能有赖于先进的航空电子系统来实现。先进的航空电子系统已成为飞机先进性的重要标志之一。

如果将发动机比作飞机的"心脏"，航空电子系统则称得上是飞机的"大脑"和"中枢神经系统"，其性能直接影响飞机的自动化和智能化水平，对飞机的安全性、经济性、舒适性、可用性等有重要的作用。由于航空电子系统地位特殊，因此当今主流飞机制造商都将航空电子系统集成与验证的相关技术列为关键技术，这也是我国亟待突破的大飞机研制关键技术。目前，国家正筹备航电专项以提升航空电子系统的自主研发和系统集成能力。

随着国家对航空产业的重视，在"十二五""十三五"民机科研项目的支持下，在国产大飞机研制的实践中，我国航空电子系统在综合化、模块化方面取得了很大的进步。本系列图书旨在将我国广大工程技术人员在航空电子技术方面多年研究成果和实践加以梳理、总结，为我国自主研制大型民用飞机助一臂之力。

本系列图书以"民机先进航电系统及应用"为主题，内容主要涵盖航空电子系统综合技术、飞行管理系统、显示与控制系统、机载总线与网络、飞机环境综合监视、通信导航监视、航空电子系统软件/硬件开发及适航审定、客舱与机载信息系统、民机健康管理系统、飞行记录系统、驾驶舱集成设计与适航验证、系统安全性设计与分析和航空电子适航性管理等关键性技术，既有理论又有设计方法；既有正在运营的各种大型飞机航空电子系统的介绍，也有航空电子发展趋势的展望，具有明显的工程实用性，对大飞机在研型号的优化和新机研制具有参考和借鉴价值。本系列图书适用于民用飞机航空电子研究、开发、生产及管理人员和高等学校相关专业师生，也可供从事军用航空电子工作的相关人员参考。

本系列图书的作者主要来自航空工业无线电电子研究所、航空工业西安航空计算技术研究所、航空工业雷华电子技术研究所、航空工业综合技术研究所、中国电子科技集团航空电子公司、航空工业陕西千山航空电子有限责任公司、上海交通大学以及大飞机研制的主体单位——中国商用飞机有限责任公司等专业的研究所、高校以及公司。他们都是从事大飞机航空电子系统研制的专家和学者，在航空电子领域有着突出的贡献、渊博的知识和丰富的实践经验。

大型民用飞机的研制承载着中国几代航空人的梦想，制造出先进的国产大飞机已经成为每个航空人奋斗的目标。本系列图书得到2019年国家出版基金的资助，充分体现了国家对"大飞机工程"的高度重视，希望该套图书的出版能够为国产大飞机的研制服务。衷心感谢每一位参与编著本系列图书的人员，以及所有直接或间接参与本丛书审校工作的专家学者和上海交通大学出版社的"大飞机出版工程"项目组，在大家的共同努力下，这套丛书终于面世。衷心希望本系列图书能切实有利于我国航空电子系统研发能力的提升，为国产大飞机的研制尽一份绵薄之力。

由于本系列图书是国内第一套航空电子系列图书，规模大、专业面广，作者的水平和实践经验有限，不妥之处在所难免，敬请读者批评指正！

民机先进航电系统及应用系列编委会

民用飞机飞行管理系统
编写组

主　编　王金岩　孙晓敏　齐　林

编写组　蒋　欣　王　丹　张　炯　薛广龙　陈　甲　陈　祺　隋丰远

　　　　张　磊　王　娜　池　怿　杨小会　王　欢　张福凯　郭　伟

主　审　金德琨　赵春玲

评审组　陈　芳　周元辉　马航帅　姜星伟　吕　岸　裴宇鑫　仲照华

前言

20世纪80年代初期,飞行管理系统在商业飞行中首次应用,不仅减小了飞行机组的工作负荷,而且通过优化飞行剖面降低了运行成本,因此很快获得推广。经过几十年的演进和发展,飞行管理系统已成为民用飞机座舱中不可或缺的部分。

飞行管理系统是对各飞行阶段的航迹进行管理的系统,它将部分驾驶员操作集合自动化,支持航线计划和终端区程序的自动执行,从而降低机组工作负荷,同时还能提升飞行品质。为使读者对飞行管理系统的运行环境和场景获得更为直观的了解,本书对飞行相关的自然环境、空中交通管理环境和各飞行阶段的典型操作做了介绍。在当前有人驾驶航空器的人机交互关系中,驾驶员仍具有更高的优先级,他们承担了与空中交通管制人员和航空公司运控人员的交互工作,收到的许可和指令以及操作参数和选项需要机组输入飞行管理系统。所以本书还介绍了传统的和新一代的飞行管理系统人机交互设计情况。

自动驾驶仪和自动油门实现了单个水平和/或垂直航段的自动控制,使航迹回路实现闭环。而飞行管理系统自动化针对的是一组航段序列,实现面向飞行任务环路的控制。飞行管理系统根据飞行任务,从导航数据库和性能数据库获得相应的信息,构建期望的飞行航迹;再根据各导航传感器的信息确定飞机位置,计算出飞机位置与期望飞行航迹的偏差以及纠正该偏差的操纵指令,经由自动驾驶仪、自动油门或自动推力系统,传送至主飞行控制和发动机控制系统,由控制系统进一步驱动舵面偏转和发动机油门调节,最终实现从飞机姿态、飞行航迹到飞行任务的闭环。本书的功能设计章节描述了飞行任务环路的关键要素——飞行管理系统的基本功能,包括综合导航、飞行计划、飞行引导、性能管理、导航数据库和健康管理功能。

在通信导航监视/空中交通管理体系的发展和实施中,飞行管理系统增加了飞机端与空中交通管制的交互,通过数据链应用支持基于航迹的运行,又通过提供或支持场面引导功能,将基于航迹的运行从空中扩展到地面。本书最后对飞行管理系统的未来发展进行了展望。未来,飞行管理系统将继续提高飞行自动化水平、提升飞机运行效率。

本书由中国航空无线电电子研究所王金岩研究员统筹策划、主持编写、统稿并审阅。本书的编写得到了中国航空无线电电子研究所和中国商飞北京民用飞机技术研究中心的鼎力支持,在编写过程中也获得了金德琨、赵春玲、陈芳等专家的大力帮助。周元辉、马航帅、姜星伟、吕岸、仲照华、裴宇鑫对功能设计、安全性、适航标准和要求等方面提出了修改建议;金强、毛佳雯、徐万萌、许钦聪、何俊豪、许建新、马力、鲍晗、刘倬伟、邓皓嘉、曹聪和曹思珺对书稿文字和图片做了修改,在此一并致以衷心的感谢。

由于编者知识水平有限,恳请读者批评指正。

术语

[1] GNSS 着陆系统(GNSS landing system, GLS)
一个安全关键系统,由硬件和软件组成,增强了全球卫星导航系统(global navigation satellite system, GNSS)的定位功能,提供了精密的进近和着陆能力(类似于仪表着陆系统)。GNSS 提供的定位服务不足以满足精密进近和着陆导航的完整性、连续性、准确性和可用性要求。为了满足这些要求,基于差分 GNSS 概念增强了基础的 GNSS 位置数据。

[2] RNP 特殊授权(RNP authorization required, RNP AR)
进行指定的 RNP 进近/复飞的特别授权。

[3] 包容度(containment)
定义 RNP 区域导航(RNP area navigation,RNP RNAV)系统性能的一组相关参数。这些参数包括包容度完整性、包容度连续性和包容区域。

[4] 标准仪表进场程序
特定的仪表飞行规则进场路线,通常连接航路上的一个固定点和公布的仪表进近程序的开始点。它提供了脱离航路,过渡到终端区的飞行程序。

[5] 标准仪表离场程序
特定的仪表飞行规则离场路线,通常连接机场或特定的机场跑道和空中交通服务(air traffic service, ATS)航路上的一个固定点。这个点是航路阶段的开始。标准仪表离场程序提供了离开终端区过渡到航路的飞行程序。

[6] 测地线(geodesic line)

在数学定义曲面(如 WGS-84)上两点之间的最短距离连线。

[7] 垂直导航(vertical navigation, VNAV)

针对垂直飞行计划和/或计算所得的垂直路径提供计算、显示和引导的飞行管理系统(flight management system,FMS)功能。

[8] 磁偏角(magnetic variation)

任意位置上地磁子午线与地理子午线之间的夹角,以东西向的度和分指示从真北到磁北的方向,也称为磁差。

[9] 待飞距(distance-to-go)

飞机当前位置与飞机将要飞行到的航路点之间的距离。在飞机飞行平行偏置时,为当前位置到偏置参考点的距离。

[10] 导航精度(accuracy-navigation)

表示计算位置与实际位置的一致程度。

[11] 导航可用性(availability-navigation)

所需精度和完好性可用于满足指定操作阶段的时间百分比。

[12] 导航数据库(navigation database)

用于支持导航应用,是经过汇总、打包及格式化等处理,以电子形式存储于系统中的导航数据文件总称。导航数据库的内容主要包括导航设施、航路点、ATS 航路、机场、终端区程序和公司航路等相关信息。

[13] 导航完好性(integrity-navigation)

当系统不能用于导航时,及时向用户提供警告的能力。在 RNP 导航中,它指的是对估计位置的置信度度量,该置信度表示为系统检测并报告总系统误差大于横向轨迹误差包容度限制的概率。

[14] 到达时间控制(time of arrival control, TOAC)

基于性能的要求到达时间(required time of arrival, RTA)运行。它根据输入的飞机性能参数、当前和预测的环境条件以及不确定性模型,在可实现预计到达时间(estimated time of arrival, ETA)范围内以一定的时间精度要求到达指定 RTA 航路点。

[15] 等待程序(holding procedure)

一种预定的操作,将飞机保持在指定的空域内,同时等待进一步的放行许可。

[16] 等待模式(holding pattern)

在等待空域的飞行航线,通常是高空的一片长方形区域,飞机在这一区域中盘旋飞行,等待管制的进一步放行许可。

[17] 地基增强系统(ground-based augmentation system, GBAS)

国际民航组织将 GBAS 定义为功能类似于 GPS 卫星的地面增强系统设备(通常位于机场区域)。这种增强使飞机可以非常精确地确定其垂直/横向位置,最终目标是满足 CAT Ⅲ C 类运行要求。

[18] 固定点(fix)

固定点是地理位置的通用名称,也被称为坐标位置、航路点、交叉点、报告点等,有时也称为固定点。

[19] 多传感器导航(multi-sensor navigation)

多传感器导航是飞行管理系统(flight management system，FMS)功能之一，其中飞机的位置由来自两个或多个独立传感器的数据确定，每个传感器都是可用的(即满足机载导航的精度、可用性和完整性等导航性能要求)。

[20] 方位角(bearing)

从当前位置到任何一点或从任何一点到当前位置的水平方位。通常从正北、磁北或其他某个参考点沿顺时针测量，范围是 0°~360°。

[21] 飞机通信寻址与报告系统(aircraft communications addressing and reporting system, ACARS)

提供飞机与地面终端系统(指挥和控制、空中交通控制等)之间连接的数据链路网络。

[22] 飞行高度层(flight level, FL)

恒定气压的表面，与特定压力基准(101.32 kPa)有关，通过特定的压力间隔与其他表面互相隔开。

[23] 飞行管理功能(flight management function, FMF)

飞行管理系统软件的单个实例，可以作为单个可执行文件驻留在系统中，也可以作为一个或多个分区驻留在 ARINC 653 分区操作的系统中。

[24] 飞行管理系统

一种使各种功能自动化的特定计算机系统，可提高飞机的效率，减少驾驶员的工作量。这些功能通常包括位置确定、导航、飞行计划、性能建议、水平和垂直导航、数据库管理等。

[25] 飞行航迹角(flight path angle, FPA)

垂直飞行路径与经过参考基准点的水平面的夹角。

[26] 飞行技术误差(flight technical error, FTE)

飞行控制精度,根据指示飞机位置相对于指示的命令或期望的位置进行测量。

[27] 复飞程序

航空器不能继续进近时所遵循的程序。

[28] 功能研制保证等级

执行功能研制保证任务的严格等级。

[29] 共模分析(common mode analysis, CMA)

为了验证"在系统安全性评估(system safety assessment,SSA)中识别的失效事件在实际的产品实现中是独立的"这一结论所开展的分析。

[30] 共模失效

能同时影响若干元件的事件;如果没有这种事件,则认为这些元件彼此独立。

[31] 共因分析(common cause analysis, CCA)

CCA用于识别可能导致灾难性的或危险的失效状态的各个失效模式或外部事件。CCA包括区域安全性分析(zonal safety analysis, ZSA),共模分析和特定风险分析(particular risk analysis,PRA)。

[32] 固定半径转弯(radius to fix, RF)航段

RF航段具有确定的转弯中心和固定的半径,并始于和止于确定的固定点,可作为程序的一部分公布。

[33] 管制员和驾驶员数据链通信(controller-pilot data link communication, CPDLC)

CPDLC 应用程序提供飞行计划、放行和飞行机组与空中交通管制之间的信息数据交换。这个应用程序是对语音通信的补充,将来在某些情况下可能会取代语音通信。

[34] 广播式自动相关监视系统(automatic dependent surveillance-broadcast, ADS‐B)

航空器或对象将定期广播一条信息,包括其位置(纬度、经度、高度)、速度和可能的其他信息。这些位置报告基于精确的导航系统。有三种链路可用于 ADS‐B:1090 扩展应答信号、通用接入收发器和甚高频(very high frequency, VHF)数据链路模式 4(VDL‐4)。

[35] 过渡高度(transition altitude)

一个特定的修正海平面气压高度,在此高度或以下,航空器的垂直位置按照修正海平面气压高度表示。

[36] 过渡高度层(transition level)

在过渡高度之上的最低可用飞行高度层。

[37] 航道(course)

(1) 在水平面上的预定飞行方向,以北向为基准进行测量,以度为单位。

(2) 仪表着陆系统(instrument landing system, ILS)航道信号模式,通常指定为前航道或后航道。

(3) 沿直线、曲线或分段的微波着陆系统(microwave landing system, MLS)航路的预定航道。

[38] 航段(leg)

航段是飞行计划的一部分,包括路径类型(如航迹、航道、航向)和终端类型(如固定点、高度)。在 RNP 环境中,一个航段通常是地球上一条终止于固定航路点的路径。

[39] 航迹(track)

飞机的飞行轨迹在地球表面的投影,其方向通常以北为基准,用度表示。

[40] 航空电信网络(aeronautical telecommunication network, ATN)

一种网络体系结构,允许地地数据、空地数据和航空电子数据子网通过使用公共接口服务和协议进行交互操作。

[41] 航空公司运行控制(airline/aeronautical operational control, AOC)

在飞机与运控中心之间,用于支持运行的信息,包括但不限于飞行计划、航情以及向航班和受影响人员分发的信息。

[42] 航空资料定期颁发制(aeronautical information regulation and control, AIRAC)

航空运行活动需要做出重大调整时,按照航空资料共同生效日期提前发布通知的制度。

[43] 航路/航线(airway)

以设置无线电导航设备空中走廊的形式建立的控制区域或其一部分。

[44] 航路点(waypoint)

使用经纬度定义的预定义地理位置,用于航线定义和/或进展报告。

[45] 航向(heading)

飞机纵轴指向的方向,通常以相对于北向(真、磁、罗盘或网格)的角度表示。

[46] 合同式自动相关监视系统(automatic dependent surveillance-contract, ADS－C)

一种数据链路应用程序,通过数据链路为地面设施与飞机导航系统建立协议提供一种手段。

[47] 横向轨迹误差(cross-track error)

飞机在期望路径左侧或右侧到期望路径的垂直距离。此误差等于总系统误差的横向分量，通常称为偏航距。

[48] 机组航行通告(notice to airmen, NOTAM)

向驾驶员发出的通告,包括有关航空设施、服务、程序或危险区的建立、条件或改变的通告,这些信息对飞行操作相关人员来说是至关重要的。

[49] 基于航迹的运行(trajectory-based operation, TBO)

根据初始计划信息,以四维航迹管理为核心,以对航空器的四维航迹规划以及四维航迹的精确预测为基础,各个运行主体之间共享航迹信息,协同决策的运行方式。

[50] 基于性能的导航(performance based navigation, PBN)

一种基于区域导航系统的导航概念,它定义了在精度、完好性、连续性和可用性方面所需的性能,包括如何在飞机和机组人员的要求方面实现该能力的描述。

[51] 几何路径(geometric path)

由两点之间的直线定义的垂直飞行路线,或由参考基准点的指定飞行航迹角定义的垂直飞行路线。

[52] 接收机自主完好性监视(receiver autonomous integrity monitoring, RAIM)

机载增强系统(aircraft based augmentation system，ABAS)的一种技术,是只使用GPS测量或者利用气压辅助证实位置输出完好性的算法。这种技术通过检验冗余伪距测量的一致性实现。接收机/处理器要执行RAIM功能,除了定位所需的卫星外,至少还需要接收另外一颗具有合适几何构型的卫星的信号。

[53] 接收机自主完好性监视预测(predictive RAIM, P‑RAIM)

根据预计到达时间确定 RAIM 在任何地点(通常是目的地机场)的可用性。

[54] 连续性(continuity)

系统的连续性是指整个系统(包括使飞机位置保持在规定空域内所需的所有要素)在预定运行期间不受非计划中断的影响并执行其功能的能力。连续性风险是指系统被无意中断且无法为预期操作提供引导信息的可能性。更具体地说,假设系统在运行阶段的开始时可用,连续性是指系统在运行阶段的持续时间内可用的概率。请参阅包容度连续性的定义了解有关此参数如何应用于 RNP 空域的内容。

[55] 路径操纵误差(path steering error, PSE)

这个误差是由定义的路径和估计位置的差值决定的。路径操纵误差包括飞行技术误差和显示误差。

[56] 路径定义误差(path definition error)

在特定的点和时间,定义路径与期望路径之间的差异。

[57] 欧洲单一天空空中交通管理研究(Single European Sky ATM Research, SESAR)

欧洲下一代空中交通管理基础设施现代化计划。

[58] 平行偏置(parallel offset)

平行偏置定义为由导航系统计算得到的一个或多个偏移参考点确定的横向路径,与原路线平行。偏移量的大小由偏置距离决定。

[59] 期望航路(desired path)

给定特定的航线航段或过渡段,机组人员和空中交通管制人员可期望飞机飞行的路径。

[60] 区域导航

一种导航方式，允许航空器在陆基或星基导航信号覆盖范围内，或在机载自主导航设备的工作能力范围内(或两者的组合)，沿任意期望的航路飞行。

[61] 全球导航卫星系统(global navigation satellite system，GNSS)

GNSS 是全球位置、速度和时间测定系统的通用术语，包括一个或多个卫星星座、机载接收机和系统完好性监控设备。GNSS 包括全球定位系统(global positioning system，GPS)、全球卫星导航系统(GLONASS)、伽利略(Galileo)、北斗(BDS)和其他所有获批用于民航的卫星导航系统。

[62] 全球定位系统(global navigation system，GPS)

GPS 是基于美国卫星的无线电导航系统，它提供全球精确定位服务。

[63] 软件/硬件研制保证等级

执行软件/硬件研制保证任务的严格等级。

[64] 失效模式与影响分析

识别系统中每一个功能、组件或零部件的失效模式，并确定其对系统中更高层级造成影响的一种自下而上的系统性分析方法。

[65] 失效状态

在考虑飞行阶段、相关的不利运行或环境条件或外部事件的条件下，由一个或多个失效以及错误引起的会直接或间接影响飞机、机组和乘客的状态。

[66] 时间定义误差

要求到达时间与实际到达时间的差。

[67] 时间控制误差

固定点要求到达时间与预计到达时间之间的差。

[68] 时间预计误差

固定点预计到达时间与该位置实际到达时间的差。

[69] 实际到达时间(actual time of arrival, ATA)

飞机穿过固定点的实际时间。

[70] 世界大地坐标系(WGS-84)

WGS-84 坐标系是一种国际上采用的地心坐标系,它以地球质心作为坐标原点,z 轴指向(国际时间局)BIH1984.0 定义的协议地球极方向,x 轴指向 BIH1984.0 定义的零度子午面与协议地球极赤道的交点,y 轴通过右手规则确定。

[71] 水平导航(lateral navigation, LNAV)

针对计算的水平路径提供计算、显示及提供引导的 FMS 功能。

[72] 所需导航性能(required navigation performance, RNP)值

指与程序相关的以海里计的水平性能要求,如 RNP 0.3 和 RNP 0.15。

[73] 所需导航性能

RNP 是一种 95％的导航精度性能声明,该性能要求在特定飞行阶段或航段符合指定的值,且具备相应机载性能监控和告警功能,以便在特定飞行阶段或航段导航性能不能达到要求时提醒驾驶员。

[74] 通信导航监视/空中交通管理(communication, navigation, surveillance/air traffic management, CNS/ATM)

CNS/ATM 系统是基于数字技术、卫星系统和增强自动化的系统,以实现未来全球空中交通的无缝管理。现代 CNS 系统将消除或减少对 ATM 业务的各种限制。

[75] 通信管理单元(communication management unit, CMU)

CMU 执行两个重要的功能,它完成对各种数据链路子网和飞机可用服务的访问,并管理与数据链路相关的各种应用程序;它还与 FMS 和机组显示相连接。

[76] 位置不确定度(position uncertainty)

将未知位置估计误差的大小限定在特定置信水平(如 95%)上的一种度量。

[77] 位置估计不确定度(estimate of position uncertainty, EPU)

一种基于确定刻度的测量方法,以海里或千米表示,它表明当前位置估计的性能。在某些航空器上也称为实际导航性能(actual navigation performance,ANP)和估计位置误差。

[78] 位置估计误差(position estimation error)

真实位置与估计位置的差。

[79] 下一代空管系统(NextGen)

美国下一代空管设施现代化项目。

[80] 星基增强系统(satellite based augmentation system, SBAS)

一种复杂的地面监视和控制中心基础设施,用于增强基于卫星的位置测量系统,以满足导航系统的精度、可用性和完好性要求,如美国的 WAAS、欧洲的 EGNOS、日本的 MASA。

[81] 研制保证

在充分的置信度水平上的按计划进行的系统性活动,用于证明在需求、设计和实现过程中的错误已被发现和纠正,且该系统满足适用的审定基础。

[82] 要求到达时间

要求的飞机穿过固定点的时间,描述为固定点的时间约束。

[83] 仪表进近程序

在机场附近的特定飞行路线,通常从航路上的一个重要点或者起始进近点开始,使航空器在与障碍物保持规定的超障余度的情况下接近并对准跑道。仪表进近程序一般还包含复飞路线,在航空器不能完成着陆而中断进近时,可使它过渡到一个航路上的点进行等待。

[84] 预计到达时间

系统预测的、穿过固定点的时间。

[85] 原航线(host track/route)

在飞行计划中由航路点定义的航线。

[86] 主视野(field of view, FOV)

主视野是指驾驶员主要视线 15°内的范围。

[87] 自定义航路(defined path)

FMS 航路自定义功能的输出。

［88］总时间误差

时间控制误差、时间预计误差和时间定义误差三者之和。

［89］总系统误差(total system error)

真实位置与期望位置之间的差值。该误差等于路径操纵误差、路径定义误差和导航系统误差的矢量和。

目录

5　飞行管理系统功能设计 / 163

6　人机交互设计 / 265

7　空地数据链 / 285

1

绪论

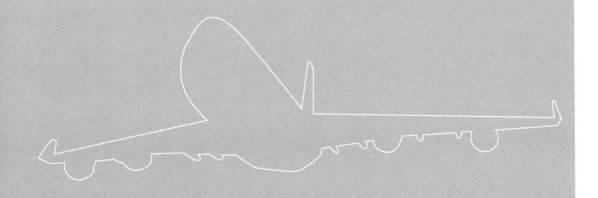

飞行管理系统(flight management system，FMS)是民用飞机管理飞行航迹的核心航空电子子系统。FMS 在起飞、爬升、巡航、下降、进近和复飞各阶段,基于导航数据库、性能数据库和多导航传感器信息提供飞行计划、综合导航、飞行引导、航迹预测和性能计算等功能;与显示系统交联,协同自动飞行控制系统,使飞机自动沿着优化的航迹飞行;支持基于性能的导航运行,提升飞机运行效率,降低驾驶员工作负荷。

随着空中交通管理(air traffic management，ATM)技术和通信技术的发展,FMS 可通过空地数据链将其计算的精确预期航迹发送给地面 ATM 系统,作为 ATM 系统为进、离港飞机排序的基础,控制飞机按协商时间到达指定点,使空域管理可见、可控,提高空域容量和运行绩效。

本书从运行环境要求和 FMS 相关规范出发,分析 FMS 功能和性能要求,介绍 FMS 研制过程,着重描述 FMS 功能,帮助读者理解 FMS 的工作原理和设计要点。

第 1 章描述了 FMS 的发展历程,简要介绍了 FMS 的主要功能、系统交联和系统组成。

第 2 章描述了大气飞行环境、ATM 运行环境和运行过程中 FMS 的操作使用情况。这些内容为读者理解 FMS 功能提供了背景知识。

第 3 章针对预期运行环境,根据适航文件和行业规范分析 FMS 功能要求。

第 4 章参考 ARP 4754A,描述了 FMS 研制过程,提出了在系统需求定义与确认、系统架构设计与权衡、集成与验证以及安全性设计与评估方面的考虑。

第 5 章描述了 FMS 的功能设计,包括综合导航、飞行计划、飞行引导、性能管理、导航数据库和健康管理功能。

第 6 章介绍了 FMS 传统的人机接口和图形化的人机交互设计。

第 7 章列举了三种 ARINC 758 推荐的机载空地数据链终端和应用系统架构,描述了与 FMS 有关的终端应用以及在初始四维运行中空地数据链的应用情况。

第 8 章按照四个发展阶段介绍了可由 FMS 实现的部分地面航迹管理——场面引导功能。

第 9 章参考演进中的 CNS/ATM 规划,从近期和远期两个方面展望了未来 FMS 功能的发展。

附录 A 介绍了国外 FMS 产品;附录 B 介绍了 FMS 的主要交联系统,包括导航传感器、自动飞行控制系统和显示控制系统;附录 C 介绍了 CNS/ATM 发展规划。

1.1　飞行管理系统发展历程

航空运输的需求量与经济发展密切相关。随着第二次世界大战后的经济恢复以及 21 世纪以来的经济全球化发展,民航的客运和货运从地区逐渐扩展到全球。不断增长的航空运输需求量导致空中交通管理的压力越来越大,继而推动了新航行技术的发展和应用。现代航空业的目标是在航空运输量增长的情况下保证空中交通的安全和高效。在航空运输需求量的牵引和电子技术发展的双重推动下,导航技术的持续进步催生了飞行管理系统,并推动其不断演进。

表 1-1 展示了飞行运行方式的演变与导航技术的发展。最初驾驶员依靠对环境的直接感知来驾驶飞机,通过比较飞机与地平线的相对位置感知飞机的姿态。随着飞机性能提高,为了保障飞行安全,飞机有了高度表、速度表和姿态指引仪等航空仪表,为驾驶员提供飞机状态信息。20 世纪 30 年代,航空邮件运输业的发展需要驾驶员定期完成航线飞行。在能见度较低的情况下,上述仪表无法提供有效的位置信息。为了看清作为飞行路线参照物的地面公路,驾驶员必须降低飞行高度,有时甚至不得不紧急降落,等天气好转再继续飞行,这为飞行安全带来很大风险。美国 Verney 航空公司的邮件运输驾驶员 Elrey Borge Jeppesen 实地测量障碍物高度,记录下机场跑道、灯光及周围障碍物信息,开创了手绘航图的先例,从此驾驶员可以使用航图推算位置进行导航。由

于既要操纵飞机飞行又要进行计算,因此驾驶员工作负荷高,存在安全隐患。上述问题促进了电子技术在航空领域的应用,推动了导航设备的发展。这些设备包括自动定向仪(automatic direction finder,ADF)、甚高频全向信标(VHF omnidirectional radar,VOR)、测距仪(distance measuring equipment,DME)、仪表着陆系统(instrument landing system,ILS)和惯性基准系统(inertial reference system,IRS)等。机载的 ADF、VOR 和 DME 无线电接收机分别根据地面无方向信标(non-directional beacon,NDB)、VOR 和 DME 导航台信号,为飞机提供相对于导航台的方位或距离,使飞机按照选择的航道方向向台或背台飞行。基于这些地面导航台的向台和背台航段,组成了一条连接起飞机场与目的地机场的航路。

表 1-1 飞行运行方式演变与导航技术发展

飞行运行方式	导 航 技 术
参考航图的飞行	依据手绘航图等航行资料推算位置
参考无线电导航、航向道偏差指示等仪表飞行	使用 ADF、VOR、DME、TACAN、LORAN、ILS 和 MLS 等无线电导航技术
水平方向上连续的自动飞行	基于导航数据库的区域导航计算机,根据当前位置和预期航迹之间的差解算出纠正偏差的操纵目标,提供自动水平引导
水平和垂直方向上连续的自动飞行	区域导航与性能管理结合,形成三维 FMS
PBN 运行	增加了卫星导航技术的应用,提供机载导航性能监视,支持 RNAV 和 RNP
基于航迹的运行	增加了时间维度的控制和基于空地数据链的空地协同

计算机诞生于20世纪40年代,计算机技术很快应用于航空领域。20世纪60年代出现了带有导航数据库的区域导航计算机,揭开了飞行管理技术发展的序幕。如图1-1所示,飞行管理技术的发展经历了五个阶段。

区域导航计算机存储了电子化的航图信息,如地面导航台的位置、频率、海拔和磁偏角。计算机可以根据飞机相对两个 DME 台的距离,或者相对一个

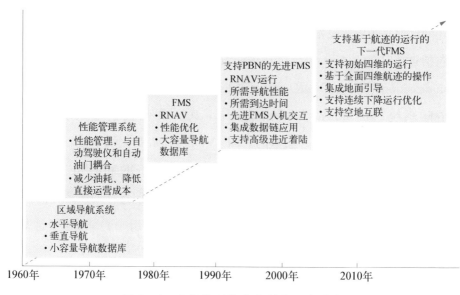

图1-1 飞行管理技术发展的五个阶段

VOR/DME台的距离和方位,或者相对两个VOR台的方位,计算出飞机的经度和纬度位置,该位置称为无线电位置。IRS是自主导航设备,它给出的惯性导航位置会随时间漂移。无线电位置可以用来更新惯性导航位置,提高导航精度。当短暂失去无线电信号时,可以继续使用惯性导航位置,因为它之前校正过,所以可以在一段时间内满足导航精度要求。当无线电位置恢复有效时,继续使用无线电位置更新惯性导航位置。自此,飞机不再拘泥于向台和背台飞行,而是可以在导航台无线电信号覆盖的区域内任意飞行,称为区域导航(area navigation,RNAV)。RNAV系统包括计算机和控制显示装置,与无线电导航和自主导航系统交联,进行水平(横向)导航管理,向驾驶员提供水平导航信息。飞行过程中驾驶员需要参考飞机性能手册和图表等获取飞行性能信息。

20世纪70年代中期,由于中东石油危机和世界性的石油短缺,油价飞涨,燃油消耗已成为飞行成本的主要组成部分。如何发挥飞机的最佳飞行性能,降低运营成本,已成为迫切需要解决的问题,性能数据计算机系统就是在这种情况下出现的。有代表性的是美国Lear Siegler公司的性能数据计算机系统,用于 B‑52、C‑140、波音 727 和波音 737‑200 等飞机。该系统利用飞行手册上的性能数据，提供开环最优功率、最优巡航高度和当时飞行条件下的目标空速。但该系统并未与自动驾驶仪和自动油门控制系统耦合。直到 20 世纪 70 年代后期，在该系统的基础上推出了与自动驾驶仪和自动油门控制系统闭环的性能管理系统。该系统根据存储的性能数据计算爬升高度、巡航和下降垂直剖面，并控制飞机按此剖面飞行，实现性能优化。但使用该系统后，驾驶员仍须负责导航工作以及起飞、爬升和着陆下降阶段的操作，飞行性能并未全面优化。

区域导航系统和性能管理系统有各自的特色功能，但又各有局限性。20 世纪 70 年代后期，区域导航系统和性能管理系统开始被整合到一起，形成了飞行管理系统。20 世纪 80 年代初期，Sperry Aerospace 公司①基于 TERN‑100，与波音公司合作研发了波音 767、波音 757 飞机的 FMS；受柯林斯公司的 AINS‑70RNAV 系统和 DC‑10 上其他产品的影响，与空客公司和某些航空公司合作研发了 A310 飞机的 FMS。同期，Lear Siegler 公司②基于其性能数据计算机研发了波音 737 飞机上的 FMS；Universal Avionics 公司基于其提出的多传感器区域导航概念，为 Falcon 50 飞机提供了双系统配置的 FMS。FMS 的管理中心是飞行管理计算机系统（flight management computer system，FMCS），它有大容量的导航数据库和性能数据库，提供从起飞到降落的闭环横向制导功能和以节约燃料、降低直接运行成本为目的的垂直制导功能，即全程的三维制导和性能优化管理。通过 FMS 将 RNAV 管理、自动飞行控制、发动机推力控制和电子飞行仪表等结合在一起，实现了自动导航和最优性能管理，大大减轻了驾驶员的工作负荷。

自 20 世纪 80 年代以来，航路流量的增大和机场起降架次的急增致使终端空域排队、等待盘旋的现象十分普遍。为了解决这一问题，美国波音和洛克希

---

① Sperry Aerospace 公司于 1986 年被 Honeywell 公司收购。

② Lear Siegler 公司的飞行管理系统业务于 1987 年并入 Smiths Aerospace 公司，后者于 2007 年被 GE 公司收购。

德等公司着手开展具备到达时间控制能力的 FMS 研究。在原三维 FMS 的基础上,增加飞行时间控制,即在规定时间内把飞机引导到三维空间某一位置上。FMS 能准时引导飞机进场着陆,既提高了机场的使用率,又能节省燃油,从而达到总体上的性能最优。但该功能的使用受 ATM 系统约束,由于 ATM 系统并未广泛使用基于时间的排序,因此目前 FMS 的时间控制功能实际使用比较少。

20 世纪 90 年代引入全球卫星导航系统(global navigation satellite system,GNSS)后,FMS 优先选择卫星导航系统提供的位置,或惯性导航和卫星导航的混合位置替代原来的惯性无线电位置。随着卫星导航精度的提升和卫星增强系统的应用,FMS 增加了机载导航性能监视和告警功能,提供所需导航性能(required navigation performance,RNP)程序运行能力,满足基于性能的导航(performance based navigation,PBN)运行规范要求,缩小航路间隔,提高在气象条件差和机场地形复杂的情况下起降的能力。目前国外先进 FMS 具备 PBN 能力,能够实现精确的三维航迹自动化控制,在进近阶段 RNP 能到达 0.1。

21 世纪,卫星导航的星基增强和地基增强技术逐步应用于航空领域。基于星基增强技术,在航路上 FMS 可获得更高精度的位置信息;在进近时,FMS 将导航数据库中的最后进近航段(final approach segment,FAS)数据发送给多模接收机(multi-mode receiver,MMR),MMR 可以根据 FAS 和使用星基增强信号校正的飞机位置,提供与 ILS 类似的、具有航向道性能与垂直导航(localizer performance with vertical guidance,LPV)的进近引导。基于地基增强技术,在终端区可获得与 ILS 类似的精度和完好性。FMS 为基于 GBAS 着陆系统(GBAS landing system,GLS)提供进近程序的选择能力,MMR 根据程序对应的调谐频率和通道号,接收地基增强系统的信号,计算飞机位置以及相对最后进近路径的水平和垂直角度偏差,实现如同 ILS 的 GLS 进近。

在导航性能增强的同时,FMS 的性能管理功能也在不断发展。基于性能数据库中的气动数据、发动机数据和性能数据以及运行中的大气条件,FMS 可以更精确地预测飞行计划中各航路点的到达时间和剩余燃油,计算最佳高度、航程高度和阶梯爬升点。FMS 可生成基于慢车推力连续下降的航迹,减少燃油消耗、降低排放,减弱对终端区的噪声影响,促进绿色航空理念的实现。

对于具备四维航迹精确预测和引导功能的 FMS,增加了基于空地数据链的航迹共享和航迹协调功能后,可将其预测的待飞航迹(也可称为预期航迹)发送给地面 ATM,用于航路协调和进出港排序。由于 FMS 预测的航迹精度比 ATM 高,因此可缩小飞机前后间隔,减少等待,提高空域运行效率。21 世纪以来,欧美各国相继开展了基于航迹的运行(trajectory based operation,TBO)的初始四维航迹运行试飞,2019 年我国南方航空公司的一架 A320 飞机进行了亚太地区首次初始四维航迹运行试验。今后的飞机将普遍配备具有 PBN 能力和支持 TBO 运行的 FMS。

1.2 飞行管理系统组成

FMS 由计算处理平台、飞行管理功能(flight management function,FMF)和人机交互单元组成,其中 FMF 由驻留于计算处理平台上的 FMS 软件实现。驾驶员通过人机交互单元与驻留在计算处理平台上的 FMF 进行交互,选择飞行航路,输入起飞重量等性能参数,完成起飞前的准备。在飞行中驾驶员可以通过人机交互单元修改飞行计划,查看 FMF 预测的到各航路点的距离、预计到达时间和剩余燃油,监视 FMF 计算的实际导航性能。

图 1-2 展示了计算处理平台和人机交互单元硬件的发展过程。在 FMS 诞生之初,其主要包括专用的飞行管理计算机(flight management computer,FMC)和控制显示单元(control display unit,CDU)。FMC 为多微机系统,包含导航处理机、性能处理机、输入/输出处理机、电源组件和电池组件。FMF 软件分为导航软件、性能软件和输入/输出软件,分别驻留在相应微处理机上。CDU 前面板的上半部分为两侧带有按键的阴极射线管单色显示器,下半部分为

功能按键和数字字母按键。CDU 将按键的按下信息传给 FMC,并接收 FMC 响应按键操作而输出的信息,把这些信息显示在显示器上,或者点亮指示灯。

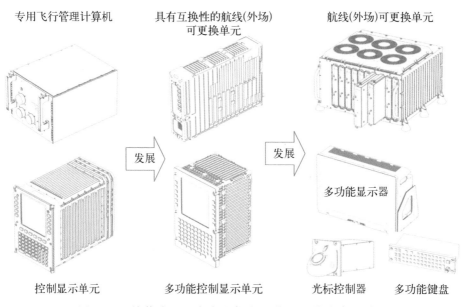

图 1-2　计算处理平台和人机交互单元硬件的发展过程

随着计算机技术的发展,FMC 中的电子板越来越少,但 CPU 处理能力越来越强,存储容量不断扩大,设备的大小和重量都在减小,演变为符合 ARINC 600 的、具有互换性的航线(外场)可更换单元(line replaceable unit,LRU)。导航软件和性能软件综合到一起,驻留于 FMC 计算处理模块上。FMC 还是专用的计算机,人机交互单元从 FMS 专用的 CDU 发展为与其他设备共用的多功能控制显示单元(multifunction control display unit,MCDU),因此 ARINC 发布了 ARINC 739。2005 年,使用液晶显示器的 MCDU 问世。

20 世纪 90 年代,计算处理模块硬件逐渐通用化,波音 777 飞机系统的飞机信息管理系统(aircraft information management system,AIMS)运用了综合模块化航空电子(integrated modular avionics,IMA)理念,将很多航线(外场)可更换模块(line replaceable module,LRM)放进一个机箱,通过底板总线相连,FMF 软件和其他飞行显示、导航显示、发动机指示及机组告警系统(engine indication and crew alert system, EICAS)显示、推力管理、机上维护、通信管理以及飞行数据采集等功能软件被分别布置在这些 LRM 上,共享硬件资源。A380、波音 787 等飞机的 FMS 计算处理单元都不再采用专用计算机硬件,而是使用 LRM 形式的通用处理模块。而且 LRM 提供了分区管理,FMF 可以驻留在一个分区中,也可按照功能集驻留在不同的 LRM 上或者同一块 LRM 的不同分区中。例如,波音 787 飞机的 FMF 分为飞行管理分区和导航分区。随着座舱显示控制技术的发展,MCDU 已不再使用在先进的民用飞机上,人机交互采用了图形显示器、多功能键盘和类似鼠标的光标控制设备,交互的内容主要有字符、图形和图像。例如,波音 787 和 A350 飞机的 FMS 人机交互设备主要通过多功能显示器(multifunction display, MFD)进行信息显示,通过键盘鼠标控制单元进行控制。通过 MFD 显示人机交互界面,可以脱离 MCDU 固定的格式与风格,实现自由定义;驾驶员通过多功能键盘(multifunction keyboard, MKB)和光标控制设备(cursor control device, CCD)对 MFD 上显示的消息进行操作,简化了操作步骤。光标键盘的组合使用使得在驾驶舱中的操作更像操作家用电脑,操作变得更得心应手,也更容易被驾驶员接受。

对于专用的 FMC,FMS 供应商需要提供数据加载器,将导航数据库加载到计算机中。如果使用 IMA 通用处理平台,则由维护系统通过共用的数据加载器,将导航数据库加载到 FMF 驻留的 LRM 上。

在采用 IMA 架构时,如果 FMF 软件和硬件平台由不同的供应商提供,那么 FMS 供应商交付的产品就是 FMF 软件。参考 ARINC 702A - 5,FMF 可划分为如下子功能模块:综合导航管理功能、飞行计划管理功能、性能预测与优化功能、水平导航/垂直导航功能、数据链应用管理功能、导航数据库管理功能、健康管理功能、人机交互管理功能等功能模块。

(1) 综合导航管理功能接收惯性基准系统、卫星导航系统、大气数据计算机和无线电导航设备的信号,进行综合导航计算,以计算出最佳的位置信息,并对导航性能(精度、完好性)进行实时监视与告警。

（2）飞行计划管理功能根据人机交互管理功能接收的驾驶员输入数据,或者根据数据链应用管理功能接收的数据,从导航数据库中提取所需的导航台、航路点信息,生成完整的飞行计划,飞行计划信息将提供给 FMS 内部的其他功能使用。

（3）性能预测与优化功能依据飞行计划、飞机和发动机性能、空中交通管制(air traffic control,ATC)要求、气象条件构建水平航迹和垂直航迹,进行速度、高度、爬升顶点、下降顶点、剩余燃油等信息的预测,并根据各种要求优化飞行速度和高度。

（4）在水平导航/垂直导航(水平引导/垂直引导)功能中,水平导航子功能根据水平航迹和当前的位置信息,计算航迹角误差、横向误差以及滚转指令等信息;垂直导航子功能根据性能计算模块构建的垂直航迹以及导航模块计算的位置信息,计算垂直偏差和垂直导航指令。水平和垂直导航指令将发送给自动驾驶仪和自动油门,使飞机自动按照期望的航迹飞行。

（5）数据链应用管理功能与外部通信管理系统交联,实现空地航迹协商,能够传递各航路点的速度、预计到达时间(estimated time of arrival,ETA)等数据。

（6）导航数据库管理功能利用机载维护系统实现导航数据库的加载和下载,并为飞行计划管理、综合导航管理、人机交互管理等模块提供导航数据信息。

（7）健康管理功能依据各个功能判断的异常状态,根据预设的告警信息优先级向机组告警系统、人机交互设备发送告警提示消息,提示驾驶员相应的异常状态,以辅助驾驶员采取合适的应对方案。

（8）人机交互管理功能通过显示系统接收驾驶员操作指令信息和 FMS 其他模块处理指令信息,生成人机界面显示信息,并发送给显示系统进行显示。

FMS 功能框图如图 1-3 所示。

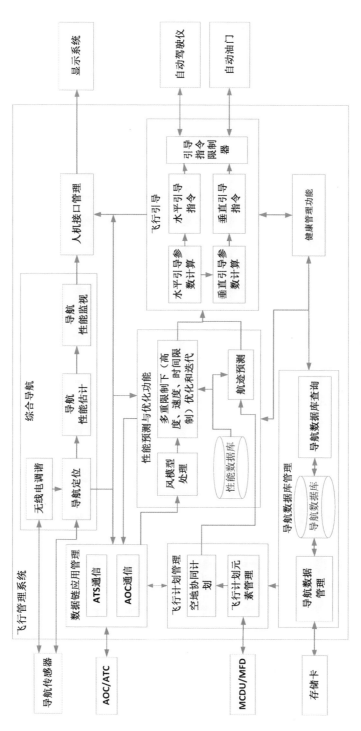

图 1 - 3　FMS 功能框图

为了安全可靠地完成飞行任务，根据安全性分析的结果配备多套设备以满足飞行操作的连续性要求。不同的预期运行环境和任务所需的FMS配置也不相同，ARINC 702A - 5中提到可有单FMC/单MCDU配置、单FMC/双MCDU配置、双FMC/双MCDU配置和三FMC/双MCDU配置的系统架构等。例如，在波音787或者A380飞机上就是三FMM/双MFD配置。

1.3　飞行管理系统交联关系

FMS需要协调机上的其他系统以及与地面管制的协同，引导飞机在管制指挥下，沿基于飞行计划预测的期望航迹飞行。图1-4为FMS典型的对外交联关系。

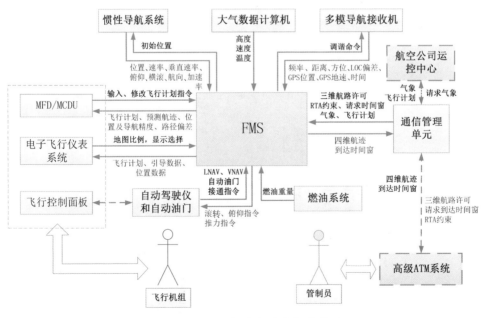

图1-4　FMS典型的对外交联关系

（1）惯性基准系统：为 FMS 的综合导航计算提供位置、地速、航迹角、风速、风向、姿态、航向等导航参数。FMS 可以将驾驶员设置的位置或 GNSS 位置发送给惯性基准系统，用于初始校准。

（2）大气数据计算机：为 FMS 提供速度、高度和温度信息。

（3）多模导航接收机：为 FMS 提供 VOR、DME、进近航向道（localizer，LOC）测量的方位、距离信息。为 FMS 提供 GNSS 位置、时间、地速等信息。

（4）通信管理单元（communication management unit，CMU）：接收来自航空电子系统的各种应用消息，根据采用的不同协议（ACARS 或 ATN）进行处理后，通过数据链子网，如高频（high frequency，HF）、VHF、卫星通信（satellite communication，SATCOM），发送出去；接收来自数据子网（HF、VHF、SATCOM）的 ACARS 和 ATN 消息，进行处理后将应用消息送往其他航空电子系统。它是 FMS 与地面 ATM 通信的端系统和路由器。

（5）MFD/MCDU：主要提供飞行计划、性能预测等信息的显示和编辑，它是 FMS 的主要人机接口。

（6）电子飞行仪表系统（electronic flight instrument system，EFIS）：包含主飞行显示器（primary flight display，PFD）、导航显示器（navigation display，ND）和垂直状况显示器（vertical situation display，VSD）。在 PFD 上显示 FMS 计算的目标速度和目标高度、水平和垂直偏差，以及 LNAV 和 VNAV 的飞行模式通告（flight mode annunciation，FMA）信息；在 ND 的地图模式下显示飞机沿飞行计划的飞行进程信息，并且在地面上时可以叠加机场移动地图及场面引导信息；在 ND 的计划模式下可以观察飞行计划，评估飞行计划修改；在 VSD 上可以显示飞机相对于飞机垂直剖面的关系，使得驾驶员可以看见垂直路径，并且连续监视飞机相对于该路径的偏离。

（7）自动驾驶仪和自动油门：根据 FMS 计算的俯仰、滚转和推力指令控制飞机的舵面偏转和推力，使飞机按照预测的四维航迹飞行。

（8）燃油系统：向 FMS 提供油量信息，用于计算燃油消耗率、剩余油量的飞行范围以及总重等性能预测信息。

图1-2展示了FMS功能驻留平台的发展趋势,其功能应用将和其他应用一起驻留在通用处理平台供应商提供的IMA机箱内。因此,本书将FMS看作复杂软件驻留应用形式的产品,着重介绍FMF的设计。

2

飞行管理系统
操作运行环境

飞机运行的环境可分为大气飞行环境与空中交通管理运行环境：随时间、空间变化的大气飞行环境影响飞行性能和安全；空中交通管理运行环境则为飞机运行制定了一系列的规则，以确保航空运行的安全、有序和高效。飞机同时在这两种环境下运行。

FMS 支持飞机从起飞到降落整个飞行过程的运行，承担着提高飞行过程自动化、提升运行效率的任务，因此，了解大气飞行环境和空中交通管理运行环境知识对 FMS 的设计是不可或缺的，可以帮助我们更好地理解飞行管理系统功能及其操作方式。

本章的内容分为三个部分，首先介绍大气飞行环境，其次描述空中交通管理运行环境，最后介绍具体运行过程中 FMS 的操作使用情况。

2.1　大气飞行环境

飞机的飞行依赖于飞机和发动机的组合与周围气流之间相互作用产生的力。大气的温度、密度、气压等性质对于飞机的运行具有重要的影响。

地球的大气层由多种气体混合物构成：氮气约占 78%，氧气约占 21%，氩气约占 0.9%，其余为其他气体的混合物。水蒸气一直存在，但其含量随温度和相对湿度的变化而变化。在地球表面的大气层中，水蒸气的含量通常不到 1%。

照射到地球的太阳光的能量加热了大气层，其中大部分的加热活动都是间接进行的：阳光中的大部分能量先加热地表，地表再对大气进行加热。

由于地球表面附近的暖空气气团密度较低，因此气团会上升，并且在上升过程中不断膨胀，压力、温度则随着海拔的升高而降低。当气团上升至某个高度后，将达到平衡状态，气团温度将保持稳定，这个高度称为对流层顶。对流层顶下方的大气区域称为对流层，对流层顶上方的区域称为平流层。对流层汇集了全部大气约 75% 的质量和几乎全部的水汽，是天气变化最复杂的一层大气，对飞行的影响也最明显。飞行中可能遇到的各种重要天气现象几乎均出现在这一层，如雷暴、浓雾、雨雪、大气湍流等。平流层中大气温度基本是恒定的，直至约 65 600 ft① 处，大气温度才开始上升。对于商业航空运营，飞行高度一般不超过平流层的范围。

需要指出的是，对流层顶的高度是可变的，而不是常值。它的高度范围可从极地区域的平均 4 mi② 增加到赤道区域的 11 mi。对流层顶的高度也随天气变化而变化，并且受到季节变化的影响。

大气层时刻处于不断的变化中。气压、温度和密度受许多因素的影响，包括与锋面系统相关的气压模式、地表加热、季节性影响等。由于这种变化与空间、时间都相关，因此飞行所处的大气环境以及飞行性能也将不断变化，进而对运行产生影响。在高纬度地区的运行不同于低纬度，在寒冷天气下的运行也与在炎热天气下的运行有所不同。

由于大气环境具有多变性，因此定义一个统一的标准更便于大气相关数据的测算等实际应用。20 世纪 60 年代初，国际民航组织（International Civil Aviation Organization，ICAO）提出了国际标准大气（international standard atmosphere，ISA）的模型，它是通过对长时间收集的数据进行求平均而确定的大气模型。

国际标准大气定义的海平面标准温度为 15℃，海平面标准气压为 1 013.25 hPa。随着高度的增加，温度和气压相应发生变化。国际标准大气模型对各层大气中温度与气压的变化均给出了描述。例如在对流层内，高度每增加 1 000 ft，气温降低 2℃；气压随高度增加也呈下降的趋势，但以指数形式变化。国际标准大气中温度、气压与高度的关系如图 2-1 所示。

根据国际标准大气模型中气压与高度的关系，通过测量气压并与模型进行比对，可得到测量点所在位置的高度，这便是气压高度的测量原理。采用此原理设计的测高装置称为气压高度计。

---

① ft：英尺，长度单位，1 ft=0.304 8 m。
② mi：英里，长度单位，1 mi=1.609 km。

在低温条件下，由于作为高度测量源的气压高度计是基于国际标准大气模型设计的，因此指示的高度低于飞机的实际高度。当使用FMS的VNAV功能执行非精密进近时，需对数据库中提取的进近程序相关高度限制和垂直路径角进行温度补偿。

对FMS性能管理功能而言，大气环境中的风和温度条件对性能预测与优化计算的影响较大，精确的风温预测将很大程度地改善优化计算和预测到达时间的能力，以及实际的油耗和飞行时间。为提升性能计算的精度，FMS使用风和温度模型对下游航路点的风和温度条件进行预测。预测过程使用当前位置的实测值与下游航路点位置的预报值，通过加权和融合，得到预测值，供性能计算。

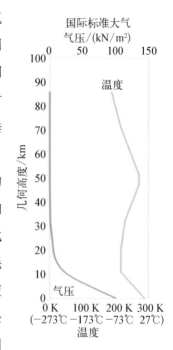

图 2-1
国际标准大气中温度、
气压与高度的关系

2.2　空中交通管理运行环境

空中交通管理的目的是有效维护和促进空中交通安全、维护空中交通秩序、保障空中交通顺畅。飞机在空中并不是任意飞行的，必须像地面上的车辆一样遵守交通规则，接受空中交通管制员的指挥，防止在空中与其他飞机和障碍物相撞，确保飞机安全飞行到目的地，保证空中交通有序运行。

空中交通管理使用通信导航监视（communication, navigation surveillance, CNS）技术对空域进行监视和控制，并且分区域管理，飞机从一个管理区域飞到另一个管理区域时需要移交管制权。为了便于引导飞机，避免相撞，使用航路、终端区程序和高度调配来指定飞机的运行路径,并通过监视技术确保飞机之间具有安全的垂直间隔和水平间隔。

2.2.1 空域和扇区

在我国空域内,空域分为飞行情报区(flight information region,FIR)、管制区、空中限制区、空中危险区和空中禁区。

ICAO Doc 9713 文件描述了飞行情报区的空域概念,定义其为提供飞行情报服务(flight information service,FIS)和告警服务而划定范围的空域。中国一共有 11 个飞行情报大区:ZBPE - 北京、ZGZU - 广州、ZHWH - 武汉、ZJSA - 三亚、ZLHW - 兰州、ZPKM - 昆明、ZSHA - 上海、ZWUQ - 乌鲁木齐、ZYSH - 沈阳、VHHH - 香港、RCTP - 台湾。FIS 指为保证航空器安全和正常飞行,收集整理、审校编辑和出版发布所需的各种航行资料的服务。FMS 导航数据库中的机场、导航台、航路点以及航路和程序等信息就来源于 FIS 提供的航行资料。

管制空域根据空域内的航路结构以及通信、导航、监视和气象保障能力划分,以便对所划空域内的航空器飞行提供有效的空中交通管制服务。在我国空域内,沿航路、航线地带和民用机场区域设置管制空域,包括高空管制空域、中低空管制空域、进近管制空域和机场管制地带。航空器在管制区域内的空中交通活动应当接受空中交通管制单位提供的空中交通管制服务,并遵守空中交通管制员(以下简称管制员)的指令和许可。

在我国境内,高空管制空域在标准大气压高度 6 000 m 以上。在此空域内飞行的航空器必须按照仪表飞行规则飞行,并接受空中交通管制服务。

中低空管制空域为标准大气压高度 6 000 m 至其下某指定高度的空间。在此类空域内飞行的航空器可以按照仪表飞行规则飞行,并接受空中交通管制服务;对符合目视气象条件的,经航空器驾驶员申请,并经过相应的管制单位批准,也可以按照目视飞行规则飞行,并接受空中交通管制服务。

进近管制空域通常指在一个或者几个机场附近的航路、航线汇合处划设的、便于进场和离场航空器飞行的管制空域。它是高空管制空域或者中低空管制空域与机场管制地带之间的连接部分,其垂直范围通常在 6 000 m 以下、最低高度层以上;其水平范围通常为半径 50 km 或者走廊进出口以内的除机场塔台管制区以外的空间。在此空域内飞行的航空器可以按照仪表飞行规则飞行,并接受空中交通管制服务;如果符合目视气象条件,则经航空器驾驶员申请,并经相应的管制单位批准,也可以按照目视飞行规则飞行,并接受空中交通管制服务。

机场管制地带通常包括起落航线和最后进近固定点之后的航段以及第一个等待高度层(含)以下至地表的空间和机场机动区。在此类空域内飞行的航空器可以按照仪表飞行规则飞行,并接受空中交通管制服务;对符合目视气象条件的,经航空器驾驶员申请,并经塔台管制室批准,也可以按照目视飞行规则飞行,并接受空中交通管制服务。

可将高低空区域管制区或者终端(进近)管制区划分为两个或两个以上的部分,每个部分称为一个管制扇区。扇区是管制空域的最小单位。设置扇区的目的是将管制区的工作量分配至两个或两个以上的管制席位,减轻单一管制席位的工作负荷,减小陆空通信频率拥挤程度。设置扇区的考虑因素包括空域类型、最小间隔、装备条件、军事需求、培训与管制员配备条件等。

此外,对于划定为空中危险区、空中限制区、空中禁区的空域,飞机应当利用机载和地面导航设备,准确掌握航空器位置;同时遵守管制单位的要求,防止飞机误入这些空域。

2.2.2　高度管理

1) 飞行高度层和修正海平面气压

在飞行中,飞机座舱内的压力高度表可显示指示当前飞行高度。该高度利用当前位置处的外界气压值,根据气压和高度的关系得到。对高度表进行基准设置,可得到不同的相对高度值。目前,航空运行中使用的高度表设置包括标准海平面气压(sea level standard atmosphere pressure,QNE)设置、修正海平面气压（sea level atmosphere pressure，QNH）设置和场面气压（field elevation atmosphere pressure，QFE）设置。

在航路飞行中，一般采用标准海平面气压设置，对应的气压值为 1 013.25 hPa。

更为精确的高度测量需根据当前时刻、当前经纬度处海平面的实际气压进行修正，对应 QNH 设置，由驾驶员输入系统。

在飞行高度较低，同时考虑净空条件的情况下，QNH 的变化会影响运行安全。为避免这一问题，低空飞行时飞机需采用当地的气压设定值。该值每小时至少更新一次，由管制员向驾驶员提供。对于在同一机场终端区内起飞或降落的飞机，QNH 的设定值应保持一致，以确保运行安全。

除 QNE 和 QNH 外，实际运行中还使用 QFE 设置进行高度测量。使用 QFE 时测得相对机场平面的高度。如图 2-2 所示为三种高度表设置所对应的高度基准。

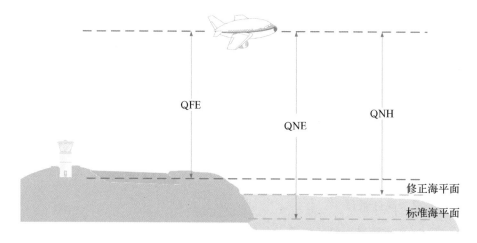

图 2-2　使用 QNH、QFE、QNE 测量高度

2) 过渡高度和过渡层

过渡高度是当爬升阶段 QNH 设置为 1 013.25 hPa 时对应的高度值，也是当下降阶段 QNH 设置值从 1 013.25 hPa 切换到区域 QNH 值时对应的高度值。

在管制空域中,过渡高度之下的飞机按气压高度运行;过渡高度之上则按飞行高度层(flight level,FL)运行,例如 19 000 ft 的气压高度对应的飞行高度层为 FL 190。

过渡高度和过渡高度层之间的空域定义为过渡层。过渡高度层是过渡高度之上最低的高度层。

图 2-3 所示为过渡高度、过渡层以及过渡高度层。

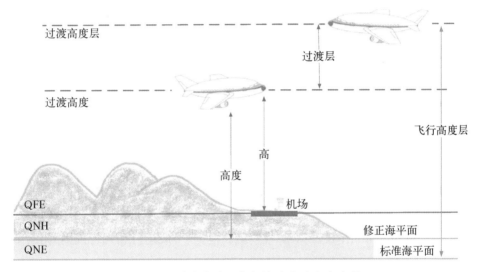

图 2-3　过渡高度、过渡层以及过渡高度层

3) 垂直间隔管理

根据《民用航空空中交通管理规则》,飞机执行航路和航线飞行时,应按所配备的飞行高度层飞行;在进行航路、航线飞行或者转场飞行时的垂直间隔应按飞行高度层配备。飞行高度层配备标准如图 2-4 所示。

当同一航路、航线有数架航空器同时飞行且相互影响时,通常应将各架飞机配备在不同的飞行高度层。如果不能配备在不同的飞行高度层,则应允许数架航空器在同一航线、同一飞行高度层内飞行,但各架飞机间应当保持规定的纵向间隔。

随着航空设备性能的提升,为确保飞行安全而设定的垂直间隔标准可在满足规范要求条件的前提下缩小,相应的空域称为缩小垂直间隔(reduced vertical

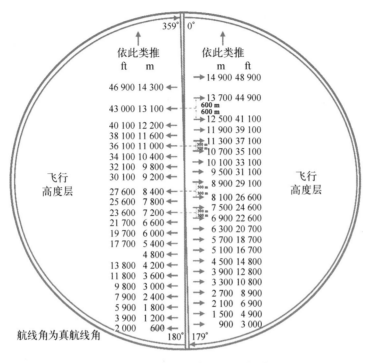

图 2-4　飞行高度层配备标准

separation minimum，RVSM)标准空域。根据《一般运行和飞行规则》附录 D 的定义，RVSM 空域指在飞行高度 8 900 m（含）和飞行高度 12 500 m（含）之间使用 300 m 最小垂直间隔的所有空域。

2.2.3　航路点、航路和程序

1）航路点

在航路空域，飞机的主要飞行路线由一系列航路/航线组成，这些航路由航路点（waypoints）连接而成。如果航路点由两个或三个字母标识，如"CD""VMB"或"IAA"，则该航路点与地面导航设备相关，可能是 NDB、VOR 或 DME。如果航路点用五个字母标识，如"PIKAS"，则该航路点与地面导航设备没有关联，仅仅是一个地理位置点。

根据 ICAO 的文件（Doc 4444），航路点包括以下两种类型。

（1）旁切航路点：飞机的航迹不飞越此点，需要一定的转弯提前量，以使飞行航迹与下一个飞行段相切。

（2）飞越航路点：飞机到达航路点后开始转弯，以进入下一个飞行段。

此外，在 FMS 中还可以临时插入自定义航路点，例如，为了更好地实现连续下降进近而临时插入航路点，为避开恶劣气象条件而构建临时路径等。这类航路点可由驾驶员临时插入或预先存储，但一般不显示在航图中，仅作为对现有航路点的补充。

2）航路与航线

针对航路与航线，不同国家会有不同的使用情况，但从实际意义上讲两者意义基本一致。在中国民用航空局（Civil Aviation Administration of China，CAAC）发布的航路图中，两者有稍许差别。

航路是预先定义的，即在指定高度将一个指定位置连接到另一个指定位置的空中走廊，符合航路运行条件的飞机可沿着该航路飞行。在 ICAO Doc 4444 文件中，对航路（airway）的定义为"以走廊形式建立的管制区域或管制区的一部分"。飞机飞行的路线称为航线，对应的英语为"airline"，包括飞行方向、起点、经过点、终点等信息，如京沪航线等。

航路定义的元素包括特定高度范围的段、走廊宽度、固定地理位置坐标（使用卫星导航的情形）或与地面导航台相关的位置坐标。

航路规划的首要原则是保证安全，应充分考虑航路所经地区的地形、气象特征、机场位置和空域划分，同时充分利用地面导航设施，以便于飞机的飞行和提供空中交通服务。我国空中交通管制航路的宽度为 20 km（中心线两侧各 10 km）；航路的某一段受到条件限制可以减小宽度，但不得小于 8 km；在航路方向改变时，航路宽度包括航路段边界线延长至相交点所包围的空域。

一般情况下，FMS 把飞机飞行的路线（airline）作为飞行计划，针对航路或航线中的航路点进行管理，组建飞行计划、用于飞机的引导。在本书功能的论述过程中，航路是由一系列航路点、导航设施等组成的一条可用于飞行引导的飞行路线，它由 CAAC 在航路图中统一发布。它和飞行计划的区别在于飞行计划可以包含起飞机场、目的地机场、终端区程序以及多个航路的片段。

为了提高操作效率,FMS为驾驶员提供了输入公司航路标识符生成飞行计划的功能。公司航路能描述完整的飞行计划信息,包括起飞机场、目的地机场、离场程序、航路、进场、进近和跑道信息。航空公司根据运营需要定制公司航路,作为一个导航数据库中的内容上载到FMS中,用于定义整个飞行计划或飞行计划的一部分以及相应的参数,通常不包含离场、进场和进近程序。

3)终端区程序

为了提升机场运行能力,引入了标准仪表离场(standard instrument departure,SID)程序、标准终端进场(standard terminal arrival route,STAR)程序和进近(approach,APP)程序。设计人员在勘测机场周围地形的基础上,采用ARINC 424规定的航段类型设计一组航段序列,构成离场、进场和进近的飞行程序。这些程序在设计时避开了机场周围障碍物,并且是按照飞机性能可飞行的,基本上是仪表飞行规则(instrument flight rules,IFR)程序,也有目视进近程序。

根据交通量、使用中的跑道、驾驶员请求、天气等因素,管制员在向驾驶员发布离场和进场许可时,会告知采用的SID、STAR或APP程序名称。在运行中,可能随着天气变化或交通情况战术性地更改所使用的SID、STAR或APP程序。

如果在飞机起飞之前需要对SID进行更改,则可以由地面管制员或放行管制员通过无线电或管制员和驾驶员数据链通信(controller-pilot data link communication,CPDLC)传输给驾驶员,由驾驶员输入FMS。SID促进了高度特定化的离场程序(在航迹保持方面),这对机场区域的噪声消除和环境保护具有重要的意义。

2.2.4 通信导航监视/空中交通管理

最早的ATM采用基于位置报告的程序管制。管制员无法实时了解飞机的位置,需要与驾驶员保持语音通信,了解飞机的位置、航向和速度等信息,从而引导飞机严格依照固定的航线和程序飞行。由于不能实时掌握飞机的位置,因此为了保证飞行安全,飞机之间要保持较大的间隔标准。

自 20 世纪 50 年代引入一次监视雷达和二次监视雷达以来,ATM 逐步从程序管制转为雷达管制。管制员可以通过各自的雷达监视屏实时了解管辖区域内的交通状况,可以减小飞机之间的间隔。

20 世纪 70 年代,全球航空运输业以数倍于世界经济发展的速度快速发展。但是,空管系统受限于传统辅助导航设施,无法在有限空域内有效地缩减航空器间距离,导致了空域的拥堵;此外,各国采用的系统与标准不尽相同,使得邻近管制空域彼此间缺乏一致的协调性,增加了安全隐患。民航运输业的快速发展对环境也产生了影响,如噪声、环境污染和燃油消耗等。为此,20 世纪 80 年代提出了未来空中航行系统(future air navigation system,FANS)的概念,我国也称之为新航行系统。新航行系统 FANS 主要依赖卫星、数据链和计算机网络等新技术,是一个全球一体化的系统,是不断滚动发展的系统。空域中的飞行信息通过计算机网络交换和汇总,可以实现区域内、区域间的协同,乃至监控全空域的空中交通流量,并进一步缩小飞机之间的间隔。

1993—1994 年间,ICAO 将 FANS 更名为通信导航监视/空中交通管理(CNS/ATM)系统。CNS/ATM 系统在航空中的应用为全球航空运输的安全性、有效性、灵活性带来了巨大的变革。各国、各地区纷纷启动了各自的 ATM 现代化计划。美国组成了联合计划发展办公室,推出下一代空中交通运输系统(next generation air transport system,NextGen)计划。欧洲委员会和欧洲航行安全组织联合启动了欧洲单一天空 ATM 研究项目(Single European Sky ATM Research,SESAR),发布并协调欧洲 ATM 总体规划的实施。我国也提出了中国民航空中交通管理现代化战略。

ICAO 作为促进国际民用航空的全球性组织,为统一协调全球 CNS/ATM 系统,发布了 Doc 9750《CNS/ATM 系统全球空中航行计划》,推出了航空系统组块升级计划(aviation system block upgrades,ASBU)的方案,用各种新兴技术实现全球民用航空系统的可持续增长,加强全球民用航空的安全,提高全球民用航空系统的运量及其效率,并且将民用航空活动对环境产生的不利影响减至最小。

　　表 2-1、表 2-2 和表 2-3 分别列出了 NextGen、SESAR 和 ICAO 的目标、实现这些目标的概念和能力或者改进领域,以及航空电子路线图关注的技术能力。从这些规划看,通信方面旨在通过发展基于卫星的数据链通信、高容量机场地面数据链系统和基于航空 L 波段的地地数据链路系统,增强空地、地地和机场场面的数据通信能力。导航方面在 GNSS 的支持下实施 PBN,并且发挥多星座、多频率 GNSS 的技术优势,在未来实现统一的全球导航能力。监视方面当前利用二次监视雷达、S 模式、广域多元关联监视(wide area multilateration, WAM)和广播式自动相关监视系统(automatic dependent surveillance-broadcast, ADS-B)等现有技术提供协同监视,发展趋势是增强监视系统的空中部分,即充分利用飞机下行信息,将部分监视功能移到空中。通过发展并应用通信、导航、监视以及信息管理技术,从基于当前交通状态的管理过渡到基于预测交通态势的管理,提升 ATM 的空地协同、机场场面协同和地地协同能力。

表 2-1　NextGen CNS/ATM 计划的目标和机载能力要素

6 个目标	保持美国的全球航空领先地位;增加容量;确保安全;保护环境;确保国家防卫;保障国家安全
8 个概念	网络中心运行(基于网络的信息访问);基于性能的运行和服务;用于决策的气象信息;层次化的适应性安保系统;位置、导航和时间服务(大范围的精密导航);基于航迹的运行;等效目视运行;高密度进、离场运行
9 个能力	协同容量管理;协同流量自制管理;有效的航迹管理;灵活的间隔管理;综合的 NextGen 信息;空中运输安保;改善的环境性能;改善的安全性运行;灵活的机场设备和停机坪运行
航空电子系统路线图	航路和程序;协商的航迹;授权的间隔;低能见度到达/离场和进近;场面操作;ATM 效率

表 2-2　SESAR CNS/ATM 计划的目标和机载能力要素

绩　效	环境;成本效益;安全;服务能力/质量
6 个关键特性	从空域到四维航迹管理;交通同步;网络协调管理和动态/容量平衡;广域信息管理系统;机场一体化和吞吐量;冲突管理和自动化
飞机能力	四维航迹管理;导航功能和应用;场面移动运行;ASAS;ADS-B 及 TCAS;视景系统和尾流湍流探测;信息交换

表 2 - 3　ICAO CNS/ATM 计划的目标和机载能力要素

目　标	增加全球民用航空系统的运量;提高效率;提高或至少维持航空安全水平
ASBU 绩效改进领域	机场运行;全球可交互操作系统和数据;最佳容量和灵活飞行;高效飞行路径
全球空中航行计划航空电子系统路线图	数据通信: FANS 1/A;FANS 2/B;FANS 3/C 导航: 惯性基准系统;多传感器导航;多星座/多频;FMS 支持 PBN;FMS 四维航迹;机场导航综合 监视:地形防撞告警系统;机载防撞系统;气象雷达;机场移动地图;EVS 和 SVS;CDTI;电子飞行包

　　表 2 - 2 和表 2 - 3 中的飞机能力和全球空中航行计划航空电子系统路线图列出了按照 CNS/ATM 规划需要提升的机载通信、导航和监视能力,以获得机场运行、全球可交互操作系统和数据、最佳容量和灵活飞行,以及高效飞行路径等领域的绩效提升。ARINC 660B 介绍了 1980 年代至 2010 年代针对 CNS/ATM 概念,典型航空电子系统功能体系结构的演变情况。如图 2 - 5 所示为 2010 年代航空电子架构。

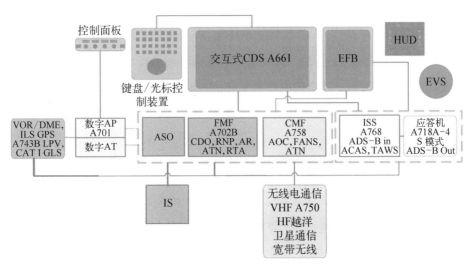

图 2 - 5　2010 年代航空电子架构

如图 2-5 所示，2010 年代以来新型号干线飞机的 IMA 都使用了 ARINC 664 Part 7 总线，CNS/ATM 系统所需的飞机能力将涉及几个航空电子分系统及其接口。分配到 FMS 的能力需求主要是 ARINC 702A 中所列的功能要求，以及 RNP、RNP AR、ATN 和 RTA。

参考 ARINC 660B 的航空电子架构，为支持 CNS/ATM 系统的发展趋势，FMS 需要具备或者发展以下能力：

（1）支持基于多星座的多传感器导航。

（2）支持 PBN 程序，包括 RNAV、RNP、RNP AR。

（3）支持连续下降运行（continuous descent operations，CDO）。

（4）支持基于星基增强和地基增强的卫星导航进近；支持 FMS 着陆系统（FMS landing system，FLS）进近。

（5）支持 TBO。

（6）支持机场场面引导。

（7）基于授权间隔保障的动态 PBN 航路规划。

为了满足 CNS/ATM 系统的发展规划，支持 PBN 运行是 FMS 的基本要求。FANS 设备与 FMS 进行交联，提供集成的通信和监视能力，支持机场导航功能和初始四维航迹能力；随着基于多星座、多频率的全球卫星导航系统的部署，将支持基于机载增强系统（aircraft based augmentation system，ABAS）的改进。未来，FMS 将支持全部的四维航迹运行能力。

2.3　具体运行过程中飞行管理系统的操作使用情况

经过四十多年的演变，FMS 越来越复杂，从最初只具备 RNAV 能力，逐渐增加 VNAV 和性能管理能力形成三维导航能力，到当前 FMS 通过增加 RTA 和数据链能力形成支持基于航迹运行的四维导航能力，并提供场面移动地图滑行路径显示等高级功能,可以说 FMS 是飞机航迹管理的中心,作为飞机接入整个运行网络的机载节点,在 CNS/ATM 系统运行中扮演了一个重要的角色。FMS 在运行中的工作原理如图 2-6 所示。

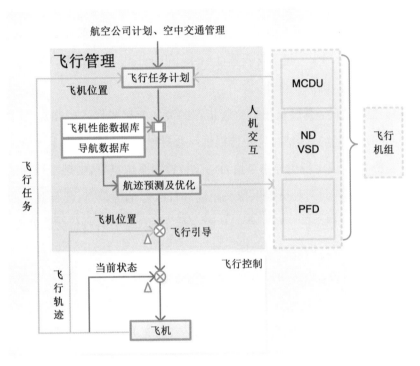

图 2-6　FMS 在运行中的工作原理

民航航班从起飞机场到目的地机场的运行一般包括起飞前准备、推出和滑行、起飞、爬升、巡航、下降前准备、下降、进近、着陆后滑等飞行阶段。在运行中驾驶员的标准操作程序一般包括外部检查、起飞前初始准备、起飞前准备、起动前、推出、发动机起动、起动后、滑行、起飞前、起飞、爬升、巡航、下降、进近、着陆、复飞、着陆后、停机和离机。FMS 在各个阶段的主要作用如下所示。

(1) 起飞前准备阶段:驾驶员按照签派的飞行计划和空管给出的离场放行许可,将飞行计划和离场程序输入 FMS,FMS 生成全飞行任务的水平飞行航路、全飞行阶段的速度和高度建议以及时间、燃油等性能预测信息,发送给

MCDU 和 EFIS 显示，使得驾驶员预先了解整个飞行过程的各种信息。

（2）推出和滑行阶段：在滑行时，FMS 提供在机场表面的引导信息，辅助驾驶员安全滑行至跑道。

（3）起飞阶段：驾驶员根据空管指令在跑道上滑行起飞，此时 FMS 向其提供起飞决断速度（take off decision speed，V_1）、起飞抬前轮速度（take off rotation velocity，V_R）、起飞安全速度（take off safety speed，V_2）等速度信息和速度限制信息，确保安全起飞。

（4）爬升阶段：驾驶员根据空管指定的离场航路操作飞机爬升。FMS 基于各种导航传感器的信息向驾驶员提供综合导航定位。接通水平导航和垂直导航后，FMS 生成飞行引导指令给自动飞行控制系统执行，实现沿计划航路的自动飞行；计算并向驾驶员提供待飞距离、时间、燃油等信息，使驾驶员知晓飞机在当前飞行计划中的进程。性能功能在爬升阶段计算各种优化爬升方式（经济、最大爬升角等），供驾驶员选择。

（5）巡航阶段：当飞机爬升到巡航高度时，开始进入平飞状态。FMS 根据驾驶员输入的或默认的航空公司成本指数提供用于该巡航高度的优化速度，以节省成本。如果是长航程飞行（如国际航班），那么 FMS 还会推荐阶梯式爬升操作，以便通过改变巡航高度获得更好的节能效果。FMS 会根据巡航高度、飞行计划中的航路点和目的地机场信息，计算出下降起始点（也称下降顶点）。

（6）下降前准备阶段：在接近下降顶点时，驾驶员开始做下降前的准备，如在 MCDU 页面上根据机场信息更新 FMS 计划中的进场、进近程序，设置下降和进近性能参数，检查着陆条件等。

（7）下降阶段：当申请的下降请求获得许可后，在飞行控制面板上设置许可高度，当接通 FMS 的水平和垂直导航功能时，飞机可以沿着管制员许可的下降剖面自动飞行。在下降阶段提供多种下降方式，从而使得驾驶员可以根据需要进行优化飞行，并可以实现连续下降运行。

（8）进近阶段：驾驶员根据空管给出的跑道及进近程序建立飞行计划，

FMS 提供水平和垂直方向上的进近引导或进近过渡引导。例如对于 ILS,支持 ILS 进近截获引导;对于 RNAV 进近,提供水平和垂直导航至决断高度,甚至可以基于 FLS 的进近功能,计算虚拟的下滑道,提供类似 ILS 的水平和垂直引导。如果有时间约束,则提供 RTA 的控制。

(9) 着陆后滑行阶段:FMS 提供在机场场面移动的引导信息,指引驾驶员完成滑行和推回任务。

各飞行阶段 FMS 作用如图 2 - 7 所示。

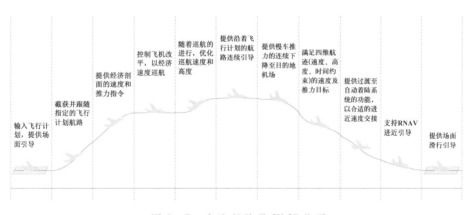

图 2 - 7　各飞行阶段 FMS 作用

下面从驾驶员的操作角度描述 FMS 在各飞行阶段的应用。

2.3.1　起飞前准备阶段工作

由于驾驶员在 FMS 主要人机交互设备 MCDU 或 MFD/光标球上的操作是低头操作,因此为了让驾驶员在起飞、爬升、下降和进近阶段更多地将注意力集中在对飞机的姿态、构型、高度和速度的监视及控制上,驾驶员对于 FMS 人机接口的主要输入操作都是在起飞前、起飞后爬升到 10 000 ft 以后、下降到 10 000 ft 以前这三个时间段进行。

在起飞前准备阶段,飞行机组需要通过人工或数据链方式在 MCDU 中输入飞行计划和舱单数据。 飞行计划定义为从起飞机场到目的地机场的飞行航路,是 LNAV 的基础;飞行计划和舱单数据还为性能管理和 VNAV 提供必要的垂直飞行计划数据和性能数据。起飞前准备阶段工作 FMS 操作如表 2-4 所示。

表 2-4 起飞前准备阶段工作 FMS 操作

操作页面	页 面 信 息	机 组 操 作	FMS 提供的能力
识别页面	飞机型号;发动机型号;导航数据库识别码;导航数据库生效日期;FMS 软件版本	(1) 核实 FMS 数据 (2) 检查导航数据库有效性 (3) 选择有效导航数据库	检查导航数据库有效性
位置初始化页面	基准机场;停机位;UTC 时间;FMS 历史位置;GPS 位置;惯导初始位置设定;惯性导航航向设定	(1) 核实 UTC 时间 (2) 如果惯导校准期间 GPS 位置不可用,则须设定惯导位置,可选择 FMS 历史位置、人工输入位置、机场位置、停机位位置作为初始位置	装订初始位置,校准惯性基准系统
航路页面	起飞机场标识符;目的地机场标识符;航班号;公司航路标识符;离场跑道	(1) 输入航班号 (2) 输入公司航路标识符,可以自动完成起飞机场、目的地机场、航班号、跑道的自动输入(这些数据也可由驾驶员手动输入或通过航路请求从数据链上传) (3) 核实、激活航路	水平导航初始化
进、离场程序页面	离场程序;进场程序	按照空管要求修正离场程序、本场进场程序	水平导航初始化
性能初始化页面	全重;燃油重量;零油重量;备用燃油重量;性能初始化请求;巡航高度;成本指数;燃油冻结温度;巡航重心;梯度爬升范围	驾驶员通过舱单获取性能初始化参数,可人工输入,也可通过性能初始化请求从数据链上传 (1) 输入零油重量 (2) 核实燃油重量、全重、巡航重心,如果需要则进行人工输入 (3) 输入巡航高度、成本指数等其他必需的参数 性能初始化页面参数可由驾驶员手动输入或通过性能初始化请求从数据链上传	垂直导航初始化
推力限制页面	假设温度;外界大气温度;起飞推力等级;起飞 N1 限制值;爬升推力限制值	(1) 选择假设温度或起飞推力限制值 (2) 选择爬升推力限制值	垂直导航初始化

（续表）

操作页面	页　面　信　息	机　组　操　作	FMS 提供的能力
起飞参考页面	襟翼；推力；重心和配平；跑道/位置；起飞数据请求；V_1、V_R、V_2 速度；全重、起飞全重；备用推力；风速/风向；跑道风；坡度/条件；单发失效加速高；加速高；爬升推力和减推力点；限制起飞全重；外界大气基准温度	起飞参考页面参数可由驾驶员手动输入或通过起飞数据请求从数据链上传 （1）输入重心，确认配平 （2）输入 V_1、V_R、V_2 速度 （3）确认或输入减推力点 （4）确认页面其他必需的参数输入完成	垂直导航初始化

在起飞前，驾驶员要完成以下操作。

1）检查导航数据库有效性

FMS 机载导航数据库存储了航行资料汇编（aeronautical information publication，AIP）中包含的航路点、导航台、机场、跑道、终端区程序和航路等信息，这些信息都是有时效性的，使用之前需要经过驾驶员的确认才能确保安全运行。按照 ICAO 附件 15 航空情报服务（aeronautical information service，AIS）规定的航空资料定期颁发制（aeronautical information regulation and control，AIRAC），世界各国航空资料的生效日期都以 28 天为间隔，FMS 的导航数据库也以 28 天为一个周期进行更新。所以在使用 FMS 之前，要先检查导航数据库的有效性。

一般来说，FMS 中有两个周期的导航数据库，一个为现用，另一个为备用。驾驶员可在识别页面或飞机状态页面上查看导航数据库的有效性。在地面上，驾驶员可以按需将备用导航数据库切换为当前现用导航数据库。但是在飞行过程中，不可以切换这两个数据库。如果在飞行中现用的导航数据库期满，则可以继续使用到落地。

2）装订初始位置，校准惯性基准系统

惯性基准系统在正式工作之前必须对系统进行调整，使惯性基准系统的平台坐标系与导航坐标系相重合,并且有精确的初始条件。

驾驶员通过人机接口输入初始位置校准惯性基准系统。当 GNSS 系统工作正常时,通常 FMS 提供直接使用 GNSS 位置校准惯性基准系统的快捷方式;如果在校准期间 GNSS 位置不可用,则 FMS 也提供使用参考位置校准惯性基准系统的方式,通过选择起飞机场或人工输入当前位置等方式完成惯性基准系统校准。

3) 水平导航初始化

水平导航依据的是水平飞行计划,包括起飞机场、离场程序、航路、航路点、进场程序、进近程序和目的地机场,有的还有备降机场。在起飞前,驾驶员根据航班飞行任务,通过 FMS 人机接口输入水平导航所需的初始信息,进场程序和进近程序不是必需的初始信息。在起飞前准备过程中,驾驶员还需向空管申请放行许可,获得许可后,按需修正离场程序。在输入所有的水平导航初始化信息后,驾驶员需证实所有航路点之间的方向和距离,检查起飞和目的地机场之间的总航路距离。

驾驶员通过人机接口输入水平导航初始信息,一般有三种方式:① 输入公司航路标识符后,FMS 从导航数据库中调出包含起飞机场、目的地机场、航路及航路点信息,形成飞行计划;② 输入起飞机场、目的地机场和航班号,然后逐点输入航路点;③ 通过数据链请求航空公司运行控制(airline/aeronautical operational control,AOC)中心上传飞行计划,完成起飞机场、目的地机场和途中航路点信息初始化。

在选择以上某一种方式完成飞行计划主干部分的初始化后,驾驶员通过进场、离场页面完成离场和进场程序的选择,并在起飞前按照空管的要求修正离场程序和本场的进场程序。

在完成水平导航的初始化后,为了确保运行安全,航空公司的标准操作程序通常会要求驾驶员通过 MCDU 飞行计划相关页面以及 ND 画面逐个航路点核实飞行计划,此过程需要与航图对照。此外,如果飞行计划中出现断点,则一般需要删除,对于不适合飞行的不规则几何路径,可以通过删除航路点等方式进行修改。

4）垂直导航初始化

FMS需要基于垂直剖面和性能预测信息提供垂直导航指令或建议,因此在起飞前需要向FMS输入初始信息,激活性能预测和垂直导航功能。这些初始信息包括燃油重量、飞机重心、起飞推力、巡航高度、航程风、推力限制等。此外,FMS还为驾驶员提供V_1、V_R和V_2等起飞阶段参考速度。

驾驶员在性能初始化页面输入零油重量、备用燃油重量、巡航高度、成本指数、燃油冻结温度、巡航重心、梯度爬升范围。驾驶员除了可以按照舱单获得垂直导航和性能预测初始化信息,还可以通过数据链请求从电子飞行包或AOC上传这些信息。

对于垂直剖面的推力管理,FMS提供推力限制页面,驾驶员通过该页面设置起飞推力和爬升推力。可以通过输入假设温度和起飞推力等级设置起飞推力。FMS根据起飞推力等级或假设温度的选择确定自动选择的减功率爬升推力设置。驾驶员也可以选择另外的爬升推力限制,超控自动选择的爬升推力限制。自动选择的爬升推力被超控后,之前所选择的起飞减推力等级不受影响。如果通过设置起飞推力等级的方式选择了减推力起飞,则随后再次输入假设温度会进一步减小推力。温度、起飞推力等级和爬升推力等级也可以通过数据链上传。FMS通过推力限制页面显示所选择的起飞推力模式和推力管理功能计算起飞N1限制值。

在FMS提供的垂直导航初始化相关页面中,还可以设置襟翼。驾驶员根据舱单输入飞机重心后,FMS计算并显示安定面配平设置。

有些FMS可以根据性能数据库,结合当时的飞机重量和跑道情况计算出V_1、V_R和V_2。但通常机组根据舱单、电子飞行包或AOC上行数据链获得这些信息,人工输入至FMS。在起飞过程中,V_1、V_R和V_2值将在PFD速度带上显示,为驾驶员提供操作提示。

此外,FMS 还提供管理地面风设置、跑道坡度设置、减推力点设置和单发/正常情况下加速高度设置的页面,并且可由驾驶员输入或上行链接风向和风速。输入风向和风速后,FMS 计算并显示跑道风,分为顶风、顺风和侧风分量。人工输入仅限于顶风、顺风。

5) 起动前页面选择和飞行控制面板调定

在完成起飞前的 FMS 初始信息设置后,除了核实地图显示以及飞行计划航段页面上的航路点顺序是否都与离场程序一致,还必须核实起飞性能参数。查看航段页面上的所有爬升限制,确定爬升页面中包括所有与离场程序一致的、适用的高度和空速限制。

通常操纵驾驶员(pilot flying, PF)选择起飞参考页面,在起飞过程中一旦起飞参考速度从空速显示上意外消失,显示起飞参考页面就可以方便驾驶员快速查到起飞参考速度。如果在起飞前程序中更新了起飞简令的内容,则起飞时 PF 可以选择显示爬升页面。但是,为减少低头动作,起飞后马上进行的爬升限制修正一般都是在飞行控制面板上完成的。当工作量允许时,可在爬升页面上修改。FMS 监控驾驶员(pilot monitoring,PM)选择飞行计划的航段页面,方便在需要时及时修改航路。

机长在起动前完成飞行控制面板调定,包括调定 V_2、按需预位 LNAV、预位 VNAV、预位自动油门、调定起始航向或航迹、调定起始高度。

2.3.2 推出和滑行阶段工作

在滑行前,机长或副驾驶可以进行 FMS 人机接口输入,另一名驾驶员必须核实输入。尽可能在滑行前或飞机停止时进行 FMS 人机接口输入。如果必须在滑行期间进行 FMS 人机接口输入,则由 PM 进行输入,且在执行前 PF 必须核实输入。驾驶员在获得滑行许可后,从停机位按照许可滑行至跑道口等待。推出和滑行阶段工作 FMS 操作如表 2-5 所示。

表 2-5 推出和滑行阶段工作 FMS 操作

操作页面	页 面 信 息	机 组 操 作	FMS 提供的能力
预计滑行放行请求页面	航班号;起飞日期;起飞时间;起飞机场;目的地机场;停机位	(1) 输入页面必须输入的放行请求信息 (2) 发送放行请求	不使用语音无线电进行下行推出信息请求
N/A	N/A	当 ND 上显示机场地图时,调整 ND 范围小于 5 n mile	强化驾驶员的位置情景意识

　　驾驶员可以通过语音向管制员请求推出。如果地面条件允许,则可以通过滑行放行请求页面发出推出请求数据链下行信息。地面回复的预计滑行信息可以在 ATC 页面、MFD 上看到或打印出来进行查看。

　　在计划滑行路线以及滑行过程中,ND 上显示的机场地图可以强化驾驶员的位置情景意识。机场地图综合显示在 ND 上,包括标注相应标识符的跑道、滑行道、停机坪和建筑物等。FMS 根据 GNSS 提供机场地图显示所需的飞机位置。当飞机滑行时,ND 显示机场地图的条件主要考虑如下因素:

　　(1) 机场是否为当前飞行计划中的起飞机场或目的地机场。

　　(2) 机场是否在机场地图数据库中。

　　(3) ND 的量程是否小于等于特定值。

　　(4) 飞机位置信息是否可用。

　　机场地图能够以航向向上方式或真北向上方式显示,如图 2-8 所示,可以通过显示控制面板上的量程选择地图的显示范围。当选择气象雷达时,只显示带有相应标识符和标志的跑道和滑行道。

图 2-8 机场地图

2.3.3 起飞阶段工作

起飞阶段从选择起飞/复飞(take off/go around，TO/GA)开始，一直到减推力高度结束。如果起飞参数正确，则按压 TO/GA 电门后，FMS 指定选择的起飞推力。在起飞滑跑期间，自动油门控制推力，并且 FMS 将目标速度设定在 (V_2+15) 节和 (V_2+25) 节之间。起飞阶段工作 FMS 操作如表 2-6 所示。

表 2-6 起飞阶段工作 FMS 操作

操作页面	页面信息	机 组 操 作	FMS 提供的能力
N/A	N/A	(1) 如果起飞前预位 LNAV，则在离地高度 50 ft 以上，生效航段 2.5 n mile 之内接通 LNAV (2) 如果起飞前未预位 LNAV，则在离地高度 400 ft 以上时选择 LNAV	提供与计划的离场程序一致的水平剖面
N/A	N/A	(1) 如果起飞前预位 VNAV，则 VNAV 在离地高度 400 ft 处接通并指令俯仰，执行爬升剖面 (2) 到达减推力点后，核实推力基准从起飞变为爬升，若没有自动改变，则人工设置爬升推力	提供与计划的离场程序一致的垂直剖面和加速计划

1) LNAV

如果在起飞前预位 LNAV，且飞机位置在飞行计划一定的范围之内，则在一定的高度(如 50 ft)以上，LNAV 可以自动接通，通过与自动飞行控制系统耦合，可以控制飞机自动按照水平飞行计划飞行。

2) VNAV

如果在起飞前预位 VNAV，则在一定高度(如 400 ft)以上可以自动接通 VNAV，FMS 发送俯仰指令给自动驾驶仪和自动油门系统控制飞机爬升。FMS 提供自动指令加速、收襟翼和爬升管理功能。用 VNAV 起飞、收襟翼以及爬升是较好的起飞管理方式，这样可以提供与计划的离场程序一致的 VNAV 剖面和加速计划，VNAV 剖面和加速计划能够满足多数离场计划。

到达 FMS 页面上选择的点之后，驾驶员应核实推力基准从"TO"变成"CLB"。如果推力基准没有自动改变，则应当人工设置爬升推力。

2.3.4　爬升阶段工作

爬升阶段从减推力高度开始,持续到爬升顶点(top of climb,TOC)。TOC 指飞机到达性能起始页面上输入的巡航高度的点。在航线飞行中由于减噪考虑,因此一般在大约高于机场标高 1 500 ft 时减推力。加速高度一般在高于机场标高 1 500～3 000 ft 之间进行,或按各个机场的减噪程序规定。爬升阶段工作 FMS 操作如表 2-7 所示。

表 2-7　爬升阶段工作 FMS 操作

操作页面	页 面 信 息	机 组 操 作	FMS 提供的能力
爬升页面	巡航高度;经济速度、选择速度;速度/过渡高度;速度限制;爬升模式;航路点限制;航路点误差;过渡高度;最大爬升角	(1) 接通 VNAV 后,将按照预设的 VNAV 剖面,保持生效航路中的空速限制、高度限制飞行 (2) 驾驶员可对经济速度、巡航高度、速度限制进行修改 (3) 当处于单发失效模式时,驾驶员可修改当前爬升为单发爬升模式 (4) 驾驶员可修改为直接爬升模式,删除当前高度和 FMC 巡航高度之间存在的爬升高度限制	引导飞机按照构建的垂直剖面爬升

在爬升阶段,如果接通 LNAV,则 FMS 可提供 LNAV 指令飞机沿着水平航路飞行。一般在起飞前就做好了离场计划,在 10 000 ft 以下时驾驶员不通过 FMS 的人机接口修改计划或者更改限制值。如果需要更改,则一般通过飞行控制面板进行航向、高度或速度的更改操作。

在爬升阶段,如果接通 VNAV,则 FMS 提供收襟翼速度、爬升推力、爬升速度、高度限制作为 VNAV 指令。

1) 收襟翼速度

在收襟翼的过程中,应该在达到当前襟翼位置的机动速度时开始选择下一档襟翼设置。因此,在选择了新的襟翼位置后,空速会低于选择襟翼位置的机动速度。FMS 将下一档襟翼位置的机动速度发送到显示系统,在速度带上显示。在选择下一档襟翼速度后飞机要加速。

2）爬升推力

FMS 根据通过固定的减功率或假设温度的方法所选定的起飞减推力，自动选择减推力爬升。随着飞机逐渐爬升直到全爬升推力恢复，爬升推力减量逐渐消除。如果爬升率低于 500 ft/min，则应选择下一个更大的爬升推力。

3）爬升速度

FMS 自动计算航路爬升速度，并显示在爬升和进程页面上。如果 VNAV 接通，则该速度也显示为指令速度。当低于速度过渡高度时，FMS 的目标速度为导航数据库中存储的离港机场过渡速度限制或襟翼收上机动速度，取其中的较高值。离港机场过渡速度限制通常在低于 10 000 ft 平均海平面（mean sea level，MSL）时为 250 节，但有些宽体客机的速度会超过 250 节。如果在 10 000 ft 以下要超过 250 节，则需要得到管制员批准。如果没有高度或速度限制和飞越过渡高度，则 FMS VNAV 指令加速到经济爬升速度计划，并一直保持到进入巡航阶段。飞机加速到爬升速度计划越快，飞行所用时间越短，油耗越低。

FMS 可提供经济运行和发动机失效运行两种模式下的最佳爬升速度方式，这些最佳爬升速度可在爬升之前或爬升期间改变。此外，还可以根据运行的需要，提供最大爬升角、最大爬升率等不同爬升方式的目标速度。

在爬升过程中，速度限制可源自多种情况，选择的标准仪表飞行程序中包含的航路点可能有速度限制，也可通过 FMS 人机接口在航路点上设置速度限制，或者在爬升页面上设置与高度有关的速度限制。

4）高度限制

前文提到当 VNAV 接通时，FMS 会遵循垂直飞行计划的高度限制。例如，若当前飞机还没有到达某个具有高度约束的航路点之前就已爬升至该约束高度，则 VNAV 会控制飞机改平以满足高度限制。与速度限制类似，高度限制也可以来自导航数据库中的仪表飞行程序，或者在飞行计划航段页面中人为设置。当爬升速度剖面不能遵守航路点高度限制时，FMS 通过其人机接口向驾驶员显示提示无法到达下一高度。

2.3.5　巡航阶段工作

巡航阶段起始于 TOC,并持续到下降顶点(top of descent,TOD)。飞机达到预定巡航高度后,如果接通 LNAV 和 VNAV,则可按照 FMS 提供的 LNAV 和 VNAV 指令自动飞行。但有时由于受到天气、ATC 的要求等情况影响,需要更改水平计划。巡航阶段水平计划的更改操作一般有插入航路点、删除航路点、直飞某个航路点或备降机场、实施航路水平偏置等待等。在巡航阶段飞机几乎不需要操纵,驾驶员一般只需进行必要的监控,监控内容详见后文"飞行中的监控"。但在下降前机组要通过 FMS 的人机接口做好下降计划,详见后文"下降前准备阶段工作"。巡航阶段工作 FMS 操作如表 2 - 8 所示。

表 2 - 8　巡航阶段工作 FMS 操作

操作页面	页　面　信　息	机　组　操　作	FMS 提供的能力
巡航页面	巡航高度;经济速度、选择速度;N1;巡航模式;目的地 ETA/燃油	(1) 监控及修改巡航高度和速度 (2) 默认巡航模式为经济模式,机组可以选择 LRC、单发失效、固定马赫数或 CAS 值	提供巡航性能管理
风页面	风数据高度/外界大气温度;该高度下风向/风速;飞机高度/外界大气温度	输入风数据,或通过数据链获取上传的风数据	提高性能预测精确性

在巡航阶段,FMS VNAV 提供最大高度、最佳高度、推荐高度、风数据、巡航速度和阶梯爬升的计算。巡航页面用于监控及修改巡航高度和速度。当以经济方式使用 VNAV 时,页面数据基于使用经济巡航速度的操作,经济巡航速度基于成本指数。当飞行机组输入选择的速度时,页面数据随之改变。当 FMS 处于发动机失效模式时,巡航页面数据反映单发时飞机的能力。FMS 可以以远程巡航(long range cruise,LRC)方式计算飞机最大航程的速度。可以在巡航页面执行巡航爬升、巡航下降和梯度爬升,以及进入 RTA 进程页面,进行 RTA 控制。

1）最大高度

最大高度是指飞机可操作的最高的高度。FMS 预计的最大高度是下列高度中最低的一个：最大批准高度（结构限制）、推力限制高度和抖振或机动限制高度。虽然 FMS 检查上述每种限制，但是除了相对较小机动，可用推力可能会限制其他机动的完成能力。因为随着速度下降，飞机阻力可能超过可用推力，在转弯时尤其如此。驾驶员如果要处于或接近最大飞行高度操作，则应该熟悉飞机在这些情况下的性能特征。对于 LNAV 操作，FMS 提供实时的坡度角限制功能，这一功能可以保护指令的坡度角不超过当前可用的推力限制。在 FMS 预计的最大高度以上，燃油预测不可用，并且不在人机接口页面上显示；飞行 VNAV 也不可用。当飞机处于或高于最大高度时，燃油消耗增加，因此不推荐在此高度以上飞行。

2）最佳高度

最佳高度指的是飞机在经济（economic，ECON）方式工作时成本最低的巡航高度，以及飞机在 LRC 或驾驶员所选的速度方式工作时燃油消耗最低的巡航高度。在 ECON 方式下，最佳高度随飞机重量或成本指数的减小而增加。在 LRC 或选择的速度方式下，最佳高度随飞机重量或速度减小而增加。每次飞行中最佳高度都将随着重量的减少而继续增加。对于短程飞行，可能达不到上述规定的最佳高度，这是因为爬升到最佳高度之前就到达 TOD。最佳高度是在给定航程、成本指数和全重的条件下成本最低的高度。因此，选择的巡航高度通常应尽量接近最佳高度。

3）推荐高度

推荐高度是考虑了航路预报风的巡航高度。要获得可用的和准确的推荐高度，FMS 需要获得巡航高度上下各个高度准确的预报风。

4）风数据

FMS 使用风数据提高性能预测的精确度。风数据包括高度层和风向/风速。输入的风数据与传感器探测的实际风数据混合用于性能预测，FMS 使用较多比例的输入的预报风对飞机前方远距离进行预测,使用较多比例的实际风用于近距离的预测。预报风可以通过数据链上传,FMS 也提供在航路点人工输入预报风的页面。

当进行人工输入时,并不会逐个输入所有航路点。FMS 将第一个输入的风数据应用到飞行计划中的所有航路点,当在另外一个航路点输入风数据(在同一高度上)时,信息从这个航路点开始更改,到航迹结束点或下一次输入。第二次输入航路点之前的风数据不变。如果预测的风和温度不准确,则巡航页面上显示的推荐高度的精确度将降级。

5) 巡航速度

FMS 自动计算巡航速度,并在巡航和进程页面上显示。VNAV 接通时作为指令空速显示。自动设定的巡航速度方式是 ECON 巡航。驾驶员可以在巡航页面的目标速度行选择 LRC、发动机失效模式或固定马赫数和校正空速(calibrated air speed,CAS)值。ECON 巡航是一个可变的速度计划,与全重、巡航高度、成本指数和顶风或顺风分量成正比。对于输入的成本指数可提供最低运行成本。成本指数输入为零可产生最大航程巡航。FMS 没有对 LRC 进行风修正。RTA 速度应满足 FMS 航段页面上的 RTA 特定航路点的时间要求。

6) 阶梯爬升

不受短程飞行距离限制的飞行计划通常是在最佳高度附近巡航。由于在飞行中最佳高度随燃油消耗而增加,因此有必要定期爬升到一个较高的巡航高度,以达到飞行计划的油耗。一般是根据可用巡航高度层在 FMS 输入一个适当的阶梯爬升值。在多数飞行中,到达 TOD 前可能需要一个或多个阶梯爬升。

阶梯高度可以设置在计划中的航路点上,或者由 FMS 计算出最佳阶梯爬升点。当在性能初始化页面或巡航页面的阶梯步长输入非零值时,FMS 计算飞机性能许可的最佳阶梯爬升点,爬升高度由阶梯步长确定。根据飞机的性能和航路长度可以进行多次阶梯爬升。如果飞行控制面板上选择的高度和 FMS

巡航高度调至新的高度,则 VNAV 指令阶梯爬升。FMS 计算的阶梯爬升点是水平飞行计划、速度方式、当前和阶梯爬升高度以及全重的函数,提供航班的最低航程成本。因此应尽可能在接近阶梯爬升点的地方开始巡航爬升到新高度。FMS 的阶梯爬升默认值可能不适合 RVSM 或米制空域,可按需人工输入适当的阶梯爬升值。

2.3.6 下降前准备阶段工作

驾驶员在巡航阶段接近 TOD 时,按需通过 FMS 人机接口修改目的地机场的进场程序、进场过渡、进近程序和进近过渡。下降前准备阶段工作 FMS 操作如表 2-9 所示。

表 2-9 下降前准备阶段工作 FMS 操作

操作页面	页面信息	机组操作	FMS 提供的能力
进场页面	标准终端进场;进场过渡;进近;进近过渡	根据需要,通过该页面修改目的地机场的进场程序、进近程序、进场过渡和进近过渡	修改进场和进近航路

如果是 ILS 程序,则可以根据实际情况选择是否抑制下滑道(glide slope,GS)。在进场页面中,当选择了进场程序后,所选进场程序相应的进场过渡程序将自动显示出来。与进场类似,当选择了进近程序后,所选进近程序相应的进近过渡程序也将自动显示出来供驾驶员选择。在进场页面中,FMS 可提供所愿进近和/或进场对应的跑道长度和航道。在航段页面的进近跑道行,FMS 提供导航数据库中该进近方式中公布的下滑路径角。

驾驶员也可以按需选择导航数据库中的目视飞行规则进近程序,通过 FMS 的进场页面选择跑道和跑道延长线,由 FMS 计算出进近轨迹。

当处于巡航阶段时,如果管制要求提前下降,FMS 可提供"立即下降"的快捷操作,按压后 FMS 马上切换为下降阶段。

2.3.7　下降阶段工作

在过 FMS 计算的 TOD 时接通下降模式,即进入下降阶段。也可以根据管制的要求在到达 TOD 前提前下降,或者推迟至过 TOD 后再下降。下降阶段持续到进近阶段开始时。在下降期间,如果接通 LNAV 和 VNAV,则可以按照 FMS 的水平引导和垂直引导指令飞行。LNAV 使用航段页面和进程页面进行管理,与巡航阶段相同。下降阶段工作 FMS 操作如表 2-10 所示。

表 2-10　下降阶段工作 FMS 操作

操作页面	页　面　信　息	机　组　操　作	FMS 提供的能力
下降页面	TOD 高度、航路点名称;经济速度、选择的速度;速度过渡;速度限制;下一航路点速度/高度限制;飞行轨迹角、垂直方位、垂直速度;选择直接下降;选择现在下降	(1) 在到达 TOD 之前,保持生效航路中的空速/高度限制下降 (2) 驾驶员可对经济速度、速度/高度限制进行修改 (3) 驾驶员可修改为直接下降模式,删除飞机高度与 MCP 高度之间所有航路点的高度限制	引导飞机按照构建的垂直剖面下降

FMS 下降阶段 VNAV 接通时的主要工作如下所示。

1) 确定下降速度

默认的 FMS 下降速度计划是从巡航高度到机场速度过渡高度的经济下降。FMS 在机场速度过渡高度将空速降至导航数据库中机场速度限制速度以下。

FMS 调整速度计划以满足在航段页面上显示的航路点速度/高度限制,以及在下降页面上显示的速度/高度限制。如果需要,驾驶员可以修改下降页面目标速度行的马赫数、马赫数/指示空速或指示空速的值,从而修改经济速度计划。

2) 确定下降轨迹

当至少有一个低于巡航高度的、与航路点相关的高度限制时,FMS 会产生一个下降轨迹,该轨迹从最低的高度限制反向延伸,并假定推力略微大于慢车推力,或在低于输入的防冰高度时接近慢车推力。下降轨迹将以下降速度计划、任何输入的速度/高度限制或预报使用防冰为基础,在下降轨迹的构建过程中还将考虑输入的下降风。

3)下降过程中的速度干预实现

可使用 VNAV 速度干预方式满足 ATC 速度改变的需求。对于速度下降模式,通过改变飞机的俯仰角,同时保持慢车推力以适应速度干预。对于轨迹下降模式,可能需要使用减速板或增加推力以保持所需空速。

4)偏离轨迹下降的操作

如果进行雷达引导的同时需要参考公布的进场程序,或者在进场时管制突然要求航向引导,那么就会偏离程序预定义的下降轨迹。为了降低驾驶员的工作负荷,先进的 FMS 提供偏离轨迹下降页面,驾驶员使用该页面可以根据FMS 计算、显示的信息分析偏离当前航路,直飞到所选航路点的下降性能。经分析,驾驶员可以通过航段页面选择直飞该航路点,且设置其相应的速度高度限制值。

VNAV 下降管理的操作主要在下降页面上完成。下降页面用于监控和修改下降轨迹。下降速度方式分为经济速度和固定速度,通常默认 VNAV 下降方式是经济速度。当使用速度干预或在下降页面输入速度时,会以固定速度下降。经济速度方式以经济速度控制下降速度,直到达到较低的速度限制;固定速度方式以固定速度控制下降速度,直到达到较低的速度限制。

在 FMS 的下降页面中,可以提供下降终点(end of descent,EOD)的名称和高度显示,EOD 是下降阶段中的航路点并且有最低高度限制,当 VNAV 接通时,该高度可作为 FMS 目标高度。

下降页面中提供经济速度或驾驶员选择的速度显示。经济速度是 FMS 基于成本指数计算的经济下降速度。选择的速度在驾驶员输入速度时显示,或者在转换为选择速度段时显示限制速度(航路点速度限制)。当 VNAN 接通时,该速度可作为 FMS 指令的速度。当开始下降时,指令速度为马赫数。当低于

CAS/马赫数过渡高度时,指令速度为 CAS。

速度过渡显示的是过渡速度和速度过渡高度。过渡速度通常比导航数据库里的目的地机场的限制速度小 10 节。当不存在机场限制速度时,FMS 显示 240 节的默认速度。速度过渡高度是目的地机场的过渡速度生效的高度。如果导航数据库中没有过渡高度,则显示默认值 10 000 ft。如果不受航路点限制或速度限制的约束,则可删除速度过渡,使飞机以经济速度或所选速度飞行。

下降页面中一般还显示速度限制。在此行可以人工输入高于 EOD 的速度限制以及与特定航路点无关的速度限制。有效的输入是 CAS 和高度(如 240/8 000),输入值可以被删除。

在下降过程中,为了便于驾驶员管理下降剖面,FMS 提供下一个航路点的速度高度限制,驾驶员根据需要可以删除下一航路点的限制值。FMS 的 VNAV 指令为限制速度和当前性能速度两者之间的较小者。当该速度和/或高度是 FMS 目标值时,改变显示颜色以提醒驾驶员。

此外,FMS 人机接口还可以显示基准垂直方位航路点的标识符和高度,可以是显示驾驶员输入的航路点/高度数据。如果没有驾驶员输入,则默认为下一个下降航路点的限制。对于窗口高度限制,如果飞机高于此限制,则显示较高高度,否则显示较低高度。如果在飞行计划中的下降部分不存在限制,则显示虚线。有效的输入是导航数据库中或者飞行计划中任何航路点/高度组合(包括纬度/经度航路点和报告点)并且高度低于当前飞机的高度。

在下降阶段,若飞机与 EOD 之间有高度限制,则有的 FMS 在 MCDU 页面中提供"直接下降"功能,可删除飞机高度与飞行控制面板上的高度之间所有航路点的高度限制。

总之,在下降过程中 FMS 既提供了关于下降剖面的丰富信息显示,同时也提供了多种修改下降剖面的灵活下降方式,大大提高了驾驶员在下降过程中的情景意识,满足了空中交通管制的需要。

2.3.8 进近阶段工作

进近大致分为 ILS 进近和非 ILS 进近,有的飞机还提供类似 ILS 进近的 GLS 进近。VNAV 是实施非 ILS 进近的主要俯仰方式,垂直速度(vertical speed,VS)、飞行航迹角(flight path angle,FPA)是非 ILS 进近的备用方式;滚转方式则根据进近类型选择。在以 LOC 为基础的进近中,必须在整个进近过程中监控各类进近的 LOC 以及适用的原始数据。在以非 LOC 为基础的进近过程中,FMS 被用于航道或航迹跟踪(VOR、TACAN、NDB、RNAV、GPS 等)。在显示系统上显示原始导航数据,一般建议驾驶员尽可能监视这些原始数据。进近阶段工作 FMS 操作如表 2-11 所示。

表 2-11 进近阶段工作 FMS 操作

操作页面	页 面 信 息	机 组 操 作	FMS 提供的能力
进近参考页面	全重;着陆基准;跑道长度;下滑道;襟翼基准速度;襟翼/速度;风修正	(1) 在 FMS 计算全重不可用或无效时,机组可输入全重 (2) 选择着陆基准为 QNH 或 QFE (3) 选择下滑道"ON"或"OFF" (4) 基于着陆襟翼的调定,选择 V_{REF} 速度,也可以人工输入 (5) 支持进近速度风修正值的人工输入	设置着陆基准、下滑道选择开关、进近速度风修正值、无线电调谐

对于非 ILS 进近,使用 LNAV 和 VNAV 的方式进近,FMS 提供以下能力:进场页面进近程序选择;导航台自动调谐;在航段页面或者向 ND 提供进近航段显示;进程页面监控;提供进近参考页面;提供 LNAV 引导到决断高度(decision altitude,DA)(H)或最低下降高度(minimum descent altitude,MDA)(H),或者按照驾驶员的进近模式选择引导到截获航道;提供 VNAV 引导到 DA(H)或 MDA(H)。

对于 ILS、GLS 进近,FMS 主要提供进场页面进近程序选择;导航台自动调谐;在航段页面或者向 ND 提供 ILS、GLS 航段显示;进程页面监控;进近参考页面(APPROACH REF);LNAV 和 VNAV 引导到截获 ILS、GLS 的功能。

一些先进飞机具有 FLS 能力或综合进近导航(integrated approach navigation, IAN)能力。可以使用 FLS 进近提供与 ILS 进近类似的功能以及指示和告警功能，使得在所有类型的仪表进近中使用一致的程序。所以尽管可以使用 LNAV 和 VNAV 执行非 ILS 进近，但是考虑到稳定程序的要求，通常建议使用 FLS 取代 LNAV 和 VNAV。导航数据库可以使用 FLS 操作的进近类型有 RNAV 进近、GPS 进近、VOR 进近、NDB 进近、LOC 进近、反向 LOC(LOC back course，LOC-BC)进近。FMS 为 FLS 进近提供进场页面进近程序选择；导航台自动调谐；在航段页面或者向 ND 提供进近航段显示；进程页面监控；进近参考页面；LNAV 和 VNAV 引导到第五边；下滑路径(glide path，GP)和相对下滑路径偏差计算的功能。对于以非 LOC 为基础的进近，FMS 还提供最后进近航道和相对航道偏差的计算。

下面简要介绍进近阶段 FMS 典型功能的工作。

1) 水平计划修改

在水平方面，驾驶员将按需通过 FMS 人机接口修改进场和进近航路，详见前文"下降前准备阶段工作"中进场页面的描述。如果选择目视飞行规则程序，则 FMS 将计算目视飞行规则轨迹。在进近阶段，由于流控或者天气影响，因此管制可能指令飞机在某一点进行盘旋等待，FMS 可提供等待操作功能。

2) 垂直计划修改

在垂直方面，如果使用 VNAV，则须通过 FMS 人机接口提供的航段页面人工输入或者通过选择公布的进场程序输入高度和速度限制，也可以结合这两种方法输入所有高度和速度限制。只要输入正确，VNAV 轨迹剖面就能够满足所有高度和速度限制。

3) 进程监控

机组可以继续通过航段页面和进程页面监控飞行，详见后文"飞行中的监控"。在进近阶段要特别注意是否满足 RNP。

4) 导航台自动调谐

在进近阶段，FMS 除了为 DME/DME 无线电定位调谐频率外，可根据选定的进近类型和进近程序中推荐的导航台自动调谐相应的 ILS、VOR 和 DME 频率。

5）放襟翼速度参考和进近性能参考

驾驶员可在 FMS 提供的进近参考页面上设置着陆基准、下滑道选择开关、进近速度风修正值。FMS 显示其计算的或输入的飞机全重，显示其计算襟翼基准速度并供选择。在放襟翼过程中，减速到接近并高于当前襟翼位置的机动速度前选择下一档襟翼位置。放襟翼的速度计划随飞机重量变化而变化，并在所有重量下都能提供完全机动能力。

进近参考页面提供着陆参考选择，即着陆参考可在 QNH 和 QFE 之间转换。运行中一般选择 QNH 模式。生效的模式通常以大号字体显示，未生效的模式以小号字体显示。若选择 QFE，则目的地机场高度指示调整为零；飞行高度降至过渡高度/过渡高度层以下时，高度计应设定为 QFE。

进近参考页面提供跑道长度显示，所显示的跑道基准根据航路进程变化。当现在位置超过航程的一半或距离起飞机场超过 400 n mile 时，以目的地机场的跑道为基准；当不到航程的一半或距离起飞机场小于 400 n mile 时，以起飞机场的跑道为基准。

进近参考页面也提供下滑道开关切换功能。如果当前航路不包括以 LOC 为基础的进近则此功能不可选；如果生效的航路中有 ILS 或 GLS 进近，则默认为接通；如果生效的航路中有 LOC、简化的方向引导设施进近（simplified directional facility，SDF）、航向信标式定向设备（localizer-type directional aid，LDA）或反向航道（back course，B/CRS）进近，则默认为关断。

进近参考页面提供襟翼基准速度显示，根据飞机全重，FMS 计算基于不同着陆襟翼构型调定的参考速度。同时还支持在该页面输入着陆襟翼位置和参考速度，相应的参考速度将在 PFD 上显示，为驾驶员放襟翼操作提供指示。

6）LNAV

为了使用 LNAV 功能，驾驶员必须使用 FMS 提供的人机接口输入进近航

路。有两种输入方式,一种是从导航数据库中选择进近程序,RNAV 和 GPS
进近需要用这种方式,参见前文描述;另一种是人工输入航路点。对于人工输
入的航路点,自动程序调谐不可用。

在进近阶段,除了直接更换进场和进近程序,很少通过 FMS 人机接口进行
插入其他航路点等操作,更不建议在从 FMS 导航数据库中获取的进近程序中
插入航路点,尤其在五边进近固定点,即在最后进近固定点(final approach fix,
FAF)和复飞点(missed approach point,MAP)之间不能增加或删除航路点。
如果需要额外的航路点参考,则 FMS 提供固定点页面进行操作。

在以非 LOC 为基础的进近过程中,FMS 的 LNAV 功能可用于航道或航
迹跟踪。由 FMS 提供水平引导指令引导飞机沿着航段页面上显示的一系列描
述进近航路(和复飞)的航段/航路点飞行,直至在 DA(H)或 MDA(H)断开自
动驾驶仪。

如果进近程序有 RNP 要求,则可通过 RNP 进程页面进行导航性能监控。

7) VNAV

非 ILS 进近方式有两类,一类是 RNAV 进近、GPS 进近、VOR 进近、NDB
进近;另一类是以 LOC 为基础的非 ILS 进近。通常用 VNAV、VS 或 FPA 俯
仰方式做非 ILS 进近。VNAV 是完成非 ILS 进近的最好方法,FMS 提供通过
航段页面定义垂直轨迹的能力,并计算、输出相应的垂直引导指令。自动驾驶
飞机沿着 VNAV 垂直轨迹飞行可使驾驶员的工作量减到最小,便于监控程序
及飞行轨迹,并可保持更精确的垂直轨迹,减少无意间偏离到航道以下的可能
性。VS 或 FPA 可作为完成非 ILS 进近的备用方法。

使用 VNAV 需要从 FMS 的进场页面选择进近程序,调谐并识别相应的
导航台。一般不能人工输入进近或为程序增加航路点。如需额外的航路点参
考,则 FMS 提供固定点页面进行操作。

只有当进近具备以下特征时,FMS 才可以构建 VNAV 进近轨迹,使用
VNAV 引导。

（1）航段页面有五边航段上公布的 GP 角。

（2）与跑道进近终点一致的跑道延伸航路点。

（3）跑道进近终点之前的复飞航路点。

当做五边进近时，如果为五边进近航路点增加速度限制，则会增加工作量，不利于安全。因此，VNAV 应与速度干预一起使用，以减轻工作负荷。为防止在 VNAV 下降时在五边前出现不必要的改平，当确定遵守高度限制时，应在高度截获之前将飞行控制面板高度选择钮重调至下一较低限制。由此可知，FMS 的 VNAV 功能实现需要考虑速度干预和高度干预的需求。

2.3.9 着陆后滑行阶段工作

FMS 在着陆后，提供机场地图显示，包括飞机当前位置、跑道、滑行道。有的 FMS 还可以根据数据链上传的或者驾驶员输入的 ATC 滑行指令，在机场地图上叠加滑行路径，为驾驶员在场面上滑出跑道，滑入停机位提供指示。

2.3.10 飞行计划修改及水平机动操作

FMS 在飞行中可能因为天气、流控和飞机特情处置需要变更水平航路或者执行直飞、水平偏置和等待等机动操作。飞行计划修改及水平机动操作 FMS 操作如表 2-12 所示。

表 2-12　飞行计划修改及水平机动操作 FMS 操作

操作页面	页　面　信　息	机　组　操　作	FMS 提供的能力
航段页面	航路点标识符；航段方位；到航路点距离；航路点速度/高度限制；预测的航路点速度/高度；切入航道到/从；正切点	（1）在草稿行输入待新增/修改内容 （2）按压待新增/修改内容的航路点/航路点属性旁边的行选键，完成对航路点/航路点属性内容的编辑 （3）按压执行按键，接收对计划的修改	编辑航路点

（续表）

操作页面	页 面 信 息	机 组 操 作	FMS 提供的能力
航段页面	航路点标识符；航段方位；到航路点距离；航路点速度/高度限制；预测的航路点速度/高度；切入航道到/从；正切点	（1）选择或在草稿行输入直飞航路点，选择飞行计划某航路点的航行选键后，将直飞航路点插入该航路点位置，执行后，可完成到航路点的直飞 （2）选择切入航道到/从，并在草稿行输入切入航道，执行后，完成从当前位置以某向/背台航道切入航路点 （3）可选择正切点行选键，将当前位置到直飞航路点之间原计划中的航路点正切映射到直飞航段上形成正切航路点，保留原来航路点的属性	直飞
航路页面	生效航路；航路类型；起始航路点；偏置	（1）输入偏置方向和偏置距离 （2）执行偏置	水平偏置
等待页面	等待固定点；在当前位置等待；象限/径向线；向台航道/方向；出航边时间；出航边的距离；速度/目标高度；固定点 ETA；预计进一步指令的时间；等待可用；最佳速度；退出等待选择	（1）输入等待固定点 （2）输入象限/径向线、入航航道/方向、等待距离、等待时间等信息，定义一个等待 （3）执行等待	等待

1) 在飞行计划中航路点的编辑

在飞行中，通过插入或删除航路点修改飞行计划的操作由航段页面实现。通常航段页面左侧显示的是航路点标识符，右侧显示该航路点的速度/高度限制值或者 FMS 速度/高度预测值。两行之间显示航段之间的方位和航段长度。插入航路点的操作过程是先在草稿行输入待插入的航路点名，按压待插入位置航路点旁边的行选键就在该航路点之前插入了航路点，此时会生成临时飞行计划。输入的航路点通过大圆弧直连方式与它前面的航路点相连接。在有些情况下在插入的航路点之后可能出现航路断点，通常后续有一条虚线，这表示插入了一个航路点后,在这个点与后续的航段之间存在不连续的情况。这通常和插入位置有关,可能在离场程序或进场、进近程序附近。对于临时飞行计划,可以在飞行计划页面顶端的标题上显示"MOD"表示计划被修改。如果选择清除或取消操作,则可以取消所有修改,并返回生效的计划航段页面;如果按压执行按键,则接收对计划的修改,将修改的计划激活,页面转换为生效航段页面。先进的FMS还提供"UNDO"功能,可以在按下执行按键前取消前一步或几步的操作。

航路点标识符对应的速度/高度可能是输入或数据库中存储的该航路点的速度/高度限制值,也可以是FMS预测的到该点的速度/高度。FMS通过字体大小或其他方式进行区别显示。

有时候根据需要,要删除飞行计划中的某个航路点。此时先按删除键,在草稿行上出现"DELETE",然后选择该航路点对应的行选键,就可以删除航路点。删除前后的航路信息不变,但是在删除处出现不连续点。通常飞行计划航段页面中第一个航路点为生效航路点,或者称为到点(TO),用特定颜色显示,该点不能删除。驾驶员将不连续点处下面的任一个航路点标识符复制或者直接输入草稿行,然后插入不连续点位置就可以删除该不连续点。在复制了航路中的一个航路点后,插入前面几个航路点之前,可以把这几个航路点都删除,而且不产生不连续点。

2) 直飞操作

有时因为特殊情况飞机需要直飞某个机场降落;有时为了节省时间和燃油在管制允许后将某段航路改为直飞;也有的时候空管因为空域的安排要求飞机改航,指示切入某航向直飞某个航路点。因此FMS提供直飞操作的能力,一般有三种直飞操作:

(1) 默认的直飞方式,从当前位置直飞到某航路点。

(2) 直飞截获方式,从当前位置以某向台或背台航道切入某航路点。

(3) 直飞正切方式,将当前位置到直飞航路点之间原计划中的航路点正切映射到直飞航段上形成正切航路点,保留其原来航路点的属性。

3）水平偏置

FMS的飞行计划功能可以根据方向（路径的右边或左边）和距离产生与当前飞行计划"平行"的偏置飞行计划。有的FMS还可以从当前飞行计划中选择开始偏置和结束偏置的航路点。在飞行中有时由于气象原因需要绕飞,FMS提供的水平偏置功能为这种情况下的水平机动提供了操作便利。有时管制员为了提高飞行安全性、调配间隔等原因,也会让驾驶员执行偏置操作。

在空中,可以通过航路页面进入水平偏置操作界面,输入偏置方向和偏置距离,即可生成偏置的临时飞行计划,ND上的显示提供驾驶员预览功能,直到偏置被修改、激活或删除。激活后,偏置航路和原航路同时显示在ND上,但线段类型不同,以示区别。如果在LNAV接通时执行偏置修改,则FMS引导飞机转弯截获偏置航道。在航路偏置时,生效航路的航路点正常排序。

4）等待

当机场过于繁忙而跑道不可用或者天气情况不适合下降着陆时,飞机可能被要求在某个指定空域执行类似跑马场的航线飞行,等待管制员的下一步指令。有的进场程序里包含了等待航线,称为程序等待;有的则根据飞行时空域的管制需要,由地面管制员给出执行等待的指令。

FMS提供了按照地面管制员的指令,在飞行计划中编辑等待航线的人机接口界面的功能。一些飞管产品提供"HOLD"快捷键,点击此按键,进入航段等待页面,在该页面输入等待固定点,就可以进入等待编辑页面。如果点击航段等待页面的当前位置（present position，PPOS）,则意味着将当前位置作为等待固定点定义等待。

可以通过象限/径向线、入航航道/方向、等待距离、等待时间等信息定义一个等待。象限/径向线通常显示为虚线,它的输入要与入航航道/方向一致。入航航道/方向显示向台航道和转变方向。当等待点是生效航路点时,其标识符的颜色与航段页面上生效航路点的颜色一致。等待边时间在高度为 14 000 ft 或以下时默认显示 1 min；在高于 14 000 ft 时默认显示 1.5 min。如果输入了等待边距离，则时间字段显示为虚线。

当 VNAV 接通，爬升/下降穿越 14 000 ft 时，默认由 FMS 自动调定等待边的时间，即 14 000 ft 或以下为 1 min，14 000 ft 以上为 1.5 min。

等待的终止有两种，一种是满足程序中定义的条件时自动退出，另一种是人工停止等待。当选用后面一种方式时，如果不知道需要等待多久，则无法准确预测等待固定点以及后续航段的燃油和 ETA。如果管制员给出了预计的等待时间(T_0)，则可以把这个时间输入 FMS，退出等待固定点的时间为 T_0 后第一次飞越固定点的时间。FMS 以退出等待固定点的预计时间计算后续航段的 ETA 以及燃油值。

最佳速度显示飞机全重、高度和襟翼调定情况下的最佳等待速度。这个计算值可能超过 ICAO 的等待限制速度。根据当前的风速及 FMS 指令的空速，FMS 计算出带有恒定转弯半径的等待航线。

在到达固定点前 3 min，FMS 开始引导飞机减速至等待空速，当飞机达到或低于最大等待空速时开始穿越固定点。如果 FMS 等待速度大于 ICAO 或局方规定的最大等待速度，则可以用襟翼 1 等待，使用襟翼 1 机动速度。襟翼 1 要比收上襟翼多消耗约 5% 燃油。FMS 等待速度根据油耗和速度能力提供最佳等待速度，但在任何情况下都不会低于襟翼收上机动速度。

2.3.11　导航相关操作

FMS 导航相关的操作包括惯性基准系统装订初始位置、空中位置更新、无线电导航台调谐、导航精度监视和位置报告等内容。FMS 提供了不同的页面，用于为计算 FMS 位置选择是否使用某类或某个导航传感器，以及选择是否使用某个导航台数据。导航相关 FMS 操作如表 2-13 所示。

表 2 - 13   导航相关 FMS 操作

操作页面	页 面 信 息	机 组 操 作	FMS 提供的能力
位置基准页面	FMC 位置数据源；惯导位置；GPS 位置；无线电位置；RNP/FMC EPU；惯导 EPU；GPS EPU；无线电 EPU；导航台标识符；位置更新选择；FMC L 位置和状态；FMC R 位置和状态；GPS 导航 ON/OFF；DME/DME 导航 ON/OFF；VOR/DME 导航 ON/OFF；LOC 导航 ON/OFF	(1) 可以通过按下位置更新选择行选键，选择相应传感器的位置更新飞行管理系统位置 (2) 用于驾驶员查看 FMS 左侧、右侧模块计算的位置和工作状态 (3) 通过选择传感器 ON/OFF 抑制某个导航传感器用于位置计算的能力	传感器管理
基准导航数据页面	(1) 固定点标识符、经纬度 (2) 导航台频率、标高、磁差 (3) 导航台抑制选择、跑道长度、标高、航道	(1) 通过输入标识符查看航路点、导航台、机场和跑道数据 (2) 通过行选键选择抑制来自某个无线电导航台信息用于 FMS 位置更新	基准导航数据参考，无线电导航台抑制
无线电页面	VOR ID、频率和调谐状态；航道、径向线；ADF ID 和频率；ILS - GLS 频率和调谐状态	(1) 监控无线电自动调谐状态 (2) 输入频率/航道，自动调谐无线电导航台	导航台调谐管理
位置报告页面	(1) 上一个航路点标识符，实际到达时间和高度 (2) 到点(或称生效航路点)预计到达时间和高度，当前剩余燃油	(1) 监视当前飞过的最后一个航路点、下一个航路点的信息 (2) 可通过数据链下传位置信息	监视/报告航路点位置信息

　　FMS 提供了一组位置页面，位置起始页面用于为惯性基准系统装订初始位置。位置基准页面显示各导航传感器位置及其实际导航性能(actual navigation performance，ANP)，并可进行空中位置更新；位置基准页面还可以显示 FMS 中飞行管理模块计算的位置，并提供在综合导航定位计算中选择是否使用某类导航传感器的行选键的功能。位置基准页面也显示各导航传感器位置相对 FMS 位置的偏差，并提供选择是否使用某个导航传感器的手段。导航精度监视可以通过 RNP 进程页面进行。与无线电调谐有关的页面是导航无

线电页面。FMS 还提供导航数据页面,除了可以查看导航数据库中机场、跑道、航路点和导航台信息外,还可以在 FMS 位置更新中选择是否使用某个导航台。位置报告操作与数据链有关,本节只介绍位置报告页面的显示和操作。

1) 位置基准页面

位置基准页面便于驾驶员了解导航位置计算功能的状态、所使用的传感器、实际导航性能和所需导航性能。1.2 节末曾提到 FMS 有双系统和三系统配置,FMS 通常通过对比的方式展现各 FMC 或 FMM 计算所得的 FMS 位置的差别,以及 FMS 位置与各传感器位置之间的差别。由于信息较多,因此一般分多个页面显示。

位置基准页面首先显示的是提供该页面控制的 FMC 或 FMM 计算的 FMS 位置 ANP,并且标示其使用哪个导航传感器作为主导航源。该页面还显示各导航传感器输出的位置及其 ANP、DME/DME 位置和所调谐的 DME 台。

驾驶员参考位置基准页面上各导航传感器输出位置相对于 FMS 位置的方位和距离,来选择是否抑制某个传感器的输出参与 FMS 位置计算。有时终端区程序要求禁用 VOR 或其他无线电导航,也可以通过此页面进行抑制的操作。除了对比各 FMC 或 FMM 的 FMS 位置的经纬度外,FMS 也可以提供它们相互之间的方位和距离信息的计算和显示功能。

有的 FMS 还可以通过行选键进行空中位置更新操作,立即用选择行所对应的传感器的位置更新飞行管理系统位置。

2) 无线电页面

在飞行中,VOR、ILS 和 GLS 导航无线电通常由 FMS 自动调谐。ADF 无线电由人工调谐。FMS 的无线电导航页面显示 VOR、ILS-GLS 和 ADF 无线电状态,并且可以人工控制这些无线电。在此页面上输入数据可以调谐所选择的导航无线电,也可输入 VOR 航道。

3) 导航数据页面

FMS 的导航数据库里存储了预期运营区域内所有的航行数据,它提供了基准导航数据页,用于驾驶员通过输入标识符查看航路点、导航台、机场和跑道数据。因为可能有导航台故障维修的情况,所以驾驶员还可以通过该页面抑制来自某个无线电导航台的信息,用于 FMS 位置更新。

4) 位置报告页面

FMS 位置报告页面显示当前飞过的最后一个航路点的标识符以及飞过该点的时间和高度;还可以显示到点(或称生效航路点)的标识符、预计到达该点的时间以及到点后面一个航路点的标识符、当前的温度和风速风向、飞越航路点时的机上剩余燃油等信息。

2.3.12　飞行中的监控

飞行计划内容是提供给驾驶员的重要信息。FMS 将飞行计划内容分为航路信息和航段信息。航路信息包括起飞和目的地及备用机场、进离场程序名称、跑道名称等。航段信息主要是飞行计划中各航段包含的内容,如航路点标识符和航段距离等。在起飞前,驾驶员要通过航路页面、航段页面和航段数据页面核实飞行计划;在飞行中,FMS 也通过这些页面为驾驶员概要性地提供飞行任务的全貌和航段距离、预计时间和剩余燃油等信息。飞行中的监控 FMS 操作如表 2 - 14 所示。

表 2 - 14　飞行中的监控 FMS 操作

操作页面	页 面 信 息	机 组 操 作	FMS 提供的能力
航段页面	航路点标识符;航段方位;到航路点距离;航路点速度/高度限制;预测的航路点速度/高度	监控飞行计划中航路点的方位、航段距离、到航路点的预计速度和高度	航路点信息监控
航段数据页面	ETA;燃油	监控飞行计划中航路点的ETA、剩余燃油;通过数据链请求更新航路风数据	航路点信息监控

（续表）

操作页面	页　面　信　息	机　组　操　作	FMS 提供的能力
进程页面	到点；到点之后的航路点；目的地机场；预选速度到点/目的地机场 ETA；到点/目的地机场待飞距；到点/目的地机场燃油；TOC；风信息；航迹误差；真空速；已用燃油；燃油总加器/计算的风向风速；大气静温；总耗油、APU 耗油；固定点；固定点最大速度；固定点 RTA；固定点高度/ETA；推荐起飞时间；巡航速度航段；航段方向；水平 RNP / ANP；进近 RNP；下滑角；垂直 RNP/ANP；垂直航迹误差；横向航迹误差；垂直 RNP	（1）监控到点、下一航路点和目的地机场的标识符，以及到这些点的待飞距离、ETA 和剩余燃油 （2）监控燃油数据、静温、真空速、垂直航迹误差数据和风数据 （3）显示到达某点的高度和 ETA （4）监控水平和垂直的 RNP/ANP、航迹误差等导航性能	监控重要飞行信息

在飞行中，FMS 还能显示飞行进程数据，为驾驶员提供监控页面，使他们更好地了解和掌控飞行的进程。

1）航段页面

航段页面按行显示飞行计划航段中的航路点标识符、到该航路点的方位、航段距离、到航路点的预计速度和高度或速度和高度限制值。可以通过选择功能键进行上下翻页，浏览飞行计划中所有的航路点；并且可以通过行选键进入航段数据页面，获得 ETA 和预测的燃油信息。

2）航段数据页面

航段数据页面显示航路点标识符、ETA、剩余燃油，并提供进入设置航路点风的行选键，在该页面中还可以通过行选键发出通过数据链上传风数据的请求。

3）进程页面

进程页面为驾驶员提供飞行管理的概要信息，分为四个方面：计划信息概述、性能参数概述、RTA 和 RNP。

　　进程页面的计划信息主要显示到点、下一航路点、目的地机场和备降机场的标识符,以及到这些点的待飞距离、ETA 和剩余燃油。通常,该页面第一行以特定颜色显示到点,该点和第二行的下一航路点是不可修改的。第三行默认显示目的地机场,也可以输入导航数据库内任何一个航路点或者机场,FMS 会计算并显示到该点的距离、ETA 和剩余燃油。该页面中还可以以特定颜色显示 FMS 指令的生效速度,以及到 TOD 的 ETA 和待飞距离。

　　进程页面的性能参数一般显示燃油数据、大气静温、真空速、垂直航迹误差数据和风数据,以及两个独立的剩余燃油量:总燃油量和计算的剩余燃油量。总燃油量是燃油量指示系统输出的油量。如果在性能初始化页面人工输入燃油量,则总燃油量显示空白,人工输入的燃油量在计算的剩余燃油量处显示,燃油量指示系统在飞行结束前未被使用。如果在性能初始化页面没有人工输入燃油量,则计算的剩余燃油量显示 FMS 计算的剩余燃油量。在发动机起动前,计算的燃油值设置与总燃油量相同。显示的总燃油量可能是处于实际燃油的99%～101%之间的值。在发动机起动后,通过燃油流量感应系统输出的值计算需要减去的耗油来获得计算的剩余燃油量。在应急放油或所有发动机关车后,计算燃油复位到总燃油量系统的燃油量。

　　当前干线飞机的 FMS 一般提供 RTA 进程页面,用于编辑 RTA 和显示 RTA 信息。驾驶员可以根据管制要求,输入到达时间要求的计划中的某个航路点的标识符,此时 RTA 页面可以显示到达该点的高度和 ETA。默认显示 ETA,驾驶员可以根据管制要求修改。当新建一个 RTA 或修改 RTA 的信息时,该页面通常会出现"清除"字样,表示选择此行选键可以清除修改操作。如果确认修改,则需要与确认飞行计划的修改一样,使用"执行"键进行确认。

　　随着 PBN 应用越来越广泛,当前 FMS 一般提供 RNP 进程页面用于导航性能的监视功能。该页面主要显示如下信息:

　　(1) 显示航段方向,按照航段定义分为以下几种:弧、航道、航向航段、程序指令和航迹航段,计算出的大圆航线航段方向可能与航图所示方向不同。对于未定义的航道显示为虚线。

（2）显示要求的导航性能和实际的导航性能（RNP／ANP）。人工输入的RNP值以特定字体显示。

（3）显示横向航迹误差偏航距（cross track error，XTK），表示当前到所需LNAV航道的横向航迹误差。用L和R分别指示航道的左侧和右侧。

（4）显示FMS计算的进近下滑轨迹。显示航路点速度或高度限制；如果没有规定限制值，则显示FMS的预测值。

（5）显示当前航段的垂直RNP和ANP。垂直RNP范围一般是0～999 ft。可以人工输入，在飞行结束后输入清除。

（6）显示当前到FMS计算的下滑轨迹的垂直误差。

显示进近阶段（起始、中间、最后进近）最低的水平RNP和垂直RNP。可以用不用字体或者标签来区分RNP值是人工输入的，是导航数据中存储的，还是根据飞行区域默认的。

2.3.13　减噪起飞爬升程序

随着经济的发展，为航空运输业而建造的机场越来越多，每天起降的飞机架次也越来越多。机场噪声的影响范围是飞行在一定高度影响下所覆盖的机场附近的区域。为了出行或者中转方便，人们希望机场靠近交通便利的中心城区。但越是大城市，越靠近市区或近郊，商业区和居民区就越密集，居民对飞机起降造成的噪声影响的意见就越大。机场在选址和设计跑道取向时要考虑在两者之间达到平衡。对于机场位置、跑道布局已定的情况，机场噪声与飞机的类型以及起飞着陆的次数、方式、时间有关系，为了降低机场噪声需要从运行方面采取措施。

ICAO于1982年颁布了减噪起飞程序A和减噪起飞程序B，这两种减噪起飞程序考虑了安全、运行、工作量等因素和减噪效果，可在襟翼、推力和速度管理等操作最少的情况下，达到最佳减噪效果。1996年，ICAO对减噪起飞程序进行了修订,提出了与减噪起飞程序 A 和减噪起飞程序 B 对应的减噪离场爬升程序(noise abatement procedure,NADP)1 和减噪离场爬升程序 2(NADP2)。NADP1 用于减轻跑道末端噪声影响。在没有达到机场标高 240 m(800 ft)前不能实施该程序。在开始实施该程序前,起始爬升速度不应小于$(V_2+20)\sim(V_2+40)$km/h(10~20 节)。在达到或高于机场标高 240 m(800 ft)时,根据飞机操作手册提供的减噪推力计划调整和保持发动机推力,保持$(V_2+20)\sim(V_2+40)$km/h(10~20 节)的爬升速度和起飞的襟缝翼形态。在高于机场标高 900 m(3 000 ft)后保持正上升,按照计划加速收襟翼。NADP2 用于减轻跑道方向一定距离处的噪声影响。与 NADP1 一样,在没有达到机场标高 240 m(800 ft)前不能实施该程序。在开始实施该程序前,起始爬升速度不应小于$(V_2+20)\sim(V_2+40)$km/h(10~20 节)。与 NADP1 不同的是,在达到或高于机场标高 240 m(800 ft)时,在保持正上升的同时减少飞机俯仰,加速至零度襟翼最小安全机动速度(zero flap airspeed,V_{ZF});然后在收第一级襟缝翼的时候减小推力,或者在收了襟缝翼后减小推力。在到达标高 900 m(3 000 ft)之前,保持正上升,加速至并保持爬升速度$(V_{ZF}+20)\sim(V_{ZF}+40)$km/h(10~20 节)。在高于机场标高 900 m(3 000 ft)后,加速至航路爬升速度。

减噪起飞程序 A 与 NADP1 的过程一样,不同之处是前者将 450 m(1 500 ft)作为程序的起始高度,而不是 240 m(800 ft)。减噪起飞程序 B 与 NADP2 的过程一样,不同之处是前者将 910 m(3 000 ft)作为加速的起始高度。减噪起飞程序主要通过 MCDU 或 MFD 输入减推力高度和加速高度实现。驾驶员在起飞前通过页面输入加速高度和减推力点高度或爬升襟翼。当前运行情况基本上是参照减噪起飞程序 A 进行减噪起飞操作的。

在 FMS 起飞参考页面上,减推力点显示预位的爬升推力额定值及起飞推力开始变为爬升推力的高于跑道的高或襟翼设置。默认值由公司政策制定,数值可以人工输入或作为起飞上传数据接收。输入是可以选择的,有效输入是 1

（襟翼1）、5（襟翼5）或400～9999 ft的高度。如果输入的是高度值，则FMS在到达输入的减推力高加机场标高之和的MSL时，减小飞机推力。例如，机场标高为900 ft，输入1500 ft减推力高度，使飞机在2400 ft MSL减推力。

加速高显示高于机场标高的气压修正高度，它是开始加速收襟翼的高度。默认值由公司政策制定，数值可以人工输入或作为起飞上传数据接收。有效输入是400～9999 ft的高度。FMS将输入的加速高与机场标高相加，使飞机按照计算的MSL高度加速。例如，机场标高为900 ft，输入3000 ft加速高度，使飞机在3900 ft MSL加速。

该页面的操作是在起飞前完成的，参见前文"垂直导航初始化"部分。

3

飞行管理系统
功能要求

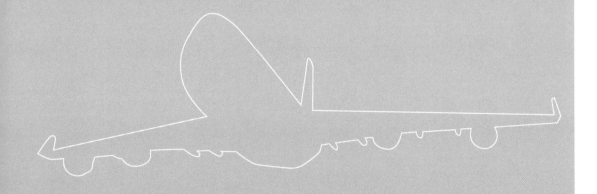

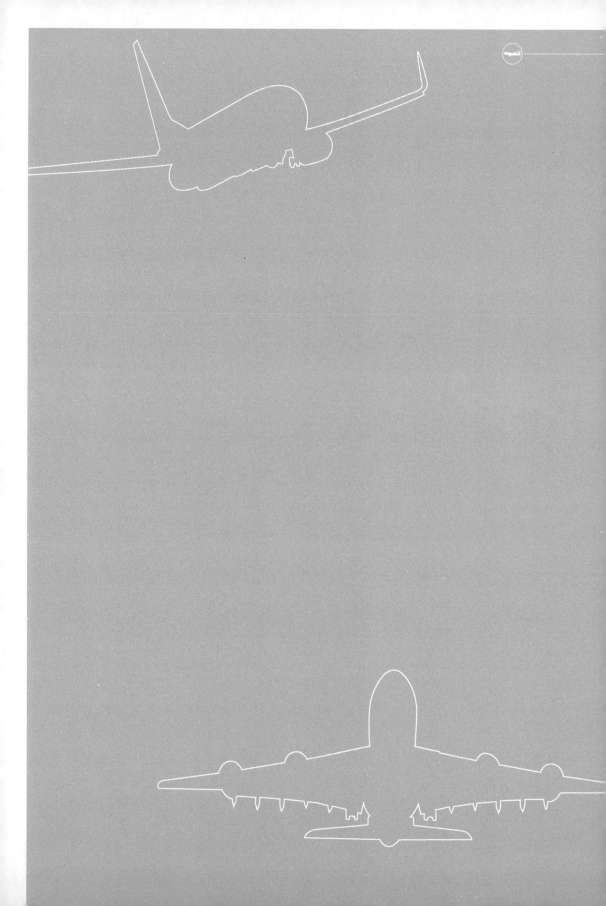

　　FMS功能要求来源于飞机预期的运行环境和运行能力,以及支持预期运行能力适用的适航标准和行业规范。在第2章中,从自然飞行环境和运行管理环境两个方面介绍了飞机的运行环境以及运行管理环境演进对飞机航空电子及FMS的能力要求。

　　本章先简要介绍一下与FMS能力要求相关的适航文件和行业规范,再结合能力要求和标准规范进行功能需求分析,获得一般民用飞机FMS的功能和性能要求。

3.1　适航文件和行业规范

　　与FMS相关的标准规范来自局方发布的适航文件和工业界发布的标准规范。国际自动机工程师学会(Society of Automotive Engineers,SAE)、航空无线电技术委员会(Radio Technical Commission for Aeronautics,RTCA)和航空无线电公司(Aeronautical Radio,Inc.,ARINC)等发布的最低运行性能标准、环境条件试验要求和软件/硬件研制过程保证等要求被局方的技术标准规定(technical standard order,TSO)和咨询通告(advisory circular,AC)所引用,还有一些设计规范、通信规范、接口要求、系统研制保证和安全性评估过程等被主机单位的系统设计文件引用。这些都是FMS研制过程保证、需求定义、设计参考和适航符合性工作的基础。本节将介绍与FMS相关的标准,并对PBN相关的标准规范内容进行分析,它们是FMS基本功能要求的主要来源。FMS相关标准的分类如图3-1所示。

3.1.1　飞行管理系统适航要求

　　FMS一般安装在需要执行仪表飞行程序、提供区域导航能力的固定翼飞机和直升机上,如民航干线和支线飞机、通勤类飞机、公务机和民用直升机。其

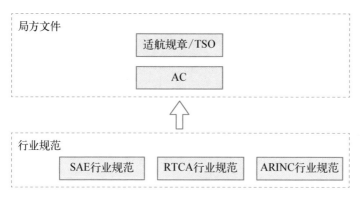

图 3-1　FMS 相关标准的分类

相关的适航规章如下:

(1) CCAR-21 民用航空产品和零部件合格审定规定。

(2) CCAR-23 正常类、实用类、特技类和通勤类飞机适航规定。

(3) CCAR-25 运输类飞机适航标准。

(4) CCAR-27 正常类旋翼航空器适航规定。

(5) CCAR-29 运输类旋翼航空器适航规定。

根据 FMS 的装机平台选择适用的规定。目前 FMS 主要在 CCAR-23、CCAR-25 和 CCAR-29 相关平台上应用。CAAC 发布的 CCAR-25-R4 是用于颁发和更改运输类飞机型号合格证的适航标准,其中适用于 FMS 的条款是安装于运输类飞机的 FMS 的适航审定基础。CCAR-25.1301 和 CCAR-25.1309 的符合性可以通过达到 CTSO-C115d、DO-283B、DO-178B、DO-160G、ARINC 702A 和 ARINC 424 中适用的要求来证明。下面是 CCAR-25.1301 和 CCAR-25.1309 的条款内容。

1) CCAR-25.1301　功能和安装

(a) 所安装的每项设备必须符合下列要求:

(1) 其种类和设计与预定功能相适应;

(2) 用标牌标明其名称、功能或使用限制,或这些要素的适用的组合;

（3）按对该设备规定的限制进行安装；

（4）在安装后功能正常。

2）CCAR‐25.1309　设备、系统及安装

（a）凡航空器适航标准对其功能有要求的设备、系统及安装，其设计必须保证在各种可预期的运行条件下能完成预定功能。

（b）飞机系统与有关部件的设计，在单独考虑以及与其它系统一同考虑的情况下，必须符合下列规定：

（1）发生任何妨碍飞机继续安全飞行与着陆的失效状态的概率为极不可能；

（2）发生任何降低飞机能力或机组处理不利运行条件能力的其它失效状态的概率为不可能。

（c）必须提供警告信息，向机组指出系统的不安全工作情况并能使机组采取适当的纠正动作。系统、控制器件和有关的监控与警告装置的设计必须尽量减少可能增加危险的机组失误。

（d）必须通过分析，必要时通过适当的地面、飞行或模拟器试验，来表明符合本条(b)的规定。这种分析必须考虑下列情况：

（1）可能的失效模式，包括外界原因造成的故障和损坏；

（2）多重失效和失效未被检测出的概率；

（3）在各个飞行阶段和各种运行条件下，对飞机和乘员造成的后果；

（4）对机组的警告信号，所需的纠正动作，以及对故障的检测能力。

3.1.2　飞机管理系统技术标准规定

美国联邦航空管理局(Federal Aviation Administration，FAA)、欧洲航空安全局(European Aviation Safety Agency，EASA)和 CAAC 发布的技术标准规范简称 TSO、ETSO 和 CTSO，是针对民用飞行器上指定的材料、零部件及

装置提出的最低性能指标。FMS 系统适用的 TSO 与其预期的功能相关,要符合基于多传感器输入的 RNAV 或 RNP 设备的 TSO。如果 FMS 集成了卫星导航定位处理功能,那么还要符合这些功能相应的技术标准规范。

CAAC 于 2019 年 1 月 14 日发布了 CTSO‐C115d《基于多传感器输入的所需导航性能(RNP)设备》。RNP 设备针对期望的航迹输出偏差指令、驾驶员或自动驾驶仪使用 FMS 输出的偏差引导飞机飞行。该功能的失效状态分类与 RNP 值有关,CTSO‐C115d 不考虑 RNP AR,只考虑 RNP 0.3 到 RNP 4.0 的情况。标准明确在规范所要求的功能发生失效时,导致错误的水平或垂直引导属于重大失效状态,失去水平引导为重大失效状态,失去基于气压的垂直引导(barometric‐VNAV,Baro‐VNAV)为轻微失效状态,失去基于 SBAS 的垂直引导为重大失效状态。失去基于 SBAS 的垂直引导的失效状态比失去基于气压的垂直引导的失效状态等级高是因为其水平和垂直引导不是独立的。

CTSO‐C115d 要求上述功能鉴定需要按照 DO‐283B 的 2.4 节规定的测试条件进行所需的功能性能验证。环境鉴定应在机载设备适用的标准环境条件和测试程序下,按照 DO‐283B 的 2.3 节规定的测试条件进行所需功能性能的验证。通常,FMS 的环境标准是 DO‐160D Change 3。至于软件鉴定,CTSO‐C115d 要求根据失效状态等级,按照 DO‐178B/C 的要求开发软件。硬件鉴定的要求应参照 DO‐254。

如要以申请 CTSO‐C115d 的技术标准规定项目批准书(technical standard order approval,TSOA)为目标,那么需要深入了解 DO‐283B 对设备的功能性能要求和各方面合格性检查要求,并参考适航批准指南 AC 20‐138D。

FAA 颁布的 TSO‐C115 经历了 5 个版本,它的名称发生了变化,如表 3‐1 所示。TSO‐C115b 的名称为"基于多传感器输入的机载区域导航设备";TSO‐C115c 将规范名称改为"使用多传感器输入的飞行管理系统(FMS)",这从规范的角度说明了按照航空电子架构发展趋势,实现区域导航

功能的设备就是 FMS;而最新的 TSO－C115d 把规范名称改为"基于多传感器
输入的所需导航性能(RNP)设备",从 RNAV 设备变化到 RNP 设备,可以看
出 RNP 成为区域导航设备必备能力的趋势。

表 3－1　FAA 颁布的 TSO－C115 演进

	名　称	发布时间	说　明
TSO－C115b	基于多传感器输入的机载区域导航设备	1994 年	功能要求引用 DO－187 环境要求引用 DO－160C 软件研制保证引用 DO－178B
TSO－C115c	使用多传感器输入的飞行管理系统(FMS)	2012 年	增加失效状态分类 功能要求引用 DO－283A 环境要求引用 DO－160D 软件研制保证引用 DO－178B 硬件研制保证引用 DO－254
TSO－C115d	基于多传感器输入的所需导航性能(RNP)设备	2016 年	降低了失效状态分类的要求 增加了对象分类(A、B 两类) 功能要求引用 DO－283B 环境要求引用 DO－160D 软件研制保证引用 DO－178B/C 硬件研制保证引用 DO－254

TSO－C115c 是 TSO－C115b 的修订版,并且引用了 2003 年发布的最低
运行性能标准(minimum operational performance standards,MOPS):DO－
283A RNP RNAV 设备的最低运行性能标准。由于很多年都没有修订 TSO－
C115,区域导航设备无论是功能还是性能都有了很大的发展,因此将该标准定
位为提供先进 FMS 的水平,尤其是对失效状态分类,也可能是为了进一步促进
航空电子技术的发展,为 CNS/ATM 的实施助力,这引起了一些 FMS 制造商
和飞机制造商的担心,而且那时候 DO－283A 也已有十年没有修订,TSO－
C115c 引用了它,虽然也补充了例外要求,但还是有不少不清楚的地方。因此,
在 2015 年 DO－283B 发布后,FAA 在次年修订并发布了 TSO－C115d。

TSO－C115d 一方面在失效状态分类方面降低了 TSO－C115c 中的要求,
另一方面也增加了支持基于 SBAS 的 LNAV/VNAV 进近的 RNP 设备要求。

TSO‑C115d 支持从 RNP 0.3 到 RNP 4.0 和先进 RNP 功能。与以往不同的是，该版本把规范适用的对象分为了 A、B 两类。A 类设备能够提供支持 PBN 运行的 RNP 能力，包括所有先进的功能；B 类设备能够提供支持 RNP 仪表进近的能力，是 A 类设备的一个子集。在 TSO‑C115d 的第三部分指出新型 RNP 设备要满足该 TSO 以及在 DO‑283B 的 2.2 节和 2.3 节中对 A 类或 B 类设备的要求。

3.1.3 飞行管理系统适航审定指南

AC 由民航当局发布，它们给出了相应设备各种功能的设计以及实现获得适航审定批准的建议性方法和取证指南。目前 CAAC 还没有颁布 FMS 相关的批准指南，可以参考 FAA 颁布的批准指南。

AC 25‑15《运输类飞机飞行管理系统的批准指南》发布于 1989 年，包含了 FMS 导航、性能管理等功能的适航考虑因素。

AC 20‑138D《定位和导航系统的适航批准》于 2016 年发布了 Change 2 版本，为将该 AC 的性能和安装章节适用于设备以实现 RNP 能力的 FMS 提供了所需的适航性指南。而 AC 25‑15 因年代久远，其中的导航适航考虑因素不再适合参考了；但性能管理方面的 AC 内容一直没有推出其他新的标准，所以还可以沿用这部分参考。

AC 20‑153B《航空数据处理和相关导航数据库的接受》提供了符合航空应用的导航数据认可的指导意见。在 CAAC 尚未出台航空应用数据适航相关的审定要求之前，FMS 的导航数据库适航符合性要求可参考 AC 20‑153B 中的相关内容。

3.1.4 行业规范

与 FMS 设计、适航密切相关的行业规范主要来自 ARINC、RTCA 和 SAE。

1) ARINC

ARINC 主要针对系统功能提供设计指南,使得各系统生产商之间对系统的功能、交联等有一个统一的指导性规范,便于系统设计和互换,减少因为不同飞机同类系统差异大而造成的设计浪费和生产浪费。

FMS 主要适用的 ARINC 标准如下:

(1) ARINC 702A 先进飞行管理计算机系统规范。

(2) ARINC 739A－1 多功能显示控制单元。

(3) ARINC 661 驾驶舱显示系统与用户系统之间的接口。

(4) ARINC 429 Mark 33 数据信息传输系统。

(5) ARINC 424 导航系统数据库规范。

(6) ARINC 816－1 机场地图数据库的嵌入式互换格式。

目前,ARINC 702A 的最新版本是 ARINC 702A－5,ARINC 424 的最新版本是 ARINC 424－22。

如果使用 MCDU 作为 FMS 的显示和输入装置,那么适用 ARINC 739A－1;如果统一使用显示系统的多功能显示屏、多功能键盘以及光标控制装置等提供显示和输入,那么适用 ARINC 661。

虽然在新型号飞机上使用了 ARINC 664 Part 7(飞机数据网络,第 7 部分)总线,但是在该总线上传输的数据字往往仍采用 ARINC 429 规范中定义的格式编码。

2) RTCA

作为美国联邦咨询委员会,RTCA 根据 FAA 的要求,针对政府的技术性能标准和航空运输业务概念等方面提供经行业审查和认可的综合性建议。RTCA 专业委员会针对航空领域内的 CNS/ATM 系统问题,提出了许多一致性的建议,制定了最低航空系统性能标准(minimum aeronautical system performance standards,MASPS)、MOPS 或相应的技术指导文件。RTCA 还为航空软件和硬件研发过程保证制定了指导文件。

FMS 主要适用的 RTCA 标准如下：

（1）DO-236C 区域导航 RNP 的航空系统最低性能标准。

（2）DO-283B 区域导航 RNP 的最低运行性能标准。

（3）DO-187 多传感器输入机载区域导航设备最低运行性能标准。

（4）DO-257A 在电子地图上描述导航信息的最低运行性能标准。

（5）DO-201A 航空信息标准。

（6）DO-200B 航空数据处理标准。

（7）DO-178B/C 机载系统和设备取证的软件考虑。

（8）DO-254 机载电子硬件设计保证指南。

（9）DO-297 IMA 开发指南和取证考虑。

（10）DO-330 软件工具鉴定考虑。

（11）DO-331 基于模型的开发和验证。

有些 FMS 集成了卫星导航定位处理，包括星基增强和地基增强的卫星导航，那么可以适当选用 DO-316、DO-229D 和 DO-253C 作为适用的行业标准。

对于具有数据链应用功能的 FMS，可以参考 DO-219、DO-258A、DO-280B、DO-350A 和 DO-351A 等标准。

3）SAE

SAE 关注航空领域产品及服务的安全和质量。下面是与 FMS 研发有紧密关系的文件：

（1）ARP 4754A 民用飞机与系统研制指南。

（2）ARP 4761 民用机载系统和设备进行安全性评估过程的指导和方法。

（3）ARP 4102/9 飞行管理系统。

（4）AIR 4653-1995 飞行管理系统综述。

FMS 为实现人在环路的自动飞行提供了主要的人机交互功能，因此还可以参考 ARP 4102/7 显示系统。如果提供场面引导功能,则可以参考 ARP 5898 机载场面运行显示的人机接口准则。

3.1.5　基于性能的导航标准规范分析

与 PBN 相关的标准和规范主要有纲领性文件 ICAO PBN 手册、局方发布的各类 RNP 和 RNAV 运行批准规范、RNAV 和 RNP 装机适航批准指南、RNP 系统技术标准规定以及工业界发布的 RNP MASPS 和 MOPS,具体文件如表 3－2 所示。

表 3－2　与 PBN 相关的标准和规范

类　型	标　准　规　范　名　称
ICAO 文件	Doc 9613 PBN 手册
	Doc 8168 飞行程序
	Doc 9992 PBN 在空域设计中的使用手册
	Doc 9905 RNP AR 程序设计手册
技术标准规范	TSO－C115d、ETSO－C115d、CTSO－115d 基于多传感器输入的所需导航性能(RNP)设备
FAA 运行规范	AC 90－96A 在欧洲空域进行基本区域导航和精密区域导航的美国运营商和飞机运行的批准
	AC 90－100A US 终端和航路 RNAV 操作
	AC 90－101 RNP SAAAR 程序的批准指南
	AC 90－105 在美国空域运行 RNP 操作和气压高度垂直导航的批准准则
CAAC 运行规范	AC－91－08 RNAV5 运行批准指南
	AC－91－FS－2008－09 在航路和终端区实施 RNAV1 和 RNAV2 的运行指南
	AC－91－FS－2009－12 在海洋和偏远地区空域实施 RNP4 的运行指南
	AC－91－FS－2018－05－R1 实时要求授权的所需导航性能(RNP AR)飞行程序的适航和运行批准指南
	AC－91－FS－2010－01R1 在终端区和进近中实施 RNP 的运行批准指南

（续表）

类 型	标 准 规 范 名 称
FAA 设备适航批准指南	AC 20‑138D Change 2 定位和导航系统的适航批准
RTCA 规范	DO‑236C 及其 Change 1 区域导航 RNP 的航空系统最低性能标准
	DO‑283B 区域导航 RNP 的 MOPS
	DO‑187 多传感器输入机载区域导航设备最低运行性能标准

ICAO Doc 9613 定义了 RNAV 和 RNP 不同等级规范的要求，明确了特定空域概念下拟实施的运行对航空器区域导航系统的精度、完好性、连续性、可用性和功能性要求，以各国民航当局适航和运行批准作为参考，如表 3‑3 所示。越接近机场或终端区，导航性能要求越高。

表 3‑3　各飞行阶段的导航规范应用（ICAO Doc 9613 PBN 手册）

导航规范	飞 行 阶 段							
	途中航路 越洋/偏远内陆	途中航路 大陆	进场	进 近				离场
				初始	中间	最后	复飞	
RNAV 10	10	—	—	—	—	—	—	
RNAV 5	—	5	5	—	—	—	—	
RNAV 2	—	2	2	—	—	—	—	2
RNAV 1	—	1	1	1	1	—	1	1
RNP 4	4	—	—	—	—	—	—	
RNP 2	2	2	—	—	—	—	—	
RNP 1	—	—	1	1	1	—	1	1
先进 RNP（A‑RNP）	2	2 或 1	1	1	1	0.3	1	1
RNP 进近	—	—	—	1	1	0.3	1	
RNP AR 进近	—	—	—	0.1~1	0.1~1	0.1~0.3	0.1~1	—
RNP 0.3①	—	0.3	0.3	0.3	0.3	—	0.3	0.3

① RNP 0.3 规范是针对直升机的，因此没有最后进近段 RNP 要求。

先进 RNP 还包含了以下附加的要求：RNP 可缩放满刻度、更高的连续性、固定半径转弯（radius to fix，RF）、固定半径过渡、到达时间控制、Baro－VNAV。其中 RF 航段是必须支持的。

FAA 的 AC 90－96A、AC 90－100A、AC 90－101 和 AC 90－105，CAAC 的 AC－91－08、AC－91－FS－2008－09、AC－91－FS－2009－12 和 AC－91－FS－2010－01R1 主要给出了表 3－3 罗列的特定区域（航路、终端区、特殊授权）实施相应规范的背景、航空器资格和运行批准准则等指南。

FAA 的 AC 20－138D 从设备性能要求、功能要求、安装考虑和安装性能验证方面提出了定位和导航设备的适航要求，为 FMS 适航需求捕获提供了以下信息：

（1）多传感器 RNAV 设备的性能要求。

（2）一般 RNP、RNP 进近、RNP AR 进近和洋面 RNP 的设备性能。

（3）VNAV 建议和 Baro－VNAV 的设备性能。

（4）多传感器 RNAV 设备、RNP、Baro－VNAV 的安装考虑和安装性能要求。

（5）多传感器 RNAV 设备、Baro－VNAV 的地面测试和飞行测试考虑。

如果 RNP 设备制造商在为以后的安装开发设备，与飞机原始设备制造商取型号合格证无关，那么无法预期飞机级的 RNP 安装适航能力。此时这些项目可使用 DO－283B 的标准要求，如有未提到的或者与 CTSO－C115d 冲突的，则使用 CTSO－C115d。在针对某类市场开发 FMS 时，在需求捕获、设计和验证阶段可以参考 AC 20－138D 中相关的安装考虑。AC 20－138D 建议 FMS 制造商获取 TSOA 的同时选择获取补充型号合格证的设备安装，可有效地帮助获得安装批准。

TSO－C115d 、ETSO－C115d 和 CTSO－115d 把 RNP 设备分为两类：A 类设备（包含完整的 VNAV 功能和先进的 RNP 能力）和 B 类设备（只有二维 RNP 导航功能）。这些功能的具体要求见 DO－283B 的 2.2 节和 2.3 节。FMS 预期功能与其装机平台预期运行的空域有关，一般 FMS 都将提供 A 类

设备的功能要求,对于一些不需要 VNAV 运行的平台提供 B 类设备的二维
RNP 导航功能。支线和干线飞机上的 FMS 一般都支持 RNP 0.3,但不一定支
持先进 RNP 和 RNP AR。TSO－C115d 没有对 RNP AR 提出要求。

　　DO－236C 包含在 RNP 环境中运行的区域导航系统的最低航空系统性能
标准,用一种代表完整功能集合的描述,包含除 RNP AR 以外所有规范的应用
功能集。

　　DO－283B 包含 RNP 设备的最低运行性能标准,该最低要求和指南由
MASPS DO－236C Plus Change 1 和 ED－75D 描述和指定。它为 FMS 研发
提供了标准运行条件和受压物理环境条件下所需的功能要求、安装所需的要
求,推荐了证明符合这些要求的方法。

　　关于 RNP AR 要求,DO－236C 建议参考 ICAO Doc 9613 PBN 手册 RNP AR
进近导航规范、AC 90－101、AC 20－138D、AMC 20－26 和 ICAO 运行批准手册
(Doc 9997)中记录的功能和性能要求以及相关的飞机资格和运行授权信息。

3.2　飞行管理系统功能需求分析

　　本节结合适航文件和行业规范,针对本书第 2 章提出的 PBN、TBO、CDO
和 FLS 等运行能力分析 FMS 的功能性能要求。

3.2.1　基于性能的导航

　　PBN 是 ICAO 在整合各国 RNAV 和 RNP 运行实践和技术标准的基础
上,推出的一种新型运行概念。它将航空器的机载设备能力与卫星导航及其他
先进技术结合起来,涵盖了从航路、终端区到起飞和进近着陆的所有飞行阶段,
提供了更加精确、安全的飞行方法和更加高效的空中交通管理模式。

　　RNAV 运行使用区域导航的方式实施应用于 RNAV 的航空器运行,它需

要 RNAV 系统的支持,使航空器在地基导航系统信号覆盖范围内、在机载自主导航设备的工作能力范围内(或者两者的组合),沿任一期望的航行路径飞行。

RNP 系统是支持机载性能监视与告警的 RNAV 系统。FMS 是典型的 RNP 系统。RNAV 运行和 RNP 运行与传统基于传感器的导航相比,有如下特点:

(1) 提高导航精度,允许减少飞机间的间隔标准,增加空域容量。

(2) 不需要受地基导航设施的束缚,更有效地利用空域,减少飞行距离,减少燃油消耗,节约成本。

(3) 在终端区可以有更多的进、离港路线,提高进、离场运行效率,减少油耗,节约运行成本,减少对环境的影响。

PBN 代表了从基于传感器导航向基于性能导航的转变。目前 PBN 运行兼有二维 RNAV 和 RNP 应用,正在逐渐过渡到 RNP 应用,并且从二维向三维发展。PBN 运行是 TBO 的基础,它可以通过增加进、离场路线抵消因为 CDO 运行增加航迹预测难度带来的间隔增大对空域容量的影响。2011 年发布的 NextGen 航空电子路线图认为未来美国将在需要提高安全性、增加空域流量和吞吐量的地区实施四维 PBN。

在进近阶段一般实施 RNP 0.3 进近,但是在地形复杂地区可以实施 RNP 0.3 或小于 0.3 的 RNP AR 进近。提供类似 ILS 的垂直引导可进一步提升进近到跑道的可靠性和可预测性,从而提升安全性、可达性和效率。因此,ICAO 通过优化的、带有垂直引导的进近程序运行 ASBU 机场 B0 任务。这里借用"XLS"泛指带有类似 ILS 垂直引导的进近,包括基于星基增强的 LPV 进近、基于地基增强的 GLS 以及由 FMS 根据气压高度或者星基增强信号将非精密进近程序构建为虚拟下滑路径,提供垂直指引的进近(ARINC 702A‒5 称之为 FLS)。

FMS 从基于多传感器 RNAV 发展到以卫星为主导航源的 RNP,其功能要求基本来自 PBN 的运行需求。下文从 PBN 相关规范出发,分析需要 FMS 提供的,支持一般 RNP、RNP 进近、RNP AR 进近、XLS 进近运行的功能。

3.2.1.1 RNP 一般要求

本节所述 PBN 的功能要求分析参考了 DO‑236C 或 DO‑283B。图 3‑2 是 DO‑236C 描述的 RNP 导航系统,通过提供位置估计、路径定义、路径操纵、控制、显示和系统告警等功能实现 RNP 能力。这些系统功能和操作界面影响了可达到的导航性能。FMS 支持图 3‑2 中虚线框所包含的内容,即 FMS 需要与导航传感器、飞机飞行控制系统、显示系统和用户接口交联,实现 RNP 区域导航功能,使整个导航系统满足相应的 RNP 导航规范的功能和性能要求。

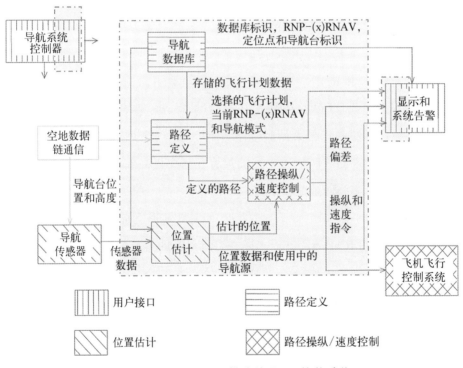

图 3‑2 DO‑236C 描述的 RNP 导航系统

1) 位置估计

位置估计功能确定飞机在地球表面的位置。使用来自无线传感器(从地面导航台或卫星获得信号)或机载自主导航传感器的信息推导、估计位置。位置估计功能需要的信息还有来自导航数据库的地面导航台信息。该功能根据传感器数据的处理情况,提供位置数据的显示,如估计位置、位置估计不确定度、地速和航迹角。对于提供垂直维度的 RNP 系统,系统可以用机组人员输入和传感器的信息获得用于显示和时间估计等功能的高度信息。位置估计功能可通过 FMS 提供的综合导航功能实现。

2) 路径定义

路径定义功能按照水平、垂直和时间维度计算飞行的路径。定义的路径包含的元素有固定点、路径限制值(高度、速度和位置)和航段类型,形成一个从起飞到目的地计划飞行的无缝衔接的水平和垂直路径。水平路径的定义使用来自机载导航数据库信息、驾驶员输入信息或数据链的上传信息,确定了一个从起始点到目的地的在地理上固定的地面轨迹,包括固定点定义、航段类型定义、航段过渡定义和直飞、偏置和等待等机动操作。垂直路径定义确定了从起始点到目的地的垂直剖面。垂直方面的定义是基于水平路径子功能扩展的,包含了与固定点定义相关的高度和飞行高度层限制,与航段定义相关的垂直路径角以及与固定点定义相关的速度限制。路径定义可通过 FMS 提供的飞行计划功能实现。

3) 路径操纵

路径操纵功能使用估计位置和定义的路径计算路径偏差和操纵指令,用于纠正在路径的水平、垂直和到达时间维度方面的偏差。

典型的水平控制参数通过计算偏航距和偏航角获得。当确定了水平路径操纵误差后,水平操纵子功能计算飞机飞行控制系统(自动驾驶仪、飞行指引仪)用的操纵指令,而路径偏差送到驾驶员的飞行仪表上显示。后面一种指令应与驾驶员结合,纠正偏差,控制飞机沿着定义的路径飞行。达到的导航整体性能取决于操纵指令的类型选择,即自动还是手动。

典型的垂直控制参数通过速度、推力、高度、垂直航迹偏差、FPA 和垂直航迹角的计算获得。当确定了垂直路径偏差后,垂直操纵和控制子功能计算指令和指示,指令发送给飞机飞行控制系统(自动驾驶仪、飞行指引仪),路径引导/偏差数据用于在驾驶员飞行仪表上的显示。这些显示的指示信息与驾驶员结合,手动纠正偏差,将飞机保持在定义的垂直路径上。整体导航性能实现取决于操纵指令类型的选择,即自动或手动,以及飞机的飞行性能。

FMS 的飞行引导功能可提供操纵指令,纠正飞机相对路径的偏差。

4) 控制、显示和系统告警

通过控制、显示和系统告警实现 RNP 系统的用户接口交联。提供系统初始化、飞行计划和进程监控功能,并为驾驶员感知状态提供当前的引导控制和导航数据显示。系统告警、显示导航信息的手段或机组人员控制可达性需要符合整个飞机驾驶舱原则。同样,驾驶员与导航系统的接口需要满足用户友好的要求,整体设计需要考虑驾驶员工作量。

FMS 的健康管理功能,即 ARINC 702A - 5 中的完好性监视和告警,可提供系统告警消息优先级、显示和处理的管理。FMS 可提供与控制显示的接口以及与 PFD 和 ND 的接口。

飞机 RNP 系统的精度(即总系统误差)是实际位置相对于期望位置的偏差,是路径定义误差、导航系统误差和路径操纵误差的矢量和。FMS 综合各导航传感器信息输出导航位置,计算飞行路径偏差和引导指令,因此在路径定义误差、导航系统误差和路径操纵误差三方面都有贡献。图 3 - 3 为 DO - 283B 中与部分水平导航误差相关的术语。

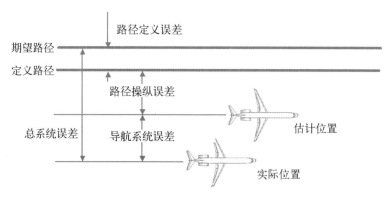

图 3 - 3　DO - 283B 中与部分水平导航误差相关的术语

(1) 期望路径：机组和空中交通管制人员期望飞机在某一特定航线上飞行或过渡的路径。

(2) 定义路径：路径定义功能根据描述期望路径的航段类型的计算输出。

(3) 实际位置：飞机所在的真实位置。

(4) 估计位置：位置估计功能输出的飞机位置。

(5) 路径定义误差：定义路径与期望路径之间的差值。

(6) 导航系统误差：实际位置与估计位置之间的差值，也称为位置估计误差。

(7) 路径操纵误差：从估计位置到定义路径的距离，包括飞行技术误差和显示误差。

(8) 飞行技术误差：指示的航空器位置与指示的期望位置之间的差值，即航空器的控制精度。

(9) 显示误差：由显示引起的误差，如航向道偏差指示（course deviation indication，CDI）对中误差。

(10) 总系统误差：实际位置与期望位置之间的差值。该误差等于路径操纵误差、路径定义误差和导航系统误差的矢量和。

(11) 包容完好性：容差完好性规定为系统总误差大于包容限制且未检测到的最大允许概率。

(12) 包容连续性：指在预期操作期间整个系统没有非计划的中断，持续满足包容完好性要求的能力。非计划中断定义如下：① 导航能力的完全丧失；② 被宣布为 RNP RNAV 能力丧失的系统失效；③ 系统正常工作，但错误发出 RNP RNAV 能力丧失的指示。包容连续性指定了允许的最大中断概率。

图 3 - 4 所示为 DO - 283B 中与垂直导航误差相关的术语。

(1) 测高系统误差：安装飞机测高仪引起的误差，包括来自正常飞机飞行姿态引起的位置影响，也称为垂直位置估计误差。

(2) 水平耦合误差：由水平沿航迹位置估计误差与期望路径耦合产生的垂直误差。

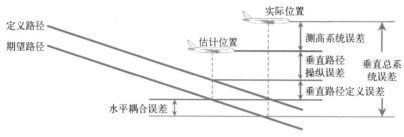

图 3 - 4 DO - 283B 中与垂直导航误差相关的术语

（3）垂直路径定义误差：在估计水平位置定义路径与期望路径之间的垂直差。对于进近程序，可能是垂直角度误差。

（4）垂直路径操纵误差：从估计垂直位置到定义路径的距离，同时包含垂直飞行技术误差和垂直显示误差。

（5）垂直飞行技术误差：由指示的飞行器位置相对于指示的垂直指令或期望的垂直位置表征的飞行器控制精度。

（6）垂直显示误差：由显示引起的垂直方向误差，如垂直偏差显示对中误差。

（7）垂直总系统误差：实际垂直位置和期望垂直位置在实际水平位置之间的差异。该误差等于垂直路径操纵误差、垂直路径定义误差、测高系统误差和水平耦合误差之和。

DO - 283B 给出了 RNP 系统二维 RNAV 和 VNAV 的性能要求，如表 3 - 4 所示。这些要求适用于整个导航系统，包括影响导航系统性能的导航设施。

表 3 - 4 **DO - 283B 给出的 RNP 系统二维 RNAV 和 VNAV 的性能要求**

	二维 RNAV	VNAV
精度	在 RNP 空域内操作的航空器在交叉航迹（横向）和沿航迹方向（纵向）的总系统误差都应在 95% 的飞行时间内低于 RNP 值	每个在空域内操作的航空器在垂直方向的总系统误差分量应在 99.7% 的飞行时间内低于规定的性能限制： （1）当飞机高度≤5 000 ft 时，平飞段限制值为 150 ft，下降段限制值为 160 ft （2）当 5 000 ft＜飞机高度≤10 000 ft 时，平飞段限制值为 200 ft，下降段限制值为 210 ft （3）当 10 000 ft＜飞机高度≤29 000 ft 时，平飞段限制值为 200 ft，下降段限制值为 210 ft （4）当 29 000 ft＜飞机高度≤41 000 ft 时，平飞段限制值为 200 ft，下降段限制值为 260 ft

88

（续表）

	二维 RNAV	VNAV
完好性	在 RNP RNAV 空域内操作的航空器总系统误差超过指定交叉航迹包容限制，且未被发现的概率应低于 10^{-5}/飞行小时。交叉航迹包容限制为 RNP RNAV 值的两倍（如 RNP‐4 RNAV 为 8 n mile）	没有与 VNAV 操作相关的垂直包容完整性要求
连续性	对于一个给定的 RNP RNAV 类型，发出 RNP RNAV 功能丧失指示的概率应小于 10^{-4}/飞行小时	没有与 VNAV 操作相关的垂直包容连续性要求。当系统 VNAV 功能用于 VNAV 操作时，发出 VNAV 功能丧失指示的概率应低于 10^{-3}/飞行小时

水平控制性能：RNP 设备应能够控制倾斜角，在低于 400 ft(离地高度)的情况下，最大倾斜角为 8°；在 400 ft(离地高度)和 FL 195 之间的最大倾斜角为 30°；在高海拔过渡中，倾斜角为 15°，这取决于飞机的限制，如空气动力学限制、结构限制等。

速度控制性能：如果 RNP 设备提供了速度控制功能的手段，则应提供速度命令输出，有助于遵守飞行计划中的速度限制。如果不能在 ±10 节的速度范围内达到速度限制，则应及时向机组提供指示。

DO‐283B 对于 ETA 和 RTA 也提出了性能要求，如表 3‐5 和表 3‐6 所示。

表 3‐5　DO‐283B 对于 ETA 的性能要求

精　度	如果输入了性能计算条件和飞行计划，没有环境不确定性，系统提供了计算的到固定点的 ETA，那么最大的时间估计误差应该小于到那个点的剩余飞行时间的 1% 或者 10 s，取大的那个值
响应时间	到计划中的每个点的 ETA 计算都必须在输入了执行计算所需的完整飞行计划 30 s 后计算完毕。这条需求需要假定飞行计划有合理的大小、距离和复杂性(如 25 个航路点，500 n mile，没有阶梯优化)

表 3‐6　DO‐283B 对于 RTA 的性能要求

精　度	如果系统提供了到达时间的控制能力，而且选择了可以实现的 ETA 范围内的 RTA，那么在气象不确定模型下，95% 总时间内误差应小于等于所需的精度：下降固定点 10 s，巡航固定点 30 s

完好性	无
连续性	无
可用性	可用性仅由飞行路线、到 RTA 点的时间和飞机性能确定,而不能将其指定为该功能的可用性百分比。当 TOAC 功能可用时,指示功能丧失应满足 10^{-3} h/飞行小时

3.2.1.2 RNP 进近

下面是 ICAO PBN 手册、FAA 设备适航批准指南和各局方 RNP 进近运行批准指南中对航空器的性能要求。

精度:

（1）在 RNP 进近的起始、中间航段和 RNAV 复飞运行期间,在至少 95% 的总飞行时间中,侧向总系统误差必须在 ±1 n mile 之内。在至少 95% 的总飞行时间中,沿航迹误差也必须在 ±1 n mile 之内。

（2）在 RNP 进近最后进近航段运行期间,在至少 95% 的总飞行时间中,侧向总系统误差必须在 ±0.3 n mile 之内。在至少 95% 的总飞行时间中,沿航迹误差也必须在 ±0.3 n mile 之内。

（3）为了达到这一精度要求,95% 的飞行技术误差在 RNP 进近的起始、中间航段和 RNAV 复飞中,均应不超过 0.5 n mile。95% 的飞行技术误差在 RNP 进近的最后进近航段,应不超过 0.25 n mile。

完好性:航空器导航设备故障按照适航条例归类为重大故障,即 10^{-5}/h。

连续性:如果驾驶员可以切换至一个不同的导航系统飞往一合适的机场,则失去功能归类为小故障。如果复飞程序基于常规方式(如 NDB、VOR、DME),则必须安装并能够使用相关的导航设备。

性能监视与告警:在 RNP 进近起始、中间航段和 RNAV 复飞运行期间,如果未达到精度要求或侧向总系统误差超过 2 n mile 的概率大于 10^{-5},则 RNP 系统须提供告警,或 RNP 系统和驾驶员须共同提供告警。在 RNP 进近的最后进近航段,如果未达到精度要求或侧向总系统误差超过 0.6 n mile 的概率大于 10^{-5},则 RNP 系统须提供告警,或 RNP 系统和驾驶员须共同提供告警。

空间信号:在 RNP 进近起始、中间航段和 RNAV 复飞运行期间,如果导致侧向定位误差超过 2 n mile 的空间信号误差概率超过 $10^{-7}/\mathrm{h}$,则航空器导航设备须提供告警。在 RNP 进近的最后进近航段运行期间,如果导致侧向定位误差超过 0.6 n mile 的空间信号误差概率超过 $10^{-7}/\mathrm{h}$,则航空器导航设备须提供告警。

支持 RNP 进近所需提供的功能如下:

(1) 能够根据名称将 RNP 进近程序从导航数据库导入 FMS 的飞行计划中。支持如下 ARINC 424 航径类型编码,自动完成航段过渡和航迹保持:起始固定点(initial fix,IF)、沿航迹到达固定点(track to fix,TF)、直飞至固定点(direct to fix,DF)。

(2) 在为 RNP 进近程序的最后进近航段构造下降路径时,必须始终使用程序定义的 FPA。

(3) 提供水平引导,以使飞机保持在定义的 RNP 进近程序的水平边界内。

(4) 能实现自动航段排序,并向驾驶员提供显示。

(5) 能执行从机载数据库中调出的 RNP 进近程序,并能执行"飞越"和"旁切"转弯。

(6) 能够执行"直飞"功能。

(7) 导航数据库应按 AIRAC 周期性地进行更新;数据存储分辨率满足要求的航径定义要求;防止驾驶员修改所存储的数据;为驾驶员提供机载导航数据库有效期的显示。

(8) 在驾驶员的主飞行视野内或易于访问的显示页面上,显示如下内容:

a. 期望路径、相对该路径的航空器位置(连续显示)。

b. 飞行计划航路点之间的距离。

c. 到下一个航路点的距离。

d. 航路点之间的沿航迹距离。

e. 当前使用的导航传感器类型。

f. 生效航路点或到点(TO)的标识符。

g. 到生效航路点或到点(TO)的地速或时间。

h. 到生效航路点或到点(TO)的距离及方位。

3.2.1.3 RNP AR 进近

使用 RNP AR 进近取代目视或非精密进近可提高飞行的安全性,其障碍物评估区域基于预先确定的航空器能力和导航系统。与之不同的是,RNP AR 进近对于障碍物评估区域是灵活的,可适应独特的运行环境,可能包括避开障碍物或地形、减少空域冲突或者解决环境保护问题。这就需要考虑特定性能需求,与Ⅱ/Ⅲ类仪表着陆系统运行类似,要求航空器和机组具有特殊授权。RNP AR 对航空器资格的性能要求如下所示。

(1)航径定义:按照公布的仪表进近程序和 DO−236C 的 3.2 节所定义的航径评估航空器能力。在最后进近航段使用的所有垂直航径都可定义为按照 FPA 飞向某固定点和某高度的直线定义。

(2)水平精度:在 RNP 空域内操作的航空器在航迹(侧向)和沿航迹方向的总系统误差应在 95% 的飞行时间内都低于 RNP 值。

(3)垂直精度:垂直方向上 99.7% 的系统误差必须小于以下值(单位为 ft)。

$$\sqrt{\begin{array}{l}[(6\,076.115)(1.225)RNP \cdot \tan\theta]^2 + (60\tan\theta)^2 + 75^2 + \\ [(-8.8\times10^{-8})(h+\Delta h)^2 + (6.5\times10^{-3})(h+\Delta h)+50]^2\end{array}}$$

式中,θ 为垂直导航航迹角,h 为当地高度表拨正值高度测量报告站的高,Δh 为航空器高于报告站的高。

(4)系统监视:RNP 的关键构成要素是进近的 RNP 要求、航空器导航系统监视其达到的导航性能能力以及为驾驶员确定运行期间是否达到运行要求的能力(如无法达到 RNP 或导航精度下降)。后两者就是性能监视与告警能力。

RNP AR 进近的性能监视与告警要求包含许多与 RNP 4、基础 RNP 1 和 RNP 进近相同的特性。但是 RNP AR 进近的要求更严格,增加了一些额外的要求,以便更严密地监视或控制每个误差源。假定出现潜在故障,水平完好性限制是衡量导航系统误差的一个方法。对基于全球导航卫星系统的系统而言,可接受的符合性方法是在 RNP AR 进近运行期间,确保水平保护限制持续小于两倍的导航精度值减去 95% 飞行技术误差,即 HPL<(2 RNP−95%FTE)。对于正常运行,水平航迹偏差,即 FMS 计算的航径与航空器相对于该航径的位置之间的差,应该限制在与该程序航段相关导航精度的±1/2 范围内。允许在转弯过程中或刚完成航路转弯之后短暂地侧向偏离这一标准(如早转或晚转),最多不超过该程序航段导航精度的两倍。当不满足上面这些要求时,FMS 应该给出告警指示。

(5) 包容度:每次进近(包括复飞)航空器超出水平和垂直超障区域的概率都不得超过 10^{-7}。

RNP AR 进近的包容度要求来源于运行的超障要求,与为了方便空域设计制订的其他 RNP 运行的包容度是不同的。可以采用以下方式的运行安全评估满足 RNP AR 进近的包容度符合性要求:① 适当的定量数值方法;② 定性的运行和程序方面的考虑和缓解方法;③ 定量和定性方法的适当结合。

ICAO 在 PBN 手册里推荐使用主要基于 GNSS 的区域导航系统以及基于气压高度表,或者星基增强系统的垂直导航系统的航空器作为满足 RNP AR 进近包容度的主要符合方法。具体的要求在 ICAO PBN 手册以及 AC 20 - 138D 里都有描述,这种符合性方法被广为接受。

1) RNP AR 进近一般要求

(1) 位置估计。ICAO PBN 手册、FAA 发布的适航批准指南以及各局方发布的 RNP AR 运行批准指南均指明了在 RNP AR 进近中特有的导航传感器问题。

对于 FMS 来说,如果主用 RNAV 传感器失败,则必须自动恢复到备用

RNAV 传感器,但不要求从一个 FMS 自动切到另一个 FMS。

RNP AR 程序基本上都是基于 GNSS 更新的。除在程序上特别指定"未批准"外,当系统符合 RNP 值时,在进近或复飞中 DME/DME 更新可作为次选的方式。实施 RNP AR 程序不得使用 VOR 更新,因此如果 FMS 不能直接抑制 VOR 更新,则要提供人机接口,由驾驶员通过操作程序抑制 VOR 更新。

FMS 如果满足 DO－236C 或 DO－283B 附录 H.2 要求的温度补偿功能,那么在实际温度超出公布的程序设计高、低温度限制时,可用 Baro－VNAV 实施 RNP AR 进近。

(2) 航径定义和飞行计划。

a. 航迹保持和航段过渡。应具有执行航段过渡和保持与下列航径一致航迹的能力：TF、DF、按指定航向到固定点(course to fix，CF)和固定点至指定高度(fix to altitude，FA)。

b. 旁切和飞越固定点。必须有能力实施旁切和飞越固定点。对于旁切转弯,在设计规范规定的风条件下,导航系统将航径定义限制在 DO－236C 规定的理论过渡区域内。飞越转弯与 RNP AR 飞行航迹不兼容,但当没有 RNP AR 包容度要求时可使用飞越转弯。

c. 航路点分辨率误差。导航数据库必须提供充足的数据分辨率以确保导航系统达到要求的精度。航路点存储和计算分辨率误差必须小于或等于 60 ft。导航数据库必须包含存储的垂直角(FPA),其分辨率为 0.01°,利用计算的分辨率,系统定义的航径位于公布航径的 5 ft 内。

d. 直飞功能。驾驶员可在任意时刻激活该功能。该功能必须对所有固定点可用,按照至指定目标固定点的大圆航线构成航径,确保不会出现"S 转弯"或无法及时切入的情况。

e. 定义垂直航径。必须能利用至固定点的 FPA 定义垂直航径。必须能确定飞行计划中两个固定点的高度限制之间的垂直航径。

f. 高度和速度。与公布的飞行程序相关的高度和/或速度信息必须从机载导航数据库中提取。

g. 垂直直飞功能。必须能够建立航径,以提供从当前位置到垂直限制固定点的引导。

h. 从导航数据库加载程序的能力。必须能将拟使用的整个飞行程序从机载导航数据库加载到区域导航系统中,包括选定机场和跑道的进场、进近(包括FPA)和复飞程序。

i. 提取和显示导航数据的手段。必须为驾驶员提供通过检查机载导航数据库中存储的数据以证实所飞程序的能力。这包括检查各个航路点和助航设备数据的能力。

j. 磁差。对于由航道定义(如 CF)的航径,必须使用导航数据库中的磁差值。

k. RNP 值的改变。提供改变至更低的 RNP 值的手段。在操作中,驾驶员必须在定义更低 RNP 值的第一个航段固定点完成。

l. 自动航段排序。必须提供能力以自动排序到下一航段,并以易读的方式向驾驶员显示这个顺序。

m. 高度限制的显示。必须向驾驶员显示与飞行计划固定点有关的高度限制。如果有飞行计划航段存在与 FPA 有关的特殊导航数据库程序,则相关设备必须显示该航段的 FPA。

(3) 航径控制能力的验证。适航申请者必须确认在直飞和曲线航段都能够将飞行技术误差保持在限定范围内。

(4) 显示。

a. 位置偏移的持续显示。

b. 生效航路点(TO)的标识符显示。

c. 距离和方位的显示。

d. 地速和时间的显示。

e. 生效航路点 TO/FROM 显示。

f. 期望航迹显示。

g. 航空器航迹的显示。

h. 故障信号牌显示。

i. 从动的航道选择器。

j. 区域导航航径显示。

k. 待飞距显示。

l. 飞行计划航路点之间的距离显示。

m. 偏差的显示。导航系统必须提供垂直和水平偏差的数字显示,垂直偏差的分辨率为 10 ft 或更小,水平偏差的分辨率为 0.01 n mile 或更小。

n. 气压高度显示。

o. 导航源显示。

(5) 导航数据库。

a. 导航数据库。导航数据库按照 AIRAC 周期性地进行更新;允许检索并将 RNP AR 程序导入 FMS 的飞行计划中。

b. 数据保护。机载导航数据库必须得到保护,防止驾驶员修改所存储的数据。

c. 有效期显示。必须为驾驶员提供机载导航数据库有效期的显示。

(6) 设计保障。一般 RNP AR 设计保障要求如表 3-7 所示。

表 3-7　一般 RNP AR 设计保障要求

	RNP AR 进近水平引导	RNP AR 进近垂直引导
错误引导显示	重大失效状态(major)	重大失效状态(major)
失去引导	重大失效状态(major)	轻微失效状态(minor)

2) 具有 RF 航段的 RNP AR 进近的要求

(1) 能力。FMS 必须有能力执行航段过渡,并保持航迹与两个固定点之间的 RF 航段一致。

(2) 电子地图。FMS 应能将选定的 RNP AR 程序提供的显示系统作为电子地图显示。

（3）坡度指令。FMS、飞行指引仪系统和自动驾驶仪必须具有在 400 ft（离地高度）以上坡度指令最大 25°，在 400 ft（离地高度）以下指令最大 8°的能力。

（4）飞行引导方式。复飞时，飞行引导方式应保持 LNAV 模式，以保证提供持续的航迹引导。如果开始复飞时飞行引导不能保持 LNAV 模式，则应提供应急程序以使驾驶员保持既定航迹并尽快重新接通 LNAV。

3）RNP AR 进近小于 0.3 和复飞 RNP 小于 1.0 要求

（1）任何单点故障都不能导致失去与进近相关的 RNP 值的引导。通常，飞机必须至少具有以下设备：双 GNSS 传感器、双 FMS、双自动相关监视系统（automatic dependent surveillance，ADS）、双自动驾驶仪和单个惯性基准单元（inertial reference unit，IRU）。

（2）设计保障。RNP AR 进近小于 0.3 和复飞 RNP 小于 1.0 的设计保障要求如表 3-8 所示。

表 3-8　**RNP AR 进近小于 0.3 和复飞 RNP 小于 1.0 的设计保障要求**

	RNP AR 进近小于 0.3	复飞 RNP 小于 1.0
错误水平引导显示	危险性失效状态（hazardous）	危险性失效状态（hazardous）
错误垂直引导显示	危险性失效状态（hazardous）	—
失去水平引导	失去相应 RNP 值的水平引导——危险性失效状态（hazardous）	失去相应 RNP 值水平引导——重大失效状态（major） 失去所有水平引导信息显示——危险性失效状态（hazardous）
失去垂直引导	轻微失效状态（minor）	—

（3）飞行引导。复飞时，飞行引导方式应保持 LNAV 模式。如果航空器不能提供这种能力，则应满足下列要求：

a. 如果航空器支持 RF 航段，则起始复飞后的水平航径引导（给定 RF 结束点与决断高度之间最小 50 s 的直线航段）必须在通过决断高度点的直线航段定义的航迹的±1°范围内。可按任意角度和最小 1 n mile 半径执行前序转弯,速度应与进近环境和转弯半径相匹配。

b. 驾驶员必须能在 400 ft 接通 FMS 和自动驾驶仪或飞行指引仪。

(4) 其他导航方法。对于复飞后失去 GNSS 或失去 GNSS 后复飞的情况,航空器必须自动转换到符合 RNP 值的另一种导航方式。

3.2.1.4 XLS 进近

仪表进近参考飞行仪表进行一系列飞行操纵,沿着从初始进近到可以完成着陆操作的位置点的路径,在操作过程中需要调整高度对准跑道,避开障碍物。仪表进近可以分为精密进近(提供航向道和下滑道引导,如 ILS、MLS、GLS)和非精密进近(只提供航向道引导,不提供下滑道引导,如 VOR)。

ILS 进近依靠地面 LOC 和 GS 台发射的无线电信号建立一条沿跑道指向空中的飞行路径,飞机通过无线电接收设备计算飞机位置与该路径的偏差,提供航向道和下滑道指引,使飞机沿正确方向飞向跑道并且平稳地下降,最终实现安全着陆。

VOR、NDB、LOC 等非 ILS 进近只有二维引导,没有垂直方向引导,一般采用阶梯下降的操作方式。在这种情况下,驾驶员需要一边控制飞机形态,一边调整高度控制速度,相对于 ILS 进近工作负荷大,运行不稳定。基于卫星定位的 RNAV 进近也属于非 ILS 进近,可以使用 LNAV/VNAV 引导方式,由 FMS 引导飞机下降至最低下降高度。为了提升飞行安全,航空公司希望改善非精密进近阶段的操作,力求建立固定下降路径角的稳定进近。飞机制造商和 FMS 供应商推出了 FMS 进近模式,即由 FMS 计算虚拟的航向道和下滑道路径,计算类似 ILS 的水平偏差和垂直偏差,与自动飞行和/或显示系统连接,为非精密进近最后阶段提供稳定的进近指引。ARINC 702A‑5 将这种进近方式称为 FLS。

ILS 可以提供决断高度 200 ft 以下的进近,下滑平稳,操作安全,但是设备相对昂贵,而且受到机场附近地形限制。随着卫星导航技术的发展,星基增强和地基增强的卫星导航定位能提供高精度的水平和高度位置,可以提供类似 ILS 的航向道和下滑道指引,使飞机在缺少 ILS 导航设施的机场实施 LPV 和 GLS。

表 3-9 列出了 FLS、LPV、GLS 和 ILS 的特性比较以及 FMS 参与实施的内容。

表 3-9　FLS、LPV、GLS 和 ILS 的特性比较以及 FMS 参与实施的内容

	FLS	LPV	GLS	ILS
进近程序	ILS（GS 选择了 OFF）；LOC/LOC 背台；NDB；VOR；RNAV	LPV	GLS	ILS
FAS 数据	无	FMS 提供	VDB 上传	无
主要导航源	GNSS	SBAS	GBAS	ILS
航向道构建	如果 LOC 不提供航向道引导,则由 FMS 计算	MMR	MMR	MMR
下滑道构建	FMS	MMR	MMR	MMR
水平偏差计算	如果 LOC 不提供航向道引导,则由 FMS 计算	MMR	MMR	MMR
垂直偏差计算	FMS	MMR	MMR	MMR
FMS 作用	(1) 进近程序选择 (2) 自动调谐 (3) 在航段页面或者 ND 页面提供进近航段显示 (4) 提供进程页面监控 (5) 提供进近参考页面 (6) 提供 LNAV 和 VNAV 引导到最低下降高(高度)	(1) 进近程序选择 (2) 自动调谐 (3) 在航段页面或者 ND 页面提供进近程序航段显示 (4) 提供进程页面监控 (5) 提供进近参考页面 (6) LNAV 和 VNAV 引导到截获 LPV	(1) 进近程序选择 (2) 自动调谐 (3) 在航段页面或者 ND 页面提供进近程序航段显示 (4) 提供进程页面监控 (5) 提供进近参考页面 (6) LNAV 和 VNAV 引导到截获 GLS	(1) 进近程序选择 (2) 自动调谐 (3) 在航段页面或者 ND 页面提供进近程序航段显示 (4) 提供进程页面监控 (5) 提供进近参考页面 (6) LNAV 和 VNAV 引导到截获 ILS
进近类型	类精密进近	类精密进近	Ⅰ类,将来可达Ⅱ类和Ⅲ类	Ⅰ类、Ⅱ类、Ⅲ类

1) FLS 进近

FMS 可以按照 FLS 进近方式实施以下类型的进近程序：ILS（GS 选择了 OFF）、LOC / LOC 背台、NDB、VOR、RNAV。

当驾驶员选择了非精密进近时，FMS 应该为驾驶员提供一种方法以选择或取消最后进近的 FLS 引导。当选择 FLS 时，如果进近程序的 LOC 提供引导，则 FMS 只计算虚拟下滑道路径及其偏差，如果进近程序不提供 LOC，则 FMS 同时计算虚拟航向道和下滑道引导。选择 FLS 引导时，FMS 应与自动飞行和/或显示系统交联，以允许按虚拟航向道和/或下滑道飞行。

需要注意的是，并不是所有的非精密进近程序都适合实施 FLS，所以 FMS 应对驾驶员选择非精密进近程序进行判断，如果不适合 FLS 引导，则 FMS 应禁止选择 FLS 引导，并向驾驶员提供指示。

在寒冷的天气下，飞机实际高度要低于气压高度表读数，所以如果 FMS 使用气压高度作为垂直误差的计算源，则应考虑温度补偿要求。

由于 ILS 进近的航向道和下滑道由无线电信号构成，因此 ILS 接收机发送给自动飞行控制系统的水平和垂直偏差是调制深度差。FMS 在计算直线水平误差和垂直误差的同时，需要计算水平和垂直的角度偏差，并仿照 ILS 接收机的输出形式，按照一定比例进行折算。FLS 虚拟路径如图 3-5 所示。

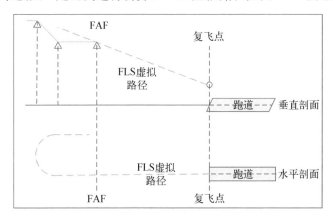

图 3-5　FLS 虚拟路径

在执行 FLS 进近时,FMS 主要提供以下功能:判断驾驶员选择的进近程序是否可以实施 FLS;根据驾驶员输入或默认值确定下滑路径角;计算虚拟的航向道和下滑道;按需提供温度补偿;计算飞机位置与虚拟路径的水平偏差和垂直偏差。

2) LPV 进近

SBAS 进近可提供垂直引导,属于带有垂直导航的进近程序(approach procedures with vertical guidance,APV)类型,一般称为 LPV。在空客飞机上,基于 SBAS 信号的类 ILS 进近称为 SLS 模式。

LPV 进近可用于一些没有安装 ILS 导航设施的小机场,通常可利用 SBAS 系统提供 APV 操作,但也可以支持Ⅰ类精密进近操作。在北美、欧洲和日本等区域可用,目前已经有几千个 LPV 和航向道性能(localizer performance,LP)运行程序。

在执行 LPV 进近时,飞机位置由 MMR 接收静止轨道卫星信号计算得到,可获得近似Ⅰ类进近的精度和完好性性能。FAS 数据块由 FMS 的导航数据库提供。

MMR 使用 FAS 数据块构建虚拟的航向道和下滑道,计算飞机位置与虚拟路径的水平偏差和垂直偏差,并送到显示和自动飞行控制系统以引导飞行。

在执行 LPV 进近时,FMS 主要提供以下功能:导航数据库包含 LPV 进近程序;能通过 LNAV/VNAV 引导飞机至 LPV 截获。

3) GLS 进近

在执行 GLS 进近时,MMR 计算飞机位置的信号和 FAS 数据块都来自地基增强系统(ground-based augmentation system,GBAS)系统的地面设备甚高频数据广播(VHF data broadcast,VDB)。

MMR 根据 FAS 数据块定义虚拟的航向道和下滑道,根据 GNSS 信号校正信息获得高精度三维定位输出,从而计算飞机偏离虚拟航向道和下滑道的偏差以及到跑道入口的距离,结果显示在显示器上,并可送到自动飞行控制系统,引导飞机进近。

一套 GLS 设备可同时满足多个进近程序的使用需求,且具有设备场地环境要求低、信号稳定、建设和运行成本低、使用灵活等运行优势。PBN 技术可实施仪表离场、进场、类精密进近，但无法实施精密进近。使用 GLS 技术后，可进一步弥补 PBN 在精密进近及低能见度运行方面的不足，具有广阔的应用前景。

在执行 GLS 进近时，FMS 主要提供以下功能：导航数据库包含 GLS 进近程序和 GLS 台站信息；能根据驾驶员选择的 GLS 进近程序标识符提供 GLS 通道号和调谐频率等台站信息；能根据驾驶员选择的 GLS 通道号提供 GLS 进近程序内容；能通过 LNAV/VNAV 引导飞机截获航向道和下滑道 GLS。

3.2.1.5　性能要求考虑

路径定义误差、导航系统误差、路径操纵误差构成了 PBN 水平导航的总系统误差。FMS 在数据存储和计算分辨率、导航传感器选择和性能监视告警等方面会对 PBN 总体性能指标产生影响。

FMS 根据驾驶员的输入以及数据链上传的计划信息，基于导航数据库内容计算 RNAV/RNP 运行的水平飞行路径。导航数据库中存储的固定点（包括航路点、导航台和跑道）的经纬度、方位、距离、转弯半径以及磁差的精度和分辨率，FMS 计算处理中的数据分辨率，以及这些输入的分辨率都将影响路径偏差和导航系统误差。偏航距、偏航迹等引导信息的显示分辨率可能影响手动操纵的飞行技术误差。

通常，如果导航数据库中的数据精度和分辨率以及 FMS 处理的数据分辨率满足 DO-201A 中的要求，则可忽略数据库数据和 FMS 处理中数据精度和分辨率对路径定义产生的误差。DO-201A 中表 2-1～表 2-8 分别对导航台、机场、跑道、固定点、终端程序等导航数据相关的经纬度、海拔/高度、导航台磁偏角/磁差、方位、长度/距离、角度等各类信息列出了工业要求的精度和可用的导航数据库分辨率。

为了保证计算的精度和驾驶员操纵的精度，DO-283B 对一些参数的输入和显示提出了分辨率的要求，如表 3-10 所示。FMS 计算输出偏航距、航迹角、航迹角误差、地速、ETA 和位置估计不确定度(estimate of position uncertainty, EPU)等信息,显示给驾驶员。还有一些信息既有 FMS 输出也有需要驾驶员输入的,如 RNP 可以来自 FMS 的导航数据库和默认值,也可以接受驾驶员的输入;FMS 将飞行计划中各航段的距离和方位显示给驾驶员看,也会有一些距离和方位值需要驾驶员输入,如偏置飞行距离、等待模式的方位;当前经纬度用于显示当前位置,在起飞前也接受驾驶员输入用于惯性导航对准;固定点经纬度、用户定义的距固定点方位和距离都用于驾驶员自定义航路点。对于所有显示的信息,显示经四舍五入后的计算值。

表 3-10　DO-283B 对一些参数输入和显示的分辨率要求

参　数	分　辨　率	
	显　示	输　入
偏航距(XTK)	$XTK<1.0$ n mile 时,分辨率为 0.01 n mile 1.0 n mile$\leqslant XTK<10$ n mile 时,分辨率为 0.1 n mile $XTK\geqslant 10$ n mile 时,分辨率为 1 n mile	不适用
航迹角	1°	不适用
航迹角误差(TAE)	1°	不适用
地速	1 节	不适用
ETA	1 min	不适用
EPU 或 ANP	$XTK<10$ n mile 时,分辨率为 0.1 n mile $XTK\geqslant 10$ n mile 时,分辨率为 1 n mile	不适用
RNP	$XTK<1.0$ n mile 时,分辨率为 0.01 n mile 1.0 n mile$\leqslant XTK<10$ n mile 时,分辨率为 0.1 n mile $XTK\geqslant 10$ n mile 时,分辨率为 1 n mile	$XTK<1.0$ n mile 时,分辨率为 0.01 n mile 1.0 n mile$\leqslant XTK<10$ n mile 时,分辨率为 0.1 n mile $XTK\geqslant 10$ n mile 时,分辨率为 1 n mile

（续表）

参 数	分 辨 率	
	显 示	输 入
距离	$XTK<10$ n mile 时,分辨率为 0.1 n mile $XTK\geqslant10$ n mile 时,分辨率为 1 n mile	$XTK<10$ n mile 时,分辨率为 0.1 n mile $XTK\geqslant10$ n mile 时,分辨率为 1 n mile
方位	1°	1°
预期航迹(DTK)	1°	1°
当前位置经纬度	0.1′	0.1′
固定点经纬度	0.01′	0.1′
用户定义的距固定点距离	0.1 n mile	0.1 n mile
用户定义的距固定点方位	1°	1°

AC 20-138D 在附录 2 中提出了 RNP AR 进近对数据分辨率和计算分辨率的要求。导航数据库必须提供足够的数据分辨率,以确保导航系统达到所需的精度。航路点分辨率造成的误差必须小于或等于 60 ft,包括数据存储分辨率和用于飞行计划航路点构造的 RNAV 系统计算分辨率。垂直角度(FPA)的导航数据库存储和计算都必须达到 0.01° 的分辨率,以使系统定义的路径在已发布路径的 5 ft 以内。从 DO-201A 中的导航数据库分辨率和 ARINC 424 字段的格式说明来看,经纬度的分辨率为 0.01″,FPA 的分辨率为 0.01°,航路点误差能够满足 RNP AR 路径定义的要求。

导航定位精度主要与导航源精度有关,FMS 先排除不合格的导航源,再根据精度越高导航源占比越高的方式融合计算飞机位置,并且计算该位置的估计不确定性,详见本书 5.1 节。

路径操纵误差包括飞行技术误差和显示误差。与路径定义误差一样,一种方法是限定非数值显示的精度和数字显示分辨率,显示误差在实时性能监视中可忽略不计。因此 FMS 的性能监视与告警仅考虑位置估计不确定性和飞行技术误差。当位置估计不确定性和飞行技术误差的组合超出总系统误差的设计限制时,可能会激活此告警。系统可以通过将需求分配给每个潜在的误差源并分别监视这些误差源以证明符合性,在此实施方法中,当位置估计不确定性或飞行技术误差变得不可接受时,将启动警告。另一种方法是在系统运行时将位置估计不确定性与 RNP 比较,同时评估完好性。这种方法通过限定操纵模式对飞行技术误差施加限制。DO-283B 中列出了行业认可的飞行技术误差值,但这些值非常保守。DO-283B 附录 M 提供了飞行技术误差数据收集和分析的指导。如果能够获得系统确切的飞行技术误差范围,则可以更好地在导航定位误差和飞行技术误差之间调配指标。

3.2.2　基于飞机性能的飞行优化

随着近代航空科学技术突飞猛进地发展,机载电子系统的精度、性能和可靠性得到了前所未有的提高,飞机具备更强的能力完成各种复杂的飞行任务。新技术发展以及航空界对节省燃油、降低飞行成本的需要促使飞机制造公司与一些电子设备制造公司合作,并与一些航空公司共同研制出了 FMS。

20 世纪 70 年代后期的石油危机为 FMS 的性能优化提供了契机,形成了性能管理系统。当时,该系统仅计算一些原来可在飞行手册上获取的性能数据,也提供开环最优功率、巡航高度和在当时飞行条件下的空速指引。后来该系统与区域导航系统合并,演变成今天的 FMS,能实施从起飞到着陆整个飞行任务闭环的水平和垂直导航以及性能优化管理。性能管理的引入使飞行管理能够进行航迹预测与优化,实现最佳轨迹飞行。这样的 FMS 不仅极大地减少了工作负荷,使飞行机组人员从三人减少到两人,而且充分挖掘了飞机潜力,降低了飞行成本,提高了飞机的经济性与安全性。在 FMS 中引入性能管理对民用飞机具有重要的意义。

3.2.2.1 爬升阶段优化

飞机的爬升过程通常要考虑下列因素：

（1）起飞和爬升路径上的障碍物。常见的障碍物有山和建筑物，障碍物的位置和高度可能构成对飞机爬升剖面的限制。

（2）离场程序主要包括 SID 和发动机失效标准仪表离场程序（engine out SID, EOSID）。离场程序含有航路点高度和速度约束，构成了对飞机爬升的高度和速度剖面的限制。

（3）爬升阶段性能优化。基于期望的优化模式，结合航路点高度和速度约束，计算优化的爬升速度剖面。

（4）减噪要求。需使飞机产生的噪声尽可能小，使飞机爬升航迹距离噪声敏感区域尽可能远，一般通过协调减推力和高度剖面实现。

进行爬升阶段优化时，FMS 主要提供下列功能：

（1）计算最大爬升角速度、最大爬升率速度、经济爬升速度。

（2）综合离场程序、高度速度约束、优化模式、推力等级、飞机性能限制，生成爬升高度剖面和速度剖面。

（3）针对减噪和提高发动机寿命的需求，提供减推力爬升所需的参数计算。

3.2.2.2 巡航阶段优化

减少飞行时间和油耗是民用运输类飞机的主要运行需求。对于中远程飞行，巡航阶段的时间和油耗占整架次飞行的 70% 以上。从爬升终点到下降顶点之间的飞行阶段称为巡航阶段。从宏观角度来看，巡航过程可以用巡航高度、巡航速度等状态参数描述。巡航状态参数受空中交通管制、经济性要求、航程、航路风温、飞机载重等因素影响。巡航状态参数决定了巡航时间和巡航油耗。在遵守空管规定和确保安全的前提下，通过调节巡航状态参数，实现时间和油耗的统筹优化，使飞机运营总成本最低，是民用运输类飞机提升经济性的主要方式之一。

最常见的经济性优化方式是成本指数。成本指数是时间成本与燃油成本的比值。基于输入的成本指数,FMS 根据飞机总重、巡航高度、风温数据,计算各飞行阶段的经济速度和优化高度,通过自动飞行或驾驶员实现基于经济速度和高度剖面的经济飞行。

进行巡航阶段优化时,FMS 主要提供下列功能:计算经济速度、LRC 速度、久航速度;计算发动机失效巡航速度;计算最佳高度和阶梯爬升点;计算短程巡航高度;计算最大航程和最大航时。

3.2.2.3　下降阶段优化

CDO 是一种优化下降运行方式。实现这种运行方式需要以进场和进近程序的简化为基础。此外,由于路径约束具有耦合性,由此需要 FMS 提供连续下降路径的构建能力。

CDO 程序的下滑角随航空器种类、重量、风速、温度、大气压力、结冰情况以及其他因素的变化而变化,程序的结构从巡航末端的 TOD 开始到 FAF 结束。

在整个进近的过程中,由于飞机连续下降,没有平飞段,因此在进入最后进近阶段之前,飞机一直以高于常规进近的高度飞行,使噪声源到居民区的距离增大,从而减小了噪声。相对于常规的下降方式,连续下降运行程序具有下降轨迹高、所需发动机推力小、推力改变次数少、着陆构型持续时间短等特点,在降低油耗、减小噪声和碳排放量方面具有很大优势。

进行下降阶段优化时,FMS 主要提供下列功能:计算经济下降速度;计算飘降速度;根据下降速度和航路点高度限制,构建连续下降路径;根据下降路径计算下降时间和油耗。

3.2.2.4　安全性和效率优化

飞行要在安全边界内进行,超出安全边界不仅违反运行要求,而且可能导致灾难性后果。如果飞行速度超出抖振边界,则会导致机翼翼面上的气流分离,从而发生抖振甚至失速;如果速度超出标牌速度,则会导致襟缝翼和起落架的结构受损;如果飞行高度超出抖振升限,则会降低飞机的过载裕度和机动能力,一旦出现突风,就会发生失速;如果起飞时不按照要求的起飞速度操作,则可能冲出跑道。FMS 从性能角度提供对安全边界的计算和保护。

在传统飞行方式中,驾驶员需要在飞行中完成一些性能参数的计算,这些参数有一些是安全运行所需的性能数据,有一些是为驾驶员和管制员提供状态感知的信息。FMS 提供性能参数计算能力,降低驾驶员操作负荷,提升运行效率。

诸如一发失效等特殊状况下的飞行对驾驶员工作效率有很高的要求。驾驶员要完成必需的飞行操作,还要关注飞机性能是否足够使飞机着陆,非常考验其驾驶舱资源分配和管理能力。在这种场景中,FMS 提供特殊飞行所需的性能参数的计算,还可以通过自动飞行减小驾驶员负荷,提高安全性。

针对保证安全性、提升运行效率的需求,FMS 主要提供下列功能:计算全发升限;计算失速速度、抖杆速度、标牌速度、抖振边界、V_{MO}/M_{MO};计算起飞速度 V_1、V_R 和 V_2;计算着陆参考速度 V_{REF}、V_{APP};计算航路点性能预测数据,包括高度、速度、时间、油耗、距离;计算到备降机场的性能预测数据;计算推力限制数据;计算单发升限;计算单发失效下的各飞行阶段的最优速度。

3.2.3　基于航迹的运行

为了提高飞行效率和增加空域流量,满足空中交通运输量的增长需求,TBO 是新一代空中交通管理的核心技术之一。

3.2.3.1　TBO 的背景及意义

早期的空中交通管理是程序管制,主要依靠管制员和驾驶员经验。管制员不能直接看到飞机,他们基于驾驶员报告的位置了解当前飞机间的位置关系,并根据飞机当前或预计的指令航向、速度、高度,人工推算空中交通状况及变化趋势,在给足安全间隔的前提下,管制员发出许可和引导飞机的指令,指挥飞机飞行。这种管制方式对设备的要求较低,不需要相应监视设备的支持,在某些偏远地区或者空域流量较低的地区还在使用。驾驶员报告位置的时延和误差以及空管员计算精度和计算量的局限性,使得程序管制无法满足航空运输流量的快速增长所需的安全性以及运行效率的要求。因此 20 世纪 40 年代中期,随着无线电技术和计算机技术的发展,雷达管制系统和空中交通管理系统被广泛采用。管制员能在雷达监视器上直接看见本管制空域雷达波覆盖范围内所有航空器的精确位置,据此对各自管辖区域内的飞机做出战术决策。程序管制要求同航线、同高度航空器之间最小水平间隔 10 min(对于大中型飞机来说,相当于 150 km 左右的距离),雷达监控条件下的程序管制间隔仅需 75 km,而雷达管制间隔仅需 20 km。因此雷达管制能够大大减小航空器之间的间隔,提高空中交通管制的安全性、有序性、高效性。但是在雷达管制下,管制员只能对所管辖扇区内的飞机做出战术决策,侧重于保持当前单架飞机间的间隔。在高流量密度的复杂空域,或者因为气象或军事等原因流控时,目前扇区之间、管制区之间的移交管理方式无法对飞机流做出全局战略安排,容易造成空中交通拥堵。TBO 在空管、航空公司、航空器之间实时共享航空器预期的四维航迹信息,从而进行全域协同决策。在该运行模式下,基于更新的气象报、精确的飞机重量以及飞机性能信息,可提供高精度的预测航迹,从而提高整个空域的可预测性,减少飞机间间隔和空中等待,在取得更大的空域容量和更高的运行效率的同时提升运行的安全性;优化路径的选择可提升航路灵活性,减少燃油消耗和二氧化碳排放。航迹的共享和协商将在地面自动化和运行效率之间获得最好的杠杆效益。

3.2.3.2　ASBU 部署中的 TBO 相关部分

在 2013 年 ICAO 发布的组块升级计划中,TBO 模块属于“高效飞行路径”绩效改进领域,分别有三个子模块:B0 - TBO(通过初始应用途中数据链提高安全和效率)、B1 - TBO(提高交通同步和初始基于航迹的运行)以及 B3 - TBO(全面基于四维航迹的运行)。图 3 - 6 展现了 ICAO 组块升级计划中 TBO 模块的依赖关系。

B0 - TBO 模块通过初始应用航路数据链提高安全和效率。这个模块主要用于途中航路阶段,特别是雷达不能覆盖的偏远陆地和洋面空域。该模块的实

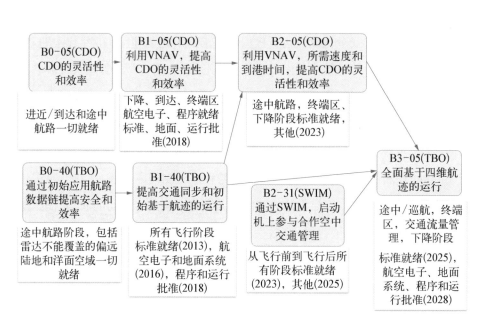

图 3-6　ICAO 组件升级计划中 TBO 模块的依赖关系

施可以更好地确定交通情况及减少间隔,减少通信工作量,更好地组织管制人员的任务,提高扇区容量。B1-TBO 模块可用于所有飞行阶段,增加了空地之间航空器四维预期航迹共享和终端区的滑行数据链应用。管制根据航空器到达各航路点的时间,改善途中航路汇合点的交通流同步,优化进场顺序。航空器根据管制优化的进场顺序所要求的到达时间,主动规划 TOD、下降剖面和途中延时,提高终端区航线效率。B1-TBO 模块可以为 B2-CDO 的实施提供支撑,利用 VNAV、所需速度和到港时间,提高 CDO 的灵活性和效率。B3-TBO 模块依赖 B2-SWIM 模块提供强大的全系统信息交互能力,能够整合所有飞行信息,使用精确的、被所有航空系统用户共享的四维航迹,进行全球空中交通管理决策。

3.2.3.3　已经开展的 TBO 试验

自 ASBU 发布以来,全球范围内针对 TBO 已开展了一系列初步的试验,对 TBO 的可行性、技术实现方式和潜在效益进行了探索。

SESAR 研究团队于 2012 年 2 月 10 日进行了初始四维(initial 4D, i4D)第

一次飞行试验。A320 试验飞机从法国图卢兹的布拉尼亚克机场飞到瑞典斯德哥尔摩的阿兰达机场,在 6 个飞行航段测试了所有的 i4D 关键元素。航空电子系统的改装包括先进的 FMS、机载通信管理单元和座舱显示系统。ATM 自动化系统支持在相关空中导航服务供应商(air navigation service provider,ANSP)之间进行地地协调,集成并下传飞行航迹信息。在该试验中,采用两个独立开发的 FMS 进行试验,测试了航空电子系统的互换性,并从驾驶员和管制员两个角度证明了概念在技术和运行方面的可行性。

2014 年 3 月 19 日,空客公司、EASA、霍尼韦尔公司、泰雷兹公司、英德拉司和 Noracon(北欧和奥地利联合团队)空中导航服务提供者参与了第二次 i4D 飞行试验。在飞行试验中,该航班与其他正常运行的航空器一样,在必要时接收来自 ATC 的战术指令。A320 试验飞机从图卢兹起飞,通过马斯特里赫特高空区域控制中心,最终满足了在哥本哈根机场附近汇合点上指定的时间窗口要求。

2012 年的第一次飞行试验证明了 i4D 的可行性,2014 年的第二次飞行试验展示了在实际交通场景下 i4D 概念的成熟性和鲁棒性。目前,空客飞机的机载航空电子方案已获得认证(A320 系列),正在积极进行大规模应用的演示验证,进一步验证运行的稳定性和可靠性,并计划于 2025 年开始运行部署。

美国 TBO 应用侧重于解决繁忙城市之间的流量以及大都会地区复杂的空中交通管理问题,而在这些区域飞行的飞机装备水平差距也不小。所以要研究在这些混合能力地区如何实施 TBO 以及需要地面管制设备有何种改进、适用何种 TBO 程序。NextGen 将航迹运行程序分为以下几种。

(1) 连续下降到达:从 TOD 以接近慢车速度光滑过渡下降。

(2) 定制到达:使用自动化工具和数据通信,提供一个优选的航迹,发送给飞机,由机载设备 FMS 引导飞机飞行。

(3) 三维路径到达管理:为减少管制员和驾驶员工作负荷设计了可预测的、节省燃油的路径。

（4）基于四维航迹的管理：门到门基于时间点的四维连续飞行路径。

（5）RNP程序：在一个定义空域内要求运行能满足RNP的航迹。

早在2007—2009年间，FAA就在美国多个地区进行了不同航迹运行程序的试验，如连续下降到达运行试验、定制到达运行试验、RNP和三维到达路径管理的试验。2008年，亚洲和南太平洋倡议减少排放（ASPIRE）项目在美国和澳大利亚/新西兰之间进行了三次门到门的飞行试验，在飞行前进行航迹协调，在飞行中使用优化的洋面程序和定制到达或优化剖面下降。

2011年11月，FAA在西雅图的塔科马国际机场进行了TBO飞行试验。飞行试验评估了使用现代FMS提供的RTA功能在终端区满足汇合点时间要求的运行概念。

2013年8月，FAA和SESAR JU达成了完成ATN B2标准开发的协商意见。FAA和SESEAR都在探索开展协商验证和演示的可能性，满足增加的进场管理（arrival management，AMAN）、基于时间的流量管理（time-based flow management，TBFM）和TBO服务的需要。美国4DTRAD演示试验的目的是证明ATN B2数据链标准可用于空地之间的四维航迹交换，能够支持TBO服务，包括动态RNP、先进的间隔管理和ATC风。

SESAR和NextGen项目里未来的四维航迹管理概念还没有统一、明晰的定义，在SESAR称之为"初始四维（initial 4D）"，而美国和RTCA称之为"4DTRAD（4D trajectory downlink）"。它们的定义是相似的，基于ATC和飞机之间的飞行航迹协调，包括在航迹中某个航路点有一个时间约束。

TBO其实综合了通信导航和监视能力。欧美各国从2010年左右便开始了相关的试飞试验，探索各相关方交互、协作和运行评估；但目前只形成了空地协调所需的数据链方面的规范，还没有类似DO-236C或DO-283B的标准规范描述功能最低运行性能。

3.2.3.4　TBO功能要求分析

SESAR基于航迹运行的第一阶段目标是在ATC（管制员和自动化系统）

和飞机(驾驶员和航空电子设备)之间同步航迹信息,实现对到达排班的优化。共享的航迹视图使用一条三维航路加上一个时间限制描述。i4D概念的实现将分配到航空电子系统和ATM自动化系统的导航和通信功能域。

在TBO概念中,美国将航迹管理和间隔管理功能分配到先进机载设备,以RNAV、RNP程序为基础进行垂直剖面的优化,并且重视实现4DTRAD航迹协商和共享的数据通信标准和实施,充分利用机载和地面自动化系统,根据基于及时、丰富的气象信息获得的精确预测航迹进行战术流量管理和战略流量管理。

综合欧美各国对航迹运行概念的描述,为了支持TBO运行,需要机载的FMS提供支持PBN程序、基于改进的气象信息精确预测四维航迹、通过数据链与地面系统协商四维航迹、在所要求的四维误差范围内跟踪预期的四维航迹完成自动引导飞行。TBO的运行可以促进CDO的实施,在未来还可以结合综合监视系统提供的他机信息提供自主间隔保障能力。

FMS应支持精确的四维航迹预测,它通常是在PBN程序的基础上,根据飞机的性能、气象条件以及空域限制条件优化水平和垂直的四维预期航迹。FMS可根据与地面的航迹协商情况修改四维航迹。FMS能够对导航数据库中的连续爬升离场程序依照成本指数优化爬升速度剖面,且能满足ATC的限制要求。FMS下降剖面的优化在前文已经介绍。未来,FMS将可以支持动态的RNP航路以及连续爬升巡航,进一步提升航迹的优化。

FMS应支持四维航迹的引导能力,通过与自动飞行系统的耦合将飞机在规定的时间内引导至规定的位置。飞机导航能力必须值得信任,它能够在四个维度的所需包容要求范围内满足这些航迹限制。每个维度的误差都要满足所要求的置信度。FMS在终端区要实现RNP、RNAV与GLS和ILS的无缝连接,提高进近着陆操作的安全性,减轻驾驶员工作负荷。

FMS应支持强大的数据链应用功能,通过数据链在飞机与地面之间共享四维航迹,并且通过数据链获取计算四维航迹所需的外界状态(风、温度)。

FMS应具备良好的与地面ATC协调四维航迹运行的机制(方法)。此外,

FMS上应具备良好的人机接口能力（这需要与ATC协同开发）。随着下一代民用飞机座舱的发展，对FMS人机接口的要求呈现出与显示控制系统集成的趋势，并且为了提高人机工效，具有向基于触控交互方式发展的趋势。

3.3　小结

综上所述，FMS功能和性能需要满足PBN、航空公司降低成本、TBO等运行的要求，其能力也随着相关运行技术的发展而提升。

FMS在全飞行过程中为飞机提供飞行计划管理、综合导航、性能预测与优化、飞行引导、数据库管理等功能，与其他设备、系统交联和综合，实现飞行航迹优化，保证飞机实现高效航迹导航和飞行引导，降低了机组工作强度，提高了飞机飞行效率和空管运营效率。

在当前PBN运行环境下，FMS通过提供位置估计，路径定义，路径操纵，控制、显示和系统告警能力，支持航路、终端区不同PBN运行规范，以及进近阶段多种灵活进近程序的实施。

在航空公司优化运行环境下，FMS基于性能数据库中的数据提供最优高度、爬升/巡航/下降最优速度、起飞和着陆参考速度等功能，并提供自动飞行引导，实现了最佳轨迹飞行，支持降低运行成本，提高了飞行经济性与安全性。

此外，当前ATM方式正在向TBO方向发展，FMS也是支撑TBO的核心机载系统，它预测精确的四维航迹（三维空间加一维时间）发送给地面ATM，在取得协商一致后，能够控制飞机按约定的时间沿着该航迹准确到达，并且监控飞行性能。

4

飞行管理系统研发

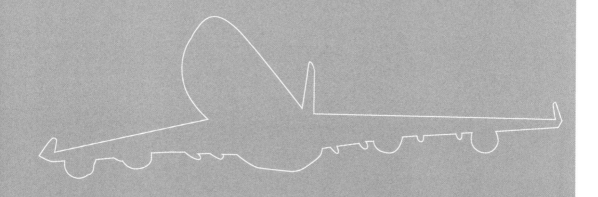

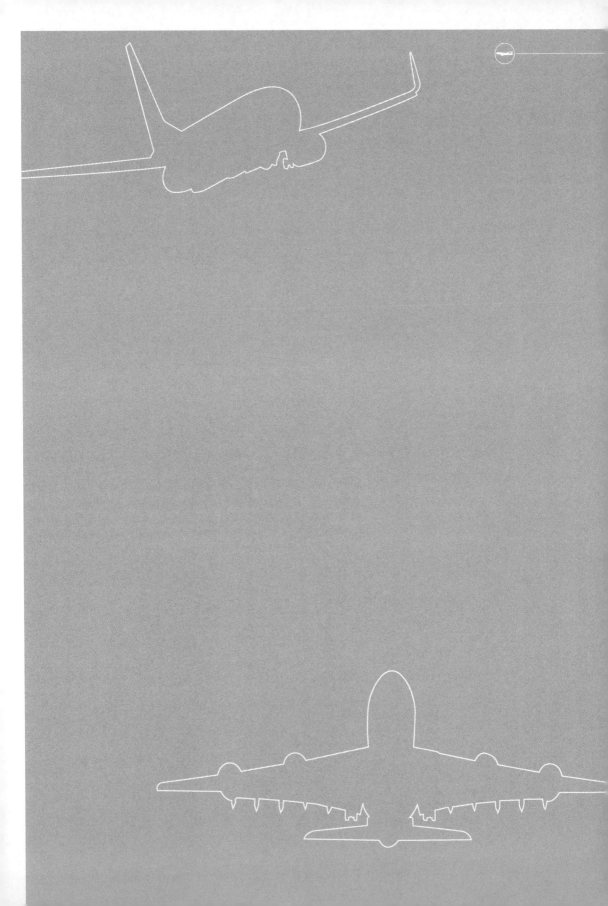

　　FMS 是支持 RNP 运行的核心系统,它与机上的航空电子系统和非航空电子系统有大量的信息交联,功能高度复杂,其失效模式影响飞机的安全。为确保安全以及运行需求完全实现并被证实,可参考 ARP 4754A 过程(见图 4 - 1),规划自上而下且包含迭代的 FMS 研制流程,主要包括如下研制活动：FMS 研制计划;根据 ARP 4761 实施安全活动;系统设计,包括确定系统架构、功能、组件的需求和研制保证等级;组件设计和实现;组件集成和验证;系统集成和验证;实施过程保证。

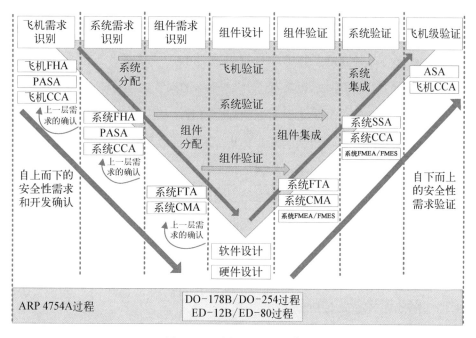

图 4 - 1　ARP 4754A 过程

　　FMS 的系统设计是以飞机级和航空电子级分配到 FMS 的功能、飞机功能危害性评估(functional hazard assessment,FHA)、初步飞机安全性评估(preminary aircraft safety assessment,PASA)为输入,迭代开展 FMS 系统需求捕获、系统架构设计、组件需求分配、系统需求确认和组件需求确认。在迭代设计中,遵循 ARP 4754A 和 ARP 4761 标准定义的 SSA 过程,基于系统架构初步设计开展 FMS 的 FHA 和系统安全性分析，根据安全性目标的符合性要求开展设计改进，并将安全性分析过程中捕获的安全性需求补充到系统需求中，再将系统需求分配到组件层级，最终确定并派生组件的研制保证等级需求。

在实现过程中，按照 DO-178B/C 要求的软件研制保证等级策划 FMS 软件研制流程，开展软件需求分析、软件设计、软件编码与实现、软件集成、软件/硬件集成和软件验证工作。

FMS 硬件按照 DO-254 电子硬件保证过程进行项目的策划、设计和确认验证。与软件不同的是，硬件研制过程包括硬件安全性评估过程，目的是决定可应用的系统和设备（包括硬件）已经满足可应用的飞机认证需求的安全需求。

如果 FMS 软件驻留于 IMA 平台，则需按照 DO-297 任务 2 和 ARP 4754A 的要求完成驻留应用集成，以及基于 IMA 平台的系统集成验证。

图 4-1 的右侧部分是自下而上的综合过程。从组件集成和验证，到系统集成和验证，最后开展飞机级验证。在集成和验证过程中，不仅要验证功能和性能，而且要证明安全性需求得到满足。

本章分别从以下四个方面介绍系统层级的 FMS 研发考虑：系统需求定义与确认，系统架构设计与权衡，系统安全性设计与评估，以及系统集成、验证与评估。

4.1 系统需求定义与确认

系统需求定义与确认的目的在于将面向利益攸关方和用户所期望的能力视角转换为满足运行需要的 FMS 解决方案的技术视角。FMS 需求是系统定义的基础，也是架构、设计、集成和验证的基础。FMS 需求明确规定了满足利益攸关方要求的 FMS 特征、属性、功能和性能。

FMS 需求是其开发的顶层规范，在系统设计初始阶段进行系统需求定义与确认工作。基于 ARP 4754A 的定义，系统需求定义与确认主要由两大部分组成,一是系统需求分析与定义,二是系统需求确认。

1) 系统需求分析与定义

系统需求分析与定义活动的输入包括航空电子系统分配给 FMS 的需求、适航规章、工业规章、航空电子级安全性分析结果等。系统需求分析与定义过程受到法律法规、行业标准、需求定义标准等控制项约束,需要专用工具和方法、企业标准等支持。FMS 需求分析与定义活动具体包括定义内外部的约束;分析利益攸关方需求;功能分析,如通过基于模型的系统工程(model based system engineering,MBSE)方法;定义产品的功能性需求;定义产品的非功能性需求;按照需求定义标准描述需求;建立需求的追溯性;开展同行评审等,其输出为 FMS 需求规范和 FMS 功能清单。

2) 系统需求确认

系统需求确认活动的输入为待确认的 FMS 需求规范。与需求分析与定义过程类似,系统需求确认活动也受到法律法规、行业标准、需求定义标准等控制项约束,需要专用工具和方法、企业标准等支持。系统需求确认活动具体包括制订确认计划、确定需求确认方法、执行需求确认活动并收集记录确认证据、编制确认总结等,其输出为确认后的 FMS 需求规范和需求确认总结。

此外,在系统需求的定义和确认过程中还需要通过需求管理过程提供支持保障。系统需求的定义和确认过程是全生命周期的设计过程,需要经过多个阶段和不同设计团队的参与,因而需要对需求进行有效的管理,确保需求符合 ARP 4754A 中追溯管理、变更管理以及基线管理等流程管理要求。需求管理可以采用 DOORS 工具实现,在需求管理过程中,首先应制订需求管理计划,规定需求管理的属性管理、追溯性管理、基线管理和变更管理等内容。

4.1.1　系统需求分析与定义

本阶段主要依据系统需求分析与定义的输入、控制项和使能项开展系统需求分析与定义的活动,定义初始的 FMS 需求规范,并通过后续的系统需求确认环节,进行迭代设计,最终产生 FMS 需求规范。

通过分析系统任务场景以及 FMS 与利益攸关方的交互和影响等多方面因素,以飞机级功能分配到 FMS 的功能要求为基础,考虑飞机级功能架构设计,飞机级功能失效危害性分析以及接口功能需求、用户使用需求、适航要求等各方面的涉众要求,细化 FMS 的系统级需求,确定功能研制保证等级。

FMS 直接服务于"导航""引导"飞机级功能,并且与"提供情形意识""提供推力"等飞机级功能有关,由此派生出飞行管理、飞行引导、位置和速度信息等飞机级子功能。这些飞机级子功能要求传递给 FMS,使 FMS 应该具备以下主要的系统级功能:提供飞行计划管理、导航信息、无线电调谐、水平引导、垂直引导、航迹预测、性能计算、数据链支持。FMS 功能分解如图 4-2 所示。

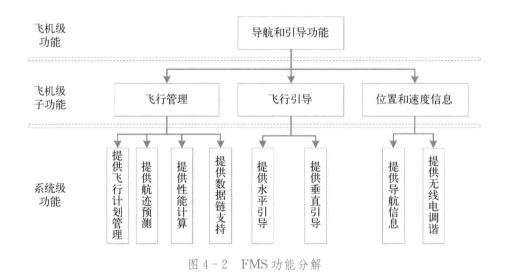

图 4-2　FMS 功能分解

依据上述系统架构和功能分析的结果,并参照标准规范可定义 FMS 需求,此过程不仅需要定义需求的具体内容,而且需要与上层需求以及标准规范建立追溯关系以满足 ARP 4754A 研制过程和适航的要求,随后可以组织项目团队或专家开展同行评审以提高需求的质量,完成同行评审后可以生成初始 FMS 需求规范,并且完成系统的初步功能定义。

4.1.2　系统需求确认

本阶段主要依据系统需求确认的输入、控制项和使能项开展系统需求确认的活动,通过后续的系统需求确认环节,生成确认后的 FMS 需求规范和需求确认总结。

需求确认的活动主要包括制订确认计划;确定需求确认方法(工程评审、建模、分析、测试等);执行确认活动并捕获确认证据;编制确认总结。

FMS 需求确认是贯穿整个需求生命周期的重要环节,是确保需求正确性与完整性的有效手段。在 ARP 4754A 中,需求确认主要方法有追溯性(需求的双向追踪)、分析、建模、测试、相似性(工程经验)、工程评审。根据安全性分析,FMS 一些典型功能的研制保证等级为 B 级,ARP 4754A 对于研制保证等级为 B 级的系统,除了工程评审之外,还推荐了分析、建模和试验作为需求确认的方法。在实际应用中,需求确认处在系统设计的前端,最大限度地进行需求确认能够提高需求的成熟度和完整性,降低后期返工的风险。

针对 FMS 功能和性能特点,在其研制过程中可以采用以下方法进行需求确认。

1) 工程评审

工程评审方法是最常用的需求确认方法。对于一般 FMS 功能需求以及安全性指标类需求适合采用工程评审方法,可利用正确性、完整性检查单指导和规范 FMS 需求评审活动。

2) 建模

(1) 基于建立的需求捕获与确认环境,采用 MBSE 方法完成功能需求确认。建立 FMS 的逻辑模型或者计算模型,并建立与 FMS 交互的系统模型,如传感器系统、自动飞行控制系统等,形成 FMS 需求捕获与确认环境。通过真值表或者等价类数据作为输入,进行模型交互动态仿真,根据输出的结果确认 FMS 对外交互是否符合预期,以此完成对系统功能需求的确认。

（2）采用 Simulink 建模仿真完成性能预测、飞行引导等性能指标需求确认。建立 FMS 性能预测和飞行引导等功能的 Simulink 仿真模型，并建立自动飞行控制系统、飞行仿真和传感器等交联系统的 Simulink 仿真模型，通过闭环仿真完成性能指标需求确认。

（3）采用快速原型设计工具建立 FMS 人机交互模型，完成人机交互需求确认。针对 FMS 页面布局需求，建立静态模型，对页面元素的尺寸、颜色、位置、字体大小进行直观确认。在完成静态模型设计的基础上，定义功能性的操作流程和人机交互操作流程，建立并集成动态显示模型，通过聘请驾驶员、客户代表等参与试验，初步评估 FMS 操作程序的合理性，并对驾驶员工作负荷进行初步分析评估。

3）分析

可以按照 ARP 4761 采用初步系统安全性评估（preliminary system security assessment，PSSA）等分析方法对 FMS 安全性需求进行确认。

4）试验

采用全数字、半实物、试飞等试验方法确认需求。对于全数字或半实物试验，在飞行仿真激励的环境下，通过试验方式对 FMS 综合导航管理、性能预测、性能优化、飞行计划管理、飞行引导等功能需求进行确认，可利用驾驶员在驾驶舱中的反馈，确认 FMS 功能设计符合预期。采用试飞可以对关键功能的需求进行确认，在真实的运行环境下，通过 FMS 与导航传感器、自动驾驶仪和推力管理系统闭环耦合，对 FMS 关键功能进行飞行试验，并优化和调整设计参数，从而实现关键功能和性能需求的确认。

需求确认过程的状态可以通过需求确认矩阵进行跟踪，需求确认矩阵至少应包含以下几项内容：需求、需求来源、相关的功能项、研制保证等级、所使用的确认方法、确认过程的相关证据以及确认结论。最终，经过需求确认过程与分析捕获过程的反复迭代，产生 FMS 需求规范，并将其作为开展系统组件设计的输入。

4.2　系统架构设计与权衡

在获得 FMS 需求规范后,进行 FMS 的功能架构设计和物理架构设计,将系统需求分配至功能组件和物理组件。然后开展进一步的详细设计,形成组件功能和性能需求,作为 FMS 软件/硬件设计的输入。

本书以 ARINC 702A‑5 中功能章节为基础,以"强内聚、松耦合"为设计原则,根据 FMS 研发经验,将 FMS 分解为如图 4‑3 所示的 9 个功能组件。第 5~8 章将深入描述各功能组件的原理,本节着重描述系统架构设计过程,并重点描述 FMS 冗余配置、架构的多方案权衡分析等设计活动。

图 4‑3　基于 IMA 的 FMS 组件

4.2.1　飞行管理系统架构设计

FMS 架构设计旨在确立其架构和边界,并且确保在架构和边界之内,系统能够实现特定的功能以及满足技术性能和安全性指标等要求。

FMS 架构设计的输入包括 FMS 初始物理架构、FMS 功能定义、FMS 需求规范。

基于 FMS 需求规范以及航空电子分配的 FMS 初始功能清单,开展架构设计,设计产生 FMS 的功能架构、逻辑架构,以及功能到物理架构的分配,并产生 FMS 的接口控制文件(interface control document,ICD)。基于 FMS 架构设计的初步结果,迭代开展系统架构评估与分析活动、功能分解活动以及功能数据流分析。

经过上述系统架构设计与评估过程,将输出如下设计结果:FMS架构规范、FMS架构评估报告、FMS功能接口控制文件。

4.2.1.1 功能架构设计

基于FMS系统需求规范的FMS功能定义,对每个任务进行功能描述和功能架构设计,明确功能之间的交互,最终将功能分配到组件上。

图4-4所示为一个典型的FMS功能架构,由综合导航、飞行计划、飞行引导、性能管理、导航数据库管理、健康管理、人机交互管理、数据链应用和场面引导功能组成。

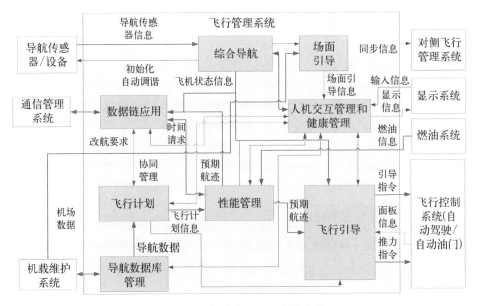

图4-4 典型的FMS功能架构

1) 综合导航功能

综合导航功能运用传感器精度数据、传感器原始数据以及当前条件信息,选出定位传感器的最佳组合以减少位置测定误差,提供估计飞机位置和速度的最佳解决方案,并提供所选方案下的导航精度。基于飞机的当前位置信息和导航数据库提供的导航台清单,综合导航功能实现导航台的自动调谐,结合人工输入的调谐信息进行调谐模式的管理,最终实现无线电调谐功能。综合导航功能利用人工输入信息、飞行计划信息以及飞机的位置信息确定 RNP 值,并根据计算的 ANP 信息实现导航性能的监视和告警功能。

2) 飞行计划功能

飞行计划功能支持对现用飞行计划和第二飞行计划的生成和修改,支持通过驾驶舱显示控制系统和空地数据链输入飞行计划编辑指令或飞行计划内容。飞行计划功能主要包括飞行计划状态管理、飞行计划创建和编辑、飞行计划航段管理、特殊飞行计划处理、风和温度等的输入和飞行计划信息计算等。飞行计划功能通过接收 FMS 人机交互页面输入或者数据链上传的飞行计划信息,在 ARINC 424 标准导航数据库中提取飞行计划所需的机场、跑道、终端区程序、导航台、航路、航路点、公司航路等元素,按照 ARINC 424 的路径和终止点规则进行解码,形成基本的飞行计划航段信息,存储在飞行计划缓存中。最终通过飞行机组的确认形成现用飞行计划供 FMS 其他功能使用并显示在 ND 上。

3) 飞行引导功能

飞行引导功能包括水平引导和垂直引导两个子功能。水平引导功能依据飞行计划计算并构建完整的连续水平参考路径,结合综合导航管理功能实时提供的飞机状态信息,计算水平操纵指令,该操纵指令耦合到自动飞行控制系统的自动驾驶仪模块,控制飞机沿着水平参考路径飞行。在飞行过程中,水平引导功能还根据飞机当前位置和水平参考路径的关系实时判断是否切换航段(航段排序),如果到了排序的位置,则水平引导功能发送排序指令给飞行计划功能,以控制飞行计划进程。水平引导功能主要包含水平基准路径构建、引导模式计算、引导参数计算、引导指令计算以及航段排序功能。

垂直引导功能计算现行垂直航段的动态引导参数,在飞机沿着飞行计划定义的水平路径飞行时,根据垂直航迹预测的结果及飞机当前位置信息计算垂直偏差,生成俯仰和推力指令,输出给自动飞行控制系统执行,自动引导飞机按FMS计算的垂直航迹飞行。垂直引导功能还向机组提供监视和控制飞机垂直飞行必需的信息。垂直引导参数的计算与飞行阶段(爬升、巡航、下降、进近)相关,垂直引导需提供所有飞行阶段的垂直飞行航迹引导。垂直引导功能在不同的垂直航段有不同的垂直模式,在飞行期间以自动飞行控制系统面板的选择以及 FMS 人机接口的输入为基础,按照特定准则切换垂直模式。不同的垂直模式对应特定的发动机推力模式,垂直模式和推力模式可以按照推力方式或速度方式耦合。

4) 性能管理功能

性能管理功能主要实现航迹预测、性能优化与性能计算功能,分成性能数据库管理、优化性能参数计算、垂直航迹预测、下降剖面构建等几个子功能。对于垂直航迹的预测,风和温度模型至少支持 10 个高度层,从而实现 ETA 误差小于剩余飞行时间的 1%或 10 s 的精度要求。航迹预测针对现用飞行计划、修改中的飞行计划和 ATC 上传飞行计划中的水平计划、垂直计划和到达时间要求,根据性能数据和一些假定条件计算水平计划航段之间的过渡和垂直剖面的航段过渡,形成一条四维的预期飞行航迹,用于飞行或者作为空地航迹共享和协商的基础。性能计算功能提供动力学解算所需的数据:飞机气动和发动机数据、推力、阻力、燃油流量、优化空速、关键空速。基于这些数据,性能计算功能可以计算最大高度、优化高度、航程高度、到备降机场的时间和燃油、到爬升或下降的时间/燃油/距离、允许最大等待时间、推荐的等待速度、起飞速度和着陆速度等性能数据。

5) 导航数据库管理功能

机载导航数据库包括符合 ARINC 424 的标准导航数据库和驾驶员自定义导航数据库。其中,标准导航数据库包括机场、跑道、终端区程序、航路点、终端区航路点、终端区 NDB 台、VHF 导航台、NDB 台、ILS 台、巡航高度表等信息。

导航数据管理功能完成数据库加载、各类信息的查询和修改等操作。其中,标准导航数据库只允许加载和查询操作;驾驶员自定义导航数据库可进行加载、查询和修改操作。

6) 健康管理功能

健康管理功能依据各个功能判断的异常状态,根据预设的告警信息优先级向机组告警系统、人机交互设备发送告警提示消息,提示驾驶员相应的异常状态,以辅助驾驶员采取合适的应对方案。通过传感器输出数据检测、系统状态监视和机内自测试监视 FMS 及其外部接口的状态,按照状态异常的等级,提供不同方式的指示形式,提示驾驶员采取相应的响应措施,达到安全运行的目的。同时,还能将异常状态和故障记录在非易失存储器中,可以在机上查看也可以导出,便于维修检测,减少不必要的拆除,提高可用性。传感器状态检查是 FMS 外部检查,机内自测试是 FMS 内部检查,而功能状态监视则是功能层面的综合状态检测。

7) 人机交互管理功能

人机交互管理功能为驾驶员提供飞行计划的编辑和显示、导航性能监视、飞行引导信息的显示、性能计算的参数设置和模式选择、空地协商和飞行进程的监视等人机交互功能。人机交互管理功能分成 PFD、ND、VSD、FMS 页面显示(FMS status display,FSD)人机交互。FMS 向 PFD、ND、VSD 输出飞行计划、航路点、导航台、偏航距、应飞航迹、航迹角、RNP、ANP 等信息,供其系统显示。FSD 是驾驶员与 FMS 各个功能模块之间的主要人机接口,FMS 人机交互管理功能负责 FSD 页面的生成和页面操作指令响应。

8) 数据链应用功能

数据链应用功能构建空地通信指令集和服务流程,支持在 ACARS 数据链环境和 ATN 数据链环境下,上行链路消息和下行链路消息的交换。通信指令集对应的数据元素包括 RTA、航迹数据和气象数据等。数据链应用管理功能基于数据元素构建指令集,并进行合理扩展和校验。数据链应用管理功能由

FMS空中交通服务(air traffic service，ATS)数据链应用管理和FMS AOC应用管理组成。FMS ATS数据链应用管理包括关联管理(connection management，CM)应用管理、CPDLC应用管理、ADS‐C应用管理。CM的作用是在飞机与地面站点之间建立通信关联，初始化两个节点之间的通信。CPDLC为管制员和驾驶员提供基于数字的通信，而不是传统的基于语音的通信。ADS‐C通过数据链发送请求，按照请求形成契约式的信息发送，主要是周期性地发送一些位置、航迹等。

9) 场面引导功能

场面引导功能实现机场场面地图的显示信息管理，提供滑行路由管理、在滑行时的场面运行引导提示以及场面运行时的机载监视和告警，从而增加滑行效率，防止跑道入侵，减轻机场场面运行时驾驶员和管制员的负担。未来将逐步实现机载场面冲突的探测和告警。

4.2.1.2　物理架构设计

FMS的物理架构设计针对不同飞机平台有所不同，一般轻型飞机采用单系统配置，民用运输机和公务机采用双系统配置，也有大型干线飞机采用三系统双机工作模式。

图4‐5为单系统配置的示例。FMS可以是一个独立的LRU设备FMS(即FMC)加上MCDU，在ARINC 702A的附录1中针对互换性对FMC的插座针脚定义等有详细的描述。通常单座只有1个MCDU，双座的可能有2个MCDU，视座舱空间大小而定。单系统配置也可以采用驻留于IMA通用处理模块的形式，FMS接收显示系统参数的输入，操作控制后将相应的显示内容提供给显示系统显示。

一般单系统配置的双座平台也是小飞机，所以座舱空间比较小，多为T形的三上一下四块屏。下面那块屏主要是FMS的人机交互界面，显示飞行计划、引导信息和操作控制。

单系统配置的FMS交联的导航系统一般可有这样的配置：1～2个IRS

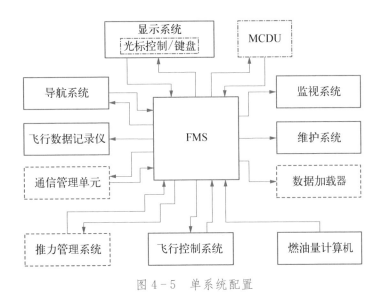

图 4-5　单系统配置

和/或 GNSS;2 个大气数据计算机(air data computer,ADC);2 个 VOR;至少 2 个 FMS 可调谐通道的 DME;1～2 个 ILS。如果飞机平台不安装 IRS,则通常需要安装姿态航向基准系统(attitude heading reference system,AHRS)和 GNSS。在系统初始化时,FMS 对 IRS 进行初始位置校准,并根据飞行计划和当前位置提供无线电自动调谐指令。FMS 接收导航系统的参数确定三维位置和速度。

在采用 LRU 航空电子架构时,FMS 一般直接与数据加载器交联,通过维护页面的操作加载性能数据库、配置数据库,周期更新导航数据库。如果采用 IMA 架构,则可能通过维护系统统一加载各系统所需的数据库和配置文件。

FMS 接收燃油量计算机(fuel quantity computer,FQC)或其他设备收集的燃油流量数据用于实时计算飞机的重量,作为航迹预测的依据。FMS 接收飞行控制系统发送的飞行引导模式指令和相应的目标值进行引导计算,将航迹偏差、引导目标和引导操纵指令发送给飞行控制系统。一般选择单系统配置的飞机平台可能不提供推力管理系统或自动油门控制,不需要 FMS 具备垂直导航功能,但可能有垂直导航建议功能。对于小飞机而言,数据链功能也是可选项,通常也不会安装打印机。

支线、干线飞机和公务机一般都采用双系统配置。如图4-6所示为一个IMA架构下的FMS双系统配置示例。在这个配置中,有两个FMS应用,称为飞行管理模块(flight management module,FMM),分别驻留在两个IMA的机箱中,它们之间以及与其他系统间都通过ARINC 664总线进行数据交换。对于ARINC 429总线的导航、燃油、高升力和环控等系统,FMS通过远程数据接口单元(remote data interface unit,RDIU)提供的传输格式转换和转发进行交互。

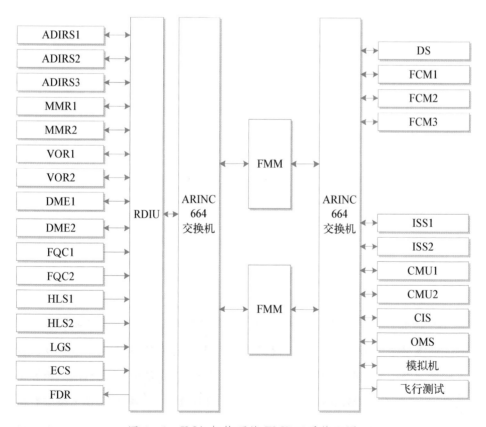

图4-6　IMA架构下的FMS双系统配置

双系统配置的每个 FMM 与三套大气数据惯性基准系统(air data and inertial reference system,ADIRS)交联,某些机型用的是独立的 IRS 和 ADC,也有的机型将 ADC 与飞行控制计算机(flight control computer,FCC)放在一起,但通信端口是独立的。一般 MMR 包含了 ILS 和 GNSS,以及机载的星基增强和地基增强功能。

高升力系统(high lift system,HLS)为 FMM 提供襟缝翼的位置信息;起落架系统(landing gear system,LGS)为 FMM 提供起落架轮载信号;环控系统(environmental control system,ECS)为 FMM 提供发动机、机翼和尾翼防冰的情况;飞行数据记录仪(flight data recorder,FDR)记录 FMM 输出的起飞着陆参考速度、飞机重量以及目标速度等信息。飞行测试记录的是分析与验证 FMM 功能和性能符合性所需的数据。在有些系统中推力管理计算机(torque motor computer,TMC)的功能由 FCC 实现。在这个示例中,相关数据库的加载和更新由机载维护系统(onboard maintenance system,OMS)实现,打印也通过 OMS 实现。FMM 为客舱信息系统(cabin information system,CIS)提供即时飞行状态。FMM 通过与通信管理单元(communications management unit,CMU)的路由,实现 AOC 和 ATC 数据链功能。FMM 将飞机位置和运动状态发送给综合监视系统(integrated surveillance system,ISS)提供空中交通防撞监控,将来 FMM 也可接收 ISS 的他机状态,以及根据管制的指令,支持飞行间隔管理(flight interval management,FIM)、纵队程序(IN trail procedures,ITP)等运行能力。

当采用 IMA 架构时,FMM 为一个 FMS 实例。每个 FMM 中的功能可以驻留在 IMA 的一个分区中,也可以驻留在多个分区中,图 4-7 为驻留在一个 IMA 机箱中的分区示例。

有些大型民用飞机上安装了三个 FMS 应用,如 A380 和波音 787 飞机。如果采用双 IMA 机箱的架构,那么在一个 IMA 机箱中驻留两个 FMS 应用,在另一个 IMA 机箱中驻留一个 FMS 应用。下面将进一步介绍双系统和三系统的双机工作模式。

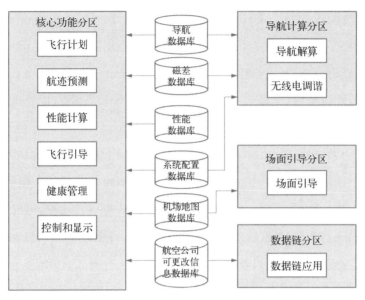

图 4 - 7　驻留在一个 IMA 机箱中的分区

4.2.2　飞行管理系统冗余配置

1) 双系统配置

为了满足 RNP 运行的要求,一般支线、干线飞机都采用双系统配置。FMS 在双机工作模式下,一侧 FMC/FMM 为主用飞管,执行所有的计算,为自动飞行控制系统提供操作引导信息;另一侧 FMC/FMM 为辅用飞管,起辅助作用,主要提供导航定位信息的交叉监视,并可为另一侧的驾驶员提供计划显示等。FMS 双机工作模式下的工作方式如表 4 - 1 所示。

表 4 - 1　FMS 双机工作模式下的工作方式

序号	FMS 工作方式	备　　注
1	同步工作方式	满足以下全部条件,判定为同步工作方式: (1) 两个 FMC/FMM 之间能够建立正常的交互通信 (2) 两个 FMC/FMM 没有故障(没有故障字) (3) 两个 FMC/FMM 的导航数据库一致 (4) 两个 FMC/FMM 的导航位置有效且相差不超过某个阈值

（续表）

序号	FMS工作方式	备　　注
2	独立工作方式	满足以下任一条件,判定为独立工作方式: (1) 两个FMC/FMM无法建立正常的通信方式 (2) 两个FMC/FMM导航数据库不一致 (3) 两个FMC/FMM的导航位置相差超过某个阈值或者任 一FMC/FMM发生故障

同步工作方式原理如图4-8所示,两个FMC是同步的,每个FMC都实现各自的计算,并通过交叉连接交换数据。一个FMC称为主用FMC,另一个FMC称为辅用FMC。飞行计划的修改首先通过主用FMC完成,然后传输到辅用FMC,使得两个FMC模块获得一致的数据。两个FMC根据同步的飞行计划以及各自所选的导航源计算导航参数和飞行引导指令,并且将这些计算结果输出到其他系统使用。自动飞行控制系统可以接收两个FMC模块的飞行引导指令,可以由自动飞行控制系统根据FMC上报的主从状态,确定采用FMC1还是FMC2的飞行引导指令。

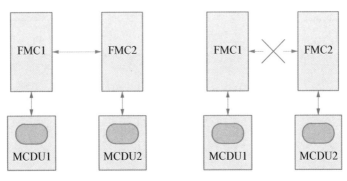

图4-8　同步工作方式原理　　　图4-9　独立工作方式原理

独立工作方式是一种降级方式,原理如图4-9所示。当两个FMC模块中的导航数据库不一致,或者不能正常交叉通信时,不再交换数据。MCDU草稿行上出现"独立操作"提示。每个FMC独立工作,在正常情况下,仅考虑其同侧MCDU的输入,每个MCDU只向同侧的FMC发送数据请求和输入指令。

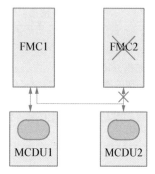

图 4-10　单机工作方式原理

驾驶员也可以通过 MCDU 的菜单页面选择、显示和控制另一侧的 FMC。

单机工作方式也是一种降级方式，原理如图 4-10 所示。当一个 FMC 失效时选择单机工作方式，在这种情况下，MCDU 自动选择正在工作的 FMC。两个 MCDU 及其他设备都由剩下的 FMC 管理。

2）三系统配置

A380 和波音 787 飞机安装了三系统，但还是双机工作模式。图 4-11 为典型的三个 FMC 配置架构。采用双系统或者三系统双机工作模式可提高系统的可用性，当一个 FMS 产生故障时，另一个 FMS 还能够为运行提供飞行计划、导航定位和飞行引导功能。为了做到无缝衔接，要让每个 FMS 都包含当前有效的飞行计划和机组设置的性能参数。

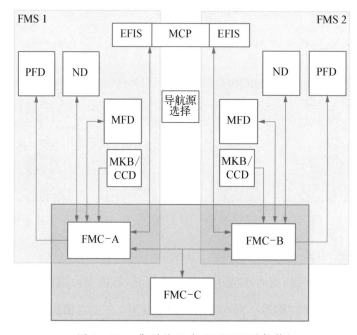

图 4-11　典型的三个 FMC 配置架构

正常工作模式为双机同步工作模式，即 FMC－A 与 FMC－B 双机同步工作，FMC－C 处于备份状态，如图 4－12 所示。图 4－13 所示为双机独立工作模式，FMC－A 与 FMC－B 独立响应机组的操作，不再同步计划和性能参数。图 4－14 所示为单机故障时，FMC－B 和 FMC－C 协同双机工作。图 4－15 所示为双机故障时，只有单机 FMC－B 工作的情况。

在双机同步工作时，其中一个系统作为主用系统，执行所有的计算，为自动飞行控制系统提供操作引导信息；另一个作为辅用系统，起辅助作用，主要提供导航定位信息的交叉监视，并可为另一侧的驾驶员提供计划显示等；第三个为备用系统。

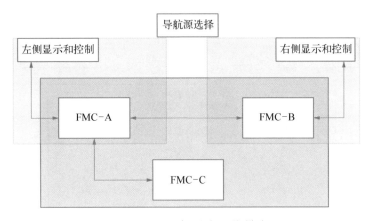

图 4－12 双机同步工作模式

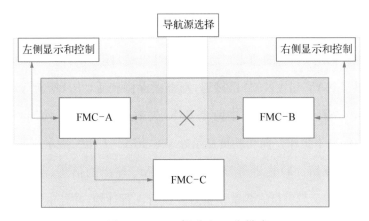

图 4－13 双机独立工作模式

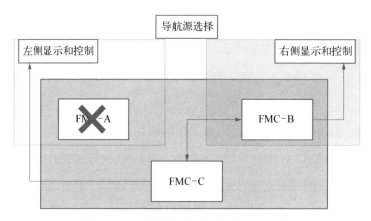

图 4-14 单机故障时协同双机工作

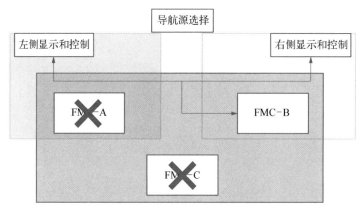

图 4-15 双机故障时单机工作

　　如果主用 FMC 失效,则辅用 FMC 自动生效并且执行 FMC 所有功能。备用 FMC 执行辅用 FMC 的功能。这个过程可以是自动进行的,不需要驾驶员操作。如果 LNAV 和 VNAV 已接通,则继续保持接通,并且所有飞行计划和性能数据也被保留。如果在空中两个 FMC 失效,则第三个 FMC 自动转换并在单 FMC 构型下工作。向驾驶员显示处于单 FMC 工作的指示。所有的计划和性能数据被保留,ND 也继续显示第三个 FMC 输出的信息,但是 LNAV 和 VNAV 方式解除。驾驶员需要重新生效并执行飞行计划,并且重新选择 LANV 和 VANV。

关于如何判断双系统、三系统下哪一个 FMC 为主用，不同的飞机有不同的设计。有的飞机结合 FMS 源选择开关和两部自动驾驶仪的接通情况，以及哪一个 FMS 输出的水平和垂直引导指令作为现用的飞行控制信号源，并选择为该 FMS 提供显示和控制的 FMC 为主用。有的则根据上电的先后确定主用、辅用和备用。本书介绍一种在三系统双机工作模式下，根据上电的先后确定主用、辅用和备用的机制。假定采用 IMA 物理平台的三系统架构，即有三个 FMC 模块，分别为 FMC - A、FMC - B 和 FMC - C。FMC - A 和 FMC - C 在左侧 IMA 机柜中，FMC - B 在右侧 IMA 机柜中。在正常情况下，其中一个 FMC 模块工作模式为主用 FMC，它响应左右驾驶员在 MCDU 上的操作，提供相应信息的输入和显示手段，并且管理飞行计划、计算航迹、位置信息和引导信息发送到显示系统或者自动飞行系统。主用 FMC 还将驾驶员输入的信息和飞行计划信息发送给另外两个 FMC 模块。另一个 FMC 为辅用 FMC，它接收主用 FMC 发送的飞行计划和驾驶员输入的参数，并利用多传感器信息进行位置和引导信息的解算，但不输出到显示和自动飞行系统，而是作为辅用 FMC，一旦主用 FMC 失效，辅用 FMC 就成为主用 FMC，承担主用 FMC 的职责。还有一个 FMC 为备用 FMC，当主用 FMC 或者辅用 FMC 失效时，它成为辅用 FMC，当主用 FMC 和辅用 FMC 都失效时，它成为主用 FMC。

4.2.3　飞行管理系统架构的多方案权衡分析

FMS 是典型的机载安全关键系统，具有复杂的系统架构和严格的实时性要求，必须同时满足高可靠性和高安全性等非功能特性需求。针对 FMS 高度复杂系统的架构设计难点，一般采用系统工程理念，通过在系统设计早期的虚拟集成尽早验证，尽可能在早期系统设计阶段中找出与系统需求和规范不相符的元素，指导并改进设计。可以使用架构建模工具对 FMS 架构模型进行模型仿真和模型检验，验证和确认模型正确性，并结合结果（如模型检验给出的反例）进行设计改进。

FMS 多方案权衡主要通过分析系统架构的功能分配、功能数据流设计等，设计多种方案结果。在进行功能分配时，采用多种分配情况，如飞行程序航段计算功能可以分配到水平导航组件，也可以分配到飞行计划管理组件；再比如场面引导功能和核心功能可以放在一个通用处理模块上，也可以放在同一个分区里。需要综合考虑网络资源、处理资源等要求，从系统性能、设计经验以及经济性等方面着手，采用专家技术咨询等手段，通过方案权衡获取最佳架构方案，优化迭代系统架构结果。

在 FMS 架构设计和验证实施过程中，分析 FMS 所需的硬件资源，通过可调度性、实时性和交互复杂度等分析 FMS 的关键特性，基于分析结果进行加权后可以对不同架构进行评价，从而实现对多个架构的权衡。FMS 的可调度性分析通过分析 FMS 软件分区的调度策略、分配到的时间片属性、分区中各个任务的截止时间线判断任务是否能够在截止时间线前得到响应，进而判断任务集的可调度性。FMS 的实时性分析主要根据具体的任务链、实时性任务指标，软件/硬件的运行时间等信息分析系统的任务实时性是否满足要求。交互复杂度是架构配制过程中需要重点关注的特性之一，系统设计保证各部分之间的交互复杂度保持均衡。主要根据 FMS 软件/硬件之间的绑定关系，软件与软件、硬件与硬件之间的交联关系对交互复杂度进行分析，给出定量的交互复杂度分析结果，使采用不同策略的架构的分析结果能够对比和排序。

4.3　系统安全性设计与评估

FMS 安全性评估流程可以用图 4 - 16 描述（见斜线框部分），其与系统开发、集成和验证过程密切相关。根据开发产品的进度和规模，可能需要进行多次安全性评估活动迭代，每次更改设计都必须检查其更改对产品安全性的影响，并更新安全性评估结果。需要注意的是，针对不同形式的 FMS，需要承担的安全性活动有所不同。对于以软件应用形式驻留在 IMA 平台中的 FMS 来说,无须执行硬件的安全性活动,相关的安全性需求由 IMA 平台承担;对于存在物理 LRU 的 FMS,则需要完成组件层级的安全性分析活动。

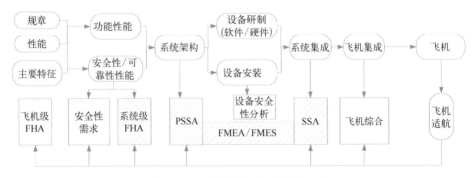

图 4-16　FMS 安全性评估流程

FMS 的安全性评估活动和流程应该满足 ARP 4754A 和 ARP 4761 中对安全性评估和分析方法实施的要求。在开展安全性活动时,在客户有明确要求以及具体输入的条件下,可以进行合理调整。

整个 FMS 开发过程所涉及的安全性活动主要包括以下几个方面:

(1) 系统安全性工作计划(system safety program plan,SSPP)。

(2) 系统功能危害性评估(system functional hazard assessment,SFHA)。

(3) 初步系统安全性评估(preliminary system safety assessment,PSSA)。

(4) 失效模式与影响分析(failure mode and effect analysis,FMEA)和失效模式与影响总结(failure mode and effect summary,FMES)(如适用)。

(5) 系统安全性评估(system safety assessment,SSA)。

4.3.1　飞行管理系统安全性评估活动

1) SSPP

根据 FMS 开发计划中定义的不同阶段,开展相应的安全性活动规划,确定安全性组织架构和职责定义,识别项目在系统设计和开发过程的不同阶段所需要开展的安全性活动及里程碑;同时定义安全性工作应参与的设计评审以及构型管理活动。安全性工作计划进一步明确开展 SFHA、PSSA 以及 SSA 的工作范围边界、流程以及系统设计之间的协同方式;定义安全性需求的派生、确认和验证方法,包括与客户、供应商之间安全性工作相关的联络协调方式,最终形成 FMS 安全性工作计划。

2) SFHA

SFHA 以 FMS 为对象,研究在飞机设计的运行环境、使用限制和不同飞行阶段内,可能导致各系统失效甚至影响飞机整机安全飞行的功能失效状态。按照 ARP 4761 中对于功能危害性等级的划分准则,识别失效状态对飞机、机组和乘客的影响,并确定失效状态的分类;识别支持失效状态分类的证明材料,包括设计约束条件、失效状态指示、推荐的驾驶员操作程序或维护工作等,捕获安全性派生需求。应根据失效状态等级分类确定系统功能的顶层安全性目标,并针对不同的安全性目标,确定安全性目标的验证方法。本活动最终形成 FMS 的功能危害性评估报告以及派生的安全性需求。

3) PSSA

FMS 的 PSSA 通过对 FMS 架构的分析,明确在 SFHA 阶段中识别的功能危害性原因,并分析出相应的安全性指标,形成系统的安全性需求。同时,根据系统、软件/硬件架构,将系统功能的安全性目标自上而下分解为设备、软件/硬件层级的安全性需求;通过设备、软件/硬件层级的安全性需求的可实现性判断系统、软件/硬件架构的合理性。本活动最终形成 FMS 的 PSSA 报告以及安全性设计策略,包括针对软件和硬件的派生安全性需求。

4) FMEA 和 FMES

针对 LRU 形式的 FMS 需要执行 FMEA,目的是分析 FMS 部件所有可能的失效模式及其可能产生的影响,并按每个失效模式产生影响的严重程度及其发生概率予以分类。FMEA 过程假定系统失效,并从局部、高一层次以及最终的影响三个方面评价这些失效的影响。需要时可以设定更多的产品影响等级用于分析。在原理图或图纸评审且开始初步的元器件预计后应尽快开展FMEA 工作。

针对驻留在 IMA 平台中的 FMS,通过安全性分析将派生的安全性需求分配到通用处理模块(general process modular,GPM)上,由 GPM 承担 FMEA 和 FMES 的工作,以满足 FMS 分配的要求。本活动最终形成 FMEA 和 FMES 报告以及相应的设计建议。

5) SSA

FMS 的安全性分析针对已实现的 FMS 软件/硬件和系统架构,自下而上地开展软件/硬件、设备层级的安全性需求验证,包括定量的可用性完整性概率需求以及定性的研制保证等级需求的验证,进而证明系统功能的安全性目标得到满足。同时,安全性分析的前提和假设得到实现,确认针对不利的安全性影响事件已制订运行限制及程序,并以文档的形式进行说明。SSA 是随着系统设计迭代而不断细化的过程。

在 SSA 过程中,需要利用元器件的可靠性进行 FMEA,从而实现对故障树分析(fault tree analysis,FTA)中的失效概率和失效模式的分析,并为 CCA 的失效模式提供输入。此外,与机内自测试(built-in test,BIT)相关的分析数据可以通过维护性和可测试性分析获取,这些数据可以支持 FTA 中关于监控功能(如 BIT)和失效概率调整的评估。对于驻留在 IMA 平台中的 FMS 软件组件,其失效概率由 IMA 平台承担。本活动最终形成 FMS 的系统安全性分析报告,包含安全性需求的验证总结。

4.3.2　飞行管理系统安全性设计与验证

本节结合 FMS 功能和架构设计,以 IMA 平台驻留的 FMS 为例,描述 FMS 的安全性设计与验证考虑。

4.3.2.1　安全性需求捕获

根据飞行任务场景,基于飞行阶段以及任务剖面,针对 FMS 在与航空体系支持设备的交互过程中所用到的功能，识别 FMS 功能以及相匹配航空支持体系中设备的功能交互协同存在的安全性风险点，主要包括以下几个方面：

（1）为保证最低安全要求，对水平引导、垂直引导、场面引导和综合导航等功能在性能、精度、延时等方面进行安全阈值的设定以及运行程序的确定，并对相关的安全阈值开展有效性评估。

（2）当飞机自身与他机在共享空域或使用辅助支持设备资源时，开展飞行管理任务过程中的最低安全性能要求设定以及有效性评估。

（3）在低能见度、侧风以及飞机降级运行等特殊环境条件下，开展保证飞行安全所需的 FMS 各项功能、性能的最低要求设定以及有效性评估。

通过以上活动，支持不同飞行阶段、场景下 FMS 功能失效的安全性危害定性评估，支持 FMS 功能相关安全性需求的捕获和确认。

4.3.2.2 失效状态识别

依据 FMS 功能清单，结合系统需求规范和系统外部 ICD 以及飞机级功能危害性评估（aircraft functional hazard assessment，AFHA）和飞机级分配的系统安全性需求，识别可能导致系统失效甚至影响飞机整机安全飞行的功能失效状态。需要注意的是，在识别 FMS 功能失效状态时，应考虑自身（包括内部功能和交互功能）失效状态和外部（环境和应急构型）失效状态；同时，还应考虑 FMS 功能单一失效引起的失效状态和 FMS 功能组合失效引起的失效状态。典型的单一失效引起的失效状态包括功能丧失和功能错误运行；当失效影响另一个系统的可用性时，应特别考虑功能组合失效引起的失效状态，如未通告的功能丧失。此外，也应评估整个功能的失效和部分功能的失效（如完全丧失和部分丧失），以保证功能失效分析的完备性。

对 FMS 功能进行初步的 FHA，识别出其中典型的失效状态，如表 4 - 2 所示。

表 4 - 2　功能失效状态

编号	失　效　状　态	飞行阶段	严重等级①
1	在 RNP≥0.3 的情况下,出现误导的水平或垂直引导	所有飞行阶段	重大的
2	在 RNP≥0.3 的情况下,水平引导功能丧失	所有飞行阶段	重大的
3	在 RNP≥0.3 的情况下,垂直引导功能丧失	所有飞行阶段	轻微的
4	在 RNP<0.3 进近的情况下,出现误导的水平或垂直引导	进近、着陆	危险的
5	在 RNP<0.3 进近的情况下,水平引导功能丧失	进近、着陆	危险的
6	在 RNP<0.3 进近的情况下,垂直引导功能丧失	进近、着陆	轻微的
7	导航无线电调谐出现误导	进近、着陆	危险的
8	在 RNP<0.3 进近的情况下,飞行计划功能丧失	进近、着陆	危险的
9	在 RNP<0.3 进近的情况下,出现误导的飞行计划	进近、着陆	危险的
10	起飞速度(V_1、V_R、V_2)与进近参考速度(V_{REF})的速度目标出现误导	进近、着陆	危险的
11	在 RNP≥0.3 的情况下,出现误导的综合导航	所有飞行阶段	重大的
12	在 RNP≥0.3 的情况下,综合导航功能丧失	所有飞行阶段	重大的
13	在 RNP<0.3 进近的情况下,综合导航功能丧失	进近、着陆	危险的
14	在 RNP<0.3 进近的情况下,出现误导的综合导航	进近、着陆	危险的
15	ATS 数据链路功能出现误导	所有阶段	重大的
16	AOC 数据链路功能出现误导	所有阶段	轻微的
17	场面引导功能出现误导	滑行	重大的

注①: 失效状态严重等级的分类参考 AC 25.1309 - 1B(草案)。

　　通过 FHA,得到在进近和着陆飞行阶段 FMS 的飞行计划、综合导航、性能管理、飞行引导等功能丧失或错误运行的失效状态为最严重的危险等级。SFHA 活动最终形成 FMS 的 FHA 报告以及派生的安全性需求。通过识别失效状态,派生安全性需求作为架构安全性分析和设计的输入。

4.3.2.3　架构的安全性设计与分析

1) 研制保证等级

　　根据 FHA 确定的功能失效状态分类,确定 FMS 各项系统功能的研制保证等级(development assurance level，DAL)。由于 FMS 功能失效状态最严重等级为危险的，因此经分配得到 FMS 的 DAL 最低为 B 级，软件的 DAL 最低为 B 级，数据库数据保证等级为 1 级。DAL 分配的原则参考 ARP 4754A 5.2 节。

2) FTA

根据 SFHA 活动中得出的顶层概率要求，使用 FTA 进行失效原因分析并对失效概率进行分配，派生定量安全性需求以及设计决策。

经初步分析，为满足 FMS 功能的失效状态分类对应的顶层安全性目标，针对系统架构，通过 FTA，派生 FMS 的多种架构安全性设计如下：

(1) FMS 冗余架构设计。依据 FMS 失效状态的严重等级，得到最严重的 FMS 功能丧失的顶层失效概率应不大于 10^{-7}/飞行小时，以 IMA 平台单个 GPM 的 10^{-5}/飞行小时级别失效概率来说无法满足，因此至少需要驻留两个飞行管理应用才能满足要求。

同时，为了保证 FMS 功能的可用性，防止功能丧失的失效状态的出现，FMS 采用多实例独立运行的备份机制，包括飞行管理应用、数据库以及数据总线接口。

飞行管理应用、导航数据库、性能数据库、磁差数据库都包含两个实例，分别驻留在不同机柜计算机资源(cabinet computing resource，CCR)的 GPM 中。每个实例都具有相同的功能，可以相互替换。数据库相互之间以及数据与 FMF 应用本身是分开的，因此数据库的更新不会影响飞行管理应用以及其他的数据。

在数据总线方面，FMS 通过双 ARINC 664 网络(A 和 B)以及交换机提供独立的数据路径，以实现与外部系统交联的冗余备份。通过 ARINC 664 网络，FMF 能够同时接受来自多个外部系统如 IRS、飞行控制系统、MMR 等的数据，实现数据源备份；同时能够根据驾驶员的需要，通过控制器实现不同导航源之间的切换以及显示和参数设置。

(2) FMS 同步架构设计。当采用 FMS 冗余架构设计时，为满足不同飞行场景下的功能完整性需求,FMS 提供两种不同的运行模式:同步工作模式以及独立工作模式。

在同步工作模式下,双侧的飞行管理应用对功能运行的初始化设置、传感器及外部系统的输入数据进行同步,包括飞行计划、导航数据库、性能设置、位置设置、无线电调谐设置等。在状态计算逻辑下开展主、从应用选择,并进行主、从输出结果的同步,实现高完整性的 FMS 功能输出。在独立工作模式下,双侧的飞行管理应用独立使用自身的参数设置,分别接受来自传感器以及外部系统的输入数据,为两侧驾驶员独立提供具有一般完整性的 FMF 的显示和控制。

FMS 默认在同步工作模式下运行,只有当 FMS 发生失效无法实现同步时,才会使用独立工作模式,以实现不同条件下的功能完整性要求。当飞行管理应用从同步工作模式转换到独立工作模式时,会提供相应的提示,以确保驾驶员在进入关键的飞行阶段时,可以通过交叉检查的方式确认 FMS 功能的运行状态。

(3) FMS 数据库校验设计。根据与导航数据相关的功能需求的 DAL,参照 DO‐200B 和 DO‐201A 确定机载导航数据库的数据保证等级。为了满足确定的数据保证等级,保证导航数据库数据在数据处理、传输和存储过程中的数据安全性,需要设计合适的安全性策略,如采用循环冗余校验(cyclic redundancy check,CRC)检测航空数据错误;采用独立测试系统对数据库中的点进行比较,消除数据错误危害等。从而保证导航数据库在数据精度、分辨率、可追溯性、时效性、完整性和格式化等方面达到所需的数据质量要求。

(4) FMS 告警设计。通过对 FMS 进行告警设计能够有效地提示飞行机组目前系统功能失效的情况,从而减缓功能丧失或错误运行所带来的影响。

a. 当 FMS 检测到系统自身故障时,通过 ICD 信号的故障标记,断开与自动飞行控制系统的引导和推力指令连接,同时按照机组告警系统成员规范要求,产生相应的功能异常告警提醒和告警信息,提示驾驶员执行异常操作程序,消除飞行管理计算结果输出端故障关联的影响。

b. 当飞机实施 RNP 飞行,尤其处于 RNP 0.3 或 RNP 0.1 时,如果 ANP 大于 RNP,则 ND 上 RNP 的显示由绿色变为琥珀色,EICAS 上显示"不可用的 RNP"的告警信息。同时要求驾驶员执行相应的操作程序,如执行非 RNP 程序或复飞,以缓解 RNP 不满足带来的影响。

(5) FMS 数据源安全性设计。为了满足系统的顶层概率目标,派生 FMS 数据源的安全性设计措施。例如,针对 IRS、飞行控制系统等两套或多套备份数据源输入设计源选择机制;采用惯性基准数据源与 MMR 作为备份,用于导航位置计算,降低数据源丧失的概率,消除单一数据源数据丧失故障关联的影响;采用起落架轮载信号和大气数据信息共同实现飞行计划完成状态的判断;采用三路惯性基准数据源表决用于计算导航位置,降低数据源错误的概率,消除单一数据源数据错误故障关联的影响等。

通过开展以上 FMS 安全性分析活动,派生了 FMS 的系统、设备以及组件级的安全性需求和设计决策,同时也派生了对外部系统、设备以及组件的安全性依赖需求。

4.3.2.4　安全性需求验证

SSA 的最终版本应表明针对所开发的 FMS 已验证了所有安全性需求。通常,产品与其安全性需求的符合性应在安全性需求矩阵或相关表格中捕获。此需求符合性矩阵除了应参考设计与安全性需求符合性声明外,还应参考用于验证需求的分析、检查、测试和论证方法。针对驻留在 IMA 平台中的 FMS 来说,SSA 主要关注系统 DAL 需求和飞行管理软件的组件研制保证等级(item development assurance level, IDAL)需求的验证。

(1) 对于驻留在 IMA 平台中的飞行管理软件来说,要求对每个软件的 FDAL 需求都进行评估。如果软件开发过程与其分配的 IDAL 相符,则需简单陈述此 DAL 需求以及符合需求的理由。例如,针对飞行管理软件的

IDAL B 级要求,需要基于软件完成总结,确认该软件开发活动是否满足 DO-178C 中规定的 B 级过程的目标,特别是语句覆盖、结构覆盖、数据耦合、控制耦合等,并实施对验证结果的验证活动,捕获验证证据并建立与软件 IDAL B 级需求的追溯关系。

(2) 基于系统构型管理记录、系统过程保证记录、系统验证结果、最终验证矩阵及系统验证报告,捕获 FMS 系统级的验证证据,建立与 FMS 系统 DAL B 级需求的追溯关系,从而最终验证系统和软件开发过程与标准要求的符合性。

4.4　系统集成验证与评估

FMS 验证的目的是验证所研制的 FMS 是否满足在预定运行环境下的需求。通常而言,可以通过检查或评审、分析、试验与演示以及使用/服役经验等方式完成系统的验证,其中试验和分析是主要的验证手段。

对于检查或评审验证方式,与之相对的适航符合性验证方法为 MC0、MC1 和 MC7。对于分析验证方式,与之相对的适航符合性验证方法为 MC2 和 MC3。对于试验与演示方式,与之相对的适航符合性验证方法为 MC4、MC5、MC6、MC8 和 MC9。

FMS 的验证需要在项目早期仔细制订验证计划,在各个阶段分别对应相应层级的需求制订验证方法,选用合适的验证工具或者开发满足要求的验证设施,设计验证测试用例,开发验证程序,最后验证工程师执行验证活动,并且对验证结果进行分析和问题反馈。验证工程师对验证阶段各流程进行文件归档,统一纳入配置管理。

对于按照 ARP 4754A 研制流程且驻留于 IMA 平台的 FMS,为了支持 FMS 软件测试与验证、系统集成与验证等各个阶段的验证,一般可以开展基于桌面级的 FMS 功能集成验证、基于动态测试台的系统集成验证、机上地面试验和飞行试验等几个阶段的验证活动。

1）基于桌面级的功能集成验证

目前，主要的FMS供应商都开发了自己的FMS软件集成和测试工具，在PC环境下构建具有一定逼真程度的飞行仿真、传感器数字仿真以及飞行控制系统数字仿真器，支持FMS软件的单元测试，以及FMS飞行计划管理、综合导航、性能预测与优化飞行引导、人机交互等各个软件模块的集成，通过自动测试等技术对FMS软件进行充分测试。随后，开发人员将桌面电脑上集成的FMS软件移植到真实嵌入式机载设备中，可极大降低开发成本，缩减集成时间。除了开发人员之外，软件测试人员也可以借助桌面电脑环境运行各个功能模块，编写测试用例和测试程序，降低真件测试台的依赖性。

2）基于动态测试台的系统集成验证

当FMS机载软件开发完毕，并且完成了软件模块及功能集成测试后，进入FMS的系统集成测试与验证阶段，这一阶段需要在实验室中使用FMS的真实软件/硬件，在尽可能真实的模拟环境下进行，对整个FMS进行验证。集成验证包括软件/硬件集成、符合DO-297任务2的分系统集成验证、与航空电子系统集成的DO-297任务3验证以及与非航空电子系统的集成验证，这些验证活动通常需要在基于飞行仿真的专门动态测试验证平台上完成。基于动态测试台的验证可以覆盖大部分系统验证的需求，还能验证桌面级功能测试无法验证的FMS需求，如运行性能、内存和处理器资源、输入/输出信号等。此外，对于飞行引导和性能预测与优化等功能，其验证与自动飞行控制系统以及飞行仿真的逼真度有很大关系，FMS制造商可能无法建立逼真的测试环境，部分验证工作需要在飞机制造商的航空电子实验室以及铁鸟测试台环境下完成。

FMS为自动飞行提供基于航迹的水平引导和垂直引导能力，涉及飞机各系统能力的综合、人与自动化设备的协同以及与空管的空地一体化协同，因此飞行管理运行与驾驶员、管制员、空域环境密切相关。为了对FMS的功能和性能进行充分的试验验证,在基于动态测试台的验证过程中,可以将FMS集成至具有6自由度运动平台的飞行模拟器中,建立包括塔台、进近和区域等空管设备以及多架飞机运行的复杂空域仿真环境,进行管制员和驾驶员在回路的闭环测试试验和评估,有效提高FMS验证可信度。

3）机上地面试验

经过上述基于动态测试台的验证,FMS应按照规定的技术要求安装到飞机上,进行机上地面试验,在真实飞机条件下校核FMS各项典型功能和性能,并与动态测试台的试验结果进行比较。

4）飞行试验

在经过机上地面试验后,进入飞行试验阶段。飞行试验阶段是评定FMS性能的最终阶段,飞行试验验证结果也最具有权威性,很多适航要求的验证活动也必须通过飞行验证完成,因此该阶段对FMS的验证来说至关重要。飞行试验通过将FMS集成至飞机平台,通过演示飞行典型功能,验证FMS人机交互、水平引导、垂直引导等操作逻辑和操作程序,评估水平导航、垂直导航性能,完成型号审定FMS所需的飞行试验验证。

4.4.1　基于桌面级的功能集成验证

4.4.1.1　目的

FMS功能复杂,内部导航数据库、飞行计划、性能预测和飞行引导等功能耦合比较深,集成难度比较大。由于绝大多数FMS功能的运行需要在有外部激励的情况下进行,因此在FMS软件的开发阶段,可以开发一个基于PC的应用软件工具,它根据FMS软件和交联环境特性分析得到FMS功能特性以及接口特性,建立驱动被测系统运行服务的仿真模型,为FMS软件运行提供激励,支持FMS软件的开发,完成各个功能模块的软件快速集成以及测试验证,使得问题尽早暴露,从而提高开发的效率。该工具与适当的总线仿真模块结合形成桌面级的系统集成验证环境,可支持各个功能模块进行白盒测试以及代码的结构覆盖率分析,在功能模块级别验证系统测试无法满足的鲁棒性、错误性输入,确保 FMS 的鲁棒性。

4.4.1.2 过程

首先需要开发 FMS 核心功能集成测试的桌面环境,应包括测试用例管理、测试脚本编辑、测试数据管理、测试结果判断等功能。测试人员能够使用测试工具创建、编辑测试用例,测试工具能够把测试用例转换成测试指令数据,把测试指令输入 FMS 程序以及仿真环境,并接收 FMS 和仿真环境输出的测试结果数据。

开发过程中采取增量式集成的方式,基于桌面级的集成验证环境逐步集成飞行计划管理、综合导航、性能预测与优化、数据库、飞行引导、人机交互、数据链应用管理、场面引导等各个软件模块。

在桌面级的集成验证过程中,有必要在该环境中增加一些模拟驾驶员行为的模块,定义和生成测试用例,进行正常飞行场景和异常飞行场景的自动测试,并实现系统功能的动态测试以及修改后的回归测试,提高开发和测试效率。

4.4.2 基于动态测试台的系统集成验证

4.4.2.1 目的

按照 ARP 4754A 和 DO-297 任务 2、3、4 的要求,完成基于 FMS 需求的功能和性能全面验证。基于 FMS 动态验证环境、飞机制造商的航空电子实验室以及铁鸟测试台环境,验证 FMS 驻留在 IMA 平台中与其他应用、模块和平台资源之间正确的交互,通过与导航传感器、飞行控制系统、显示系统等仿真环境交联,对各种飞行场景下的 FMS 功能和性能进行全面、有效的测试,完成功能、性能是否满足需求的符合性验证。测试内容覆盖飞行计划、综合导航、性能预测和优化、水平导航、垂直导航、RTA 控制、数据链应用管理、场面引导、综合监视告警等功能模块的所有需求,保证 FMS 功能的完整性、正确性以及性能的符合性。

4.4.2.2　过程

1) 子系统级 FMS 系统验证

基于 ARP 4754A、DO-297 任务 2 测试的要求,对 FMS 系统需求进行分析,按照 DO-283B、DO-187、AC 20-138D 和 AC 25-15 中对 FMS 测试台试验推荐的方法,并结合 FMS 动态验证环境的特点设计合适的测试用例和测试程序(人工测试、自动测试),验证 FMS 分系统需求的符合性。

将 FMS 与动态验证环境进行综合,确认 FMS 动态验证环境能够正确交联。FMS 分系统验证的综合测试平台通常可以由 FMS 集成测试总控平台、FMS 应用驻留 IMA 平台、FMS 动态运行操作环境仿真系统、通信导航环境仿真系统、机载 PBN 导航传感器系统、支持 FMS 测试的高精度飞行仿真系统、飞行控制仿真系统以及辅助测试设备等组成。集成测试总控平台负责对测试平台进行综合控制,系统验证管理平台提供编辑和管理测试用例、故障注入测试接入等功能,FMS 与通信导航、显示控制、自动飞行控制、机载导航传感器等子系统交联,形成支持 FMS 功能和性能验证的闭环验证环境。

为了更好地对 FMS 进行设计与验证,需要在复杂的外部运行环境下对 FMS 的运行能力进行评估,有必要搭建空中交通管制协同运行环境,能够逼真地模拟包括设备、用户界面等所有与空管及航空公司运营相关的对象,并提供各种交通场景的仿真,以提供一个接近真实的复杂空域运行环境以模拟空中交通运行方式,从而对 FMS 支持当前以及未来基于航迹的运行能力进行测试评估。

支持 FMS 子系统验证的环境组成如图 4-17 所示。

FMS 系统综合验证针对 FMS 的系统需求规范设计测试用例,在 FMS 动态验证环境中进行各项功能和性能的试验,并对试验结果进行评估,以验证 FMS 功能和性能的符合性。

(1) 功能验证。

a. 导航数据库管理功能验证。

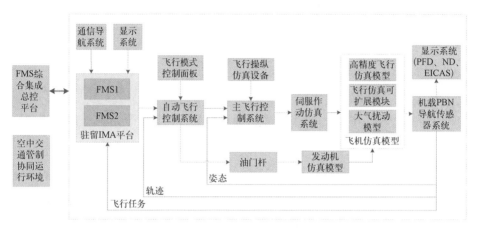

图 4-17　支持 FMS 子系统验证的环境组成

a）标准导航数据库时效性管理。

b）标准导航数据库完好性管理。

c）标准导航数据库点类型数据查询。

d）自定义导航数据新建功能。

e）自定义导航数据查询功能。

f）自定义导航数据库关机后的处理功能。

b. 飞行计划管理功能验证。

a）飞行计划创建，包括通过公司航路、航线插入、逐点输入的方式。

b）水平飞行计划编辑，包括终端区程序、航线、航路点、导航台和机场的插入和删除。

c）垂直飞行计划编辑，包括速度、高度限制，风和温度等信息的输入或修改。

d）横向特殊操作，包括直飞、偏置和等待操作。

e）各飞行计划状态之间的切换。

f）数据链上传飞行计划或修改飞行计划。

g）水平飞行计划和垂直飞行计划在 MFD 上的显示。

c. 综合导航管理功能验证。

a）导航传感器初始化功能。

b）导航模式管理功能，包括故障检测。

c）多传感器组合导航计算功能。

d）导航信息计算功能。

e）ANP 计算功能。

f）RNP 值管理功能。

g）完好性监视和告警功能。

h）RNP/RNAV 无线电定位自动调谐功能。

i）无线电手动调谐功能。

j）传感器状态监视功能。

k）综合导航管理功能在 PFD、ND 和 FSD 上的输出显示。

d. 性能管理功能验证。

a）各飞行阶段目标速度计算。

b）起飞速度计算。

c）着陆速度计算。

d）最优高度计算。

e）最大高度计算。

f）下降能量圈管理。

g）性能参数设置和信息显示。

h）单发性能计算。

e. 航迹预测功能验证。

a）水平航迹预测，包括在 ND 上的显示，考虑压点和切线两种航段过渡方式。

b）垂直航迹预测，包括其在 ND 和 FSD 上的显示。

c）垂直飞行计划改变对 ETA、速度、高度的影响。

d) RTA 速度目标计算。

e) 针对 RTA 的窗口计算。

f) RTA 告警。

f. 水平引导和垂直引导功能验证。

a) 水平导航模式管理，包括进入和退出 LNAV 模式。

b) 水平偏差、引导信息和引导指令计算及其输出显示。

c) 航路点排序。

d) 终端区仪表飞行程序与自动飞行控制系统闭环水平引导。

e) 在通过模式控制面板（mode control panel，MCP）或者 FSD 输入目标高度、速度或者高度和速度限制时，飞行阶段的判断。

f) 垂直模式管理，包括各种垂直运行情形下的接通和退出 VNAV 模式。

g) 与自动飞行控制系统闭环垂直引导。

h) 垂直偏差、引导信息和引导指令计算及其输出显示。

g. AOC 数据链应用功能验证。

a) 基于 AOC 数据链的推出登机门-离地-着陆-停靠登机门（out of the gate，off the ground，on the ground，into the gate，OOOI）报。

b) 位置报告。

c) 飞行计划和舱单上传。

d) 气象信息上传。

h. ATS 数据链应用功能验证。

a) CM 功能。

b) CPDLC 消息互传，包括通过 MCDU/MFD 页面查看、回看、回复上传消息，生成和发送下传消息。

c) 通过 CPDLC 的许可请求、许可指令、航迹协商。

d) ADS－C 消息互传，包括周期性、事件性消息。

e) 通过 ADS－C 的预期航迹下传等功能。

（2）关键指标验证。

a. RNP 导航精度及引导精度指标验证。基于 FMS 动态验证环境，设置包括洋区、航路、终端、进近不同飞行阶段 RNP 要求的飞行计划，进行目标机环境的测试。记录 FMS 输出的飞行计划信息、飞机估计位置信息、飞行仿真输出的理想飞机位置信息。

以理想飞机位置为基准，统计、评估飞机在各导航模式下估计位置精度（ANP 95%）是否满足不同飞行阶段导航精度要求，以飞行计划信息和飞机估计位置计算并统计出飞行技术误差（FTE 95%），评估飞行技术误差是否满足不同飞行阶段的飞行技术误差精度要求。

b. 完好性指标验证。基于 FMS 动态验证环境设置包括洋区、航路、终端、进近不同飞行阶段 RNP 要求的飞行计划，通过人工或测试用例注入导航系统故障进行测试，记录 FMS 输出告警信息。

故障注入超过 1 000 次，统计 FMS 均需输出告警信息次数，故障漏检率低于 10^{-3} 即可满足试验指标要求。

c. 无线电位置更新。基于 FMS 动态验证环境，设置非洋区飞行计划，通过飞行管理与无线电接收机数据交互实现无线电自动调谐和无线电定位的验证。

以飞行仿真时间为基准，记录无线电调谐频率时间、无线电位置计算更新时间，采用事后绘图分析调谐频率切换后 30 s 内无线电位置是否完成更新。

d. ETA 精度指标验证。基于 FMS 动态验证环境，设置飞行计划、导航传感器提供飞行参数信息，自动飞行控制系统接收引导指令完成自动飞行。记录 FMS 输出的飞行计划中各航路点的 ETA 和 ATA。

基于目标机型飞机气动数据、质量特性数据、发动机数据进行闭环验证，进行多次试验（考虑导航精度、着陆重量、风、温度、驾驶员响应时间等各种因素），统计和评估时间估计误差精度在 95% 的仿真试验中小于剩余飞行时间的 1% 或 10 s 的精度。

e. RTA精度指标验证。设置飞行计划,在飞行计划中分别设置巡航阶段和下降阶段的RTA航路点,并设置相应的RTA值,自动飞行控制系统接收引导指令完成自动飞行。记录FMS输出的RTA航路点的ETA和ATA。

基于目标机型飞机气动特性、质量特性数据、发动机性能数据进行闭环验证,进行多次综合测试(考虑导航精度、着陆重量、风、温度、驾驶员响应时间等各种因素),统计和评估巡航阶段RTA航路点总时间误差精度在95%的仿真试验中小于等于30 s的精度,以及下降阶段RTA航路点总时间误差精度在95%的仿真试验中小于等于10 s的精度。

(3) 复杂空域环境下的飞行模拟验证试验。基于起飞、爬升、巡航、下降和进近等不同飞行阶段,进行管制员和驾驶员在回路的闭环测试试验和评估,通过模拟不同驾驶员、管制员、气象、空中交通态势等复杂空域特征,对FMS进行空地协同运行测试验证。

2) 航空电子级系统集成验证

在完成子系统级FMS系统验证后,可以开展航空电子系统及各子系统的集成验证,验证FMS与其他子系统间的接口、功能和性能。

对于驻留于IMA平台的FMS,需要根据航空电子系统测试计划和程序以及航空电子系统验证计划,开展下列工作中与FMS相关的试验验证。

(1) 根据DO-297任务3验证计划,验证IMA功能(飞行管理驻留应用)及配置功能的正确性。

(2) 根据DO-297任务3验证计划,逐步集成飞行管理、机载维护、显示管理、数据链应用、机组告警等驻留应用到IMA平台。

(3) 根据测试计划和程序,对集成的驻留应用进行功能接口测试,与驻留应用相连接的外部设备可以使用仿真件或真件,验证驻留应用本身和平台集成的正确性。

(4) 根据DO-297任务3验证计划,对多个应用完成的功能进行测试,验证应用之间的影响,并结合最差执行时间等性能分析手段,验证多个驻留应用能否正确运行。

依据航空电子系统测试计划和程序以及航空电子系统验证计划,开展航空电子系统及各子系统的集成验证,验证各子系统间的接口、功能和性能。在验证过程中,航空电子系统采用实物交联,非航空电子系统采用模拟器或仿真器交联。对于 FMS 而言,重点关注与自动飞行控制系统、推力管理系统等非航空电子系统的集成验证。

4.4.3　机上地面试验

4.4.3.1　目的

按照 DO‐283B、DO‐187、AC 20‐138D 和 AC 25‐15 中对 FMS 飞机级试验的要求,进行机上地面试验。FMS 应用软件通过驻留在 IMA 平台集成至飞机,与机上显示、飞行控制、导航传感器等系统进行交联,完成机载系统的功能和性能验证,以支撑后续的试飞验证。

4.4.3.2　过程

FMS 机上地面试验一般需要进行通电检查、交联系统之间的接口信号检查以及 FMS 的静态功能检查。具体试验内容如下所示。

(1) 验证导航数据的有效性:通过交联大气惯性基准系统、通信导航系统,在通电状态下检查是否能接收到有效的导航传感器信息,支撑 FMS 进行综合导航计算。

(2) 验证 FMS 整体运行情况:验证能否通过 MCDU 建立飞行计划,包括起飞和目的地机场、公司航路、选择航线、标准仪表离场程序、标准终端区进场程序、进近程序等,并做等待、直飞、偏置、插入/删除航路点等飞行计划编辑操作,在 MCDU 上观测各个 FMS 页面显示是否正常;观测 FMS 能否提供正确的水平飞行计划、垂直飞行计划、综合导航信息、水平导航信息和垂直导航信息,并且在 PFD 和 ND 上显示。

4.4.4 飞行试验

4.4.4.1 目的

依据 FMS 试飞验证的适航文件 AC 25-15 和 AC 20-138D 等的要求，开展 FMS 的飞行演示验证，完成 FMS 的科研试飞和适航审定试飞。

4.4.4.2 过程

根据 AC 25-15 和 AC 20-138D 的适航标准的要求，FMS 飞行试验的主要科目如表 4-3 所示。

表 4-3 FMS 飞行试验主要科目

序号	飞行试验科目	说 明
1	验证导航数据的连续性	在试飞过程中，分别在起飞、离场、爬升、巡航、下降、进近、着陆各个飞行阶段中考察各个俯仰角，以及飞机在达到最大 30°的倾斜角的情况下，记录计算的导航数据，通过事后分析数据连续且不存在跳变，验证是否满足连续性要求
2	验证导航精度	多传感器导航采用外部 IRS、GPS、VOR、DME、ADC 等传感器进行导航参数融合计算，包括 IRS/GPS、IRS/DME/DME、IRS/VOR/DME、IRS 等不同模式，不同模式的导航定位精度不一。分别采用不同导航模式进行导航，并记录飞行数据，以高精度导航系统（如差分 GPS）为基准，对各个导航模式精度进行统计和分析，验证是否满足精度要求
3	验证自动调谐	无线电自动调谐包括对 VOR、DME、ILS、ADF 设备的调谐，包括用于位置计算的调谐和用于显示的调谐。在试飞过程中查看自动调谐频率，验证是否满足调谐逻辑要求。记录整个过程中的调谐信息，通过分析验证地面站台是否被正确地识别和调谐
4	验证 FMS 设备的整体运行情况	(1) 在指定的航路点等待 (2) 截获并跟踪所选航向到一个航路点 (3) 转弯期望 (4) 航段排序 (5) 选择一种进近 (6) 导航数据的一般呈现 (7) 评估设备支持的所有类型的程序或路径
5	验证垂直导航参数显示	在接通 VNAV 的情况下，分别演示在爬升、平飞（含巡航）、下降飞行阶段时，观察在 PFD 上参考高度、垂直偏差、目标速度等垂直导航参数的显示

(续表)

序号	飞行试验科目	说　　明
6	验证 FTE 是否可以保持	在使用自动驾驶仪或者飞行指引仪分别耦合 LNAV 的情况下,分别演示在航路和进近阶段飞行,观察在 PFD 下面 RNP 刻度条以及 ND 上的偏航距,判断是否满足 FTE 的要求(对于航路阶段,FTE 小于 1.0;而对于非精密进近阶段小于 0.25 n mile),不出现告警
7	验证气压高度计输入	如果设备使用气压高度计输入,则验证设备是否正确地解读气压高度计读数。人工输入气压修正时应给予特定的考虑
8	验证 FMS 与自动飞行控制系统接通时的运行性能	(1) 评估耦合自动飞行控制系统下各种航迹和模式改变时的工作状况,如果可以,则包含航路、进近、复飞、航路的过渡 (2) 验证对于该机型,水平转弯期望是否合适,并且经过航路点时是否有合适的提示 (3) 确认直飞,没有超调和 S 转弯,一种可行的方式是当完成直飞转弯后,再重新初始化直飞 (4) 针对航路和进近的所有模式,评估 FMS 断电时的自动驾驶仪的响应是否合理
9	验证 LPV 和 GLS 进近	(1) 对于自动驾驶仪已被修改的设备,自动驾驶仪的侧向和垂直控制通道性能尚未进行评估,或提供了非标准偏差(而非类似 ILS),根据最新版本的 AC 25.1329 确定 (2) 对于人工控制进近飞行路径的情况,适当的飞行显示必须提供足够的信息以保护进近路径,对准跑道或复飞,不需要给其他驾驶舱显示额外的参考 (3) 在进近时评估满刻度偏差以确保系统正常运行 (4) 验证/评估与 FMS 安装有关的所有开关和传输功能,包括电气总线开关。在切换到所有备用导航源期间评估飞机系统响应,并确保开关按预期完成,明确通告,并且开关本身不会导致任何不准确的指导 (5) 在操作与其他驾驶要求相关的 FMS 设备时应进行机组工作负荷分析,在飞行的所有阶段进行,并确认其可被接受,包括可在飞行中评估的非正常程序
10	评估所有 VNAV 运行模式	演示 VNAV 预位、VNAV 接通、断开等模式的正常转换;通过爬升、平飞、下降等飞行阶段的操作,演示 VNAV 子模式(速度模式、路径模式等)之间的典型转换
11	检查连接到 FMS 系统的其他设备的接口(针对 VNAV 功能)	检查自动驾驶仪、自动油门、飞行指引仪、显示系统(如 VNAV 参数,FMA 显示)与 FMS 的 VNAV 功能的接口。设计飞行测试,演示 FMS 与自动驾驶仪或自动油门的每种组合模式的工作情况

序号	飞行试验科目	说　明
12	查看各种故障模式和相关的通告	如电力损失、横向导航信号损失、气压 VNAV 设备故障等
13	评估 VNAV 操纵响应	当将自动驾驶仪耦合到 FMS(Baro‑VNAV 设备)时,在各种横向和纵向航迹变化期间,在允许 Baro‑VNAV 使用的最大和最小速度下运行时,选择 VNAV 模式评估操纵响应
14	评估 VNAV 操作控制设施的可访问性	通过在爬升、巡航、下降飞行阶段的飞行演示,评估 MCP 上 VNAV 相关的按键,以及 FMS 页面中与 VNAV 控制相关的按键 (VNAV 爬升、巡航、下降模式选择,VNAV 高度、速度约束的设置等)是否能够方便地访问
15	评估 VNAV 机组的工作负荷	通过演示在正常的航班运行过程中,接收 ATC 的爬升、改平、下降、调速、增加高度约束等管制指令,评估飞行机组的工作负荷,并确定操作 FMS 进行 VNAV 导航时的可接受性
16	垂直导航误差飞行测试	对于不同的导航方式(不同的导航信息源),采用等价类划分法,通过将飞机设置到典型的高度、速度和 FPA 角度,记录飞行数据,通过统计分析表明 FMS 以 99.7% 的概率满足 AC 20‑138D 中要求的 Baro‑VNAV 的垂直路径控制性能限制
17	评估异常飞行技术错误	使用自动驾驶仪和飞行显示器评估所有异常的飞行技术错误
18	验证基于飞行阶段的引导指令	分别演示在起飞、爬升、巡航和进近等各个飞行阶段,对于 FMS 正常的水平和垂直运行模式、速度指令、滚转指令、推力指令的操纵响应,飞机能够按照水平和垂直飞行计划进行爬升、改平、下降,对于水平飞行计划,飞机能够正常转弯
19	演示不同性能模式	在爬升、巡航和下降飞行阶段,分别演示在性能管理模式下,在验证最低成本、燃油或时间计划表时,与之相对应的速度计划表的安全和操作特征
20	演示进近速度计算	对于耦合自动油门的进近,演示控制速度在(FMS 设定速度 +5 kn)的范围内,但不能低于计算出的跑道入口速度(最小)
21	演示 FMS 燃油计算功能	通过在飞行过程中经过飞行计划航路点时,将燃油数据与飞行计划的燃油进行比较,对燃油状态计算值的正确性和精度进行评估

进行上述飞行科目的飞行试验后,获取飞行试验过程中记录的数据,分析试飞数据,评估对 FMS 的 RNP、时间预测和控制精度、经济性等能力的验证,

形成各种分析评估结果,最后生成飞行试验报告。如果在飞行试验过程中发现重要指标不满足要求,则可能修改设计,进行重新飞行试验。

需要指出的是,上述主要为针对工程研制过程的试飞工作,由于FMS功能复杂,且与导航传感器、自动飞行控制系统等耦合度高,因此在型号研制过程中,将FMS样机直接在试验飞机上进行飞行试验存在一定的技术风险。根据国内外航空领域的研发经验,重要的技术在应用于新研型号之前,通常应在专门的试验机上进行飞行验证。他机飞行试验(空中飞行模拟)具备真实运行环境条件(管制条件、气象条件等),具有真实运动反馈和心理环境的特点,是地面飞行模拟和实际型号飞机试飞之间的理想过渡。因此,对于新研的FMS产品,为了降低项目的研制风险,在适当的时候,对于FMS的飞行引导、性能预测、综合导航等关键功能,可以考虑采用合适的飞行试验机进行他机试飞,提高技术成熟度,对于发现的问题或者需要优化的参数进行早期迭代完善,减少后期进行正式飞行验证的风险。

5

飞行管理系统
功能设计

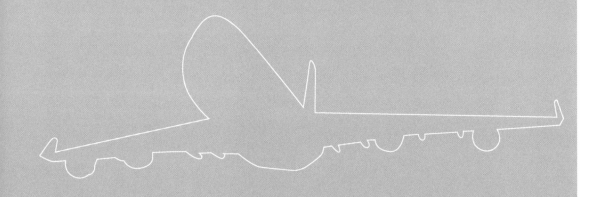

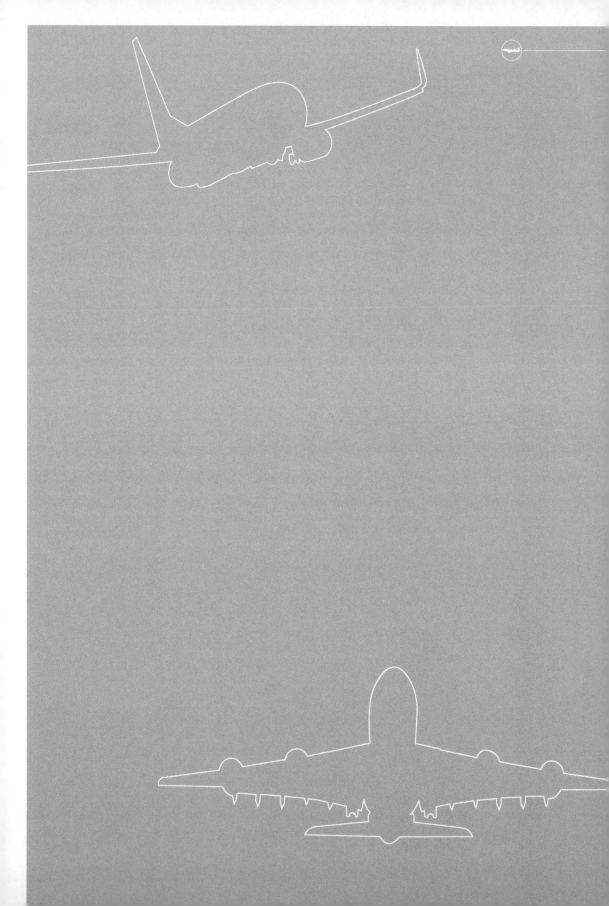

5.1　综合导航功能

　　FMS 的综合导航功能为驾驶员提供连续的、实时的三维信息,包括估计的飞机位置(经度、纬度、高度)、飞机速度、偏流角(可选择的)、航迹角、磁差(可选择的)、风速、风向、时间、RNP、ANP。导航输出数据的计算使用以下传感器的输入:IRS、AHRS、GNSS 接收机、DME 应答机、VOR/LOC 接收机、ILS/MLS 接收机、大气机等。综合导航功能由多传感器导航、基于 RNP 的导航和无线电调谐三个子功能组成。多传感器导航功能根据输入的各个导航传感器参数和人工选择导航源的情况,确定当前使用的导航源并实现导航设备的初始化;通过对导航数据有效性进行综合判断,选择当前的导航模式;根据导航数据信息、自动选台信息、输入的有效导航数据、导航模式及时钟信息实现导航参数的最佳解算和时钟管理。基于 RNP 的导航功能根据飞机位置信息、飞行计划信息以及人工输入信息确定 RNP 值,并根据计算的 ANP 信息进行导航性能的监视和告警。无线电调谐功能根据驾驶员输入的导航台信息、当前位置信息以及导航数据库信息实现导航台清单管理,基于无线电设备选台逻辑实现自动调谐导航台的计算,根据人工输入的调谐信息进行调谐模式管理,从而实现无线电调谐。导航功能原理如图 5-1 所示。

5.1.1　多传感器导航

　　在飞机上安装惯性基准系统、无线电导航设备和卫星导航设备,可以提供自主、陆基和星基导航。这些导航方式各有优劣,有的能提供自主连续的位置速度信息,但会随着时间漂移,精度不够高;有的提高了精度但依赖于地面设施,可用性和精度受到地形限制和导航台的布局限制;有的精度高而且可以跨洋,但信号可能受到干扰或不可用。如图 5-2 所示,FMS 基于多传感器导航功能就是能够综合利用飞机上的各类导航传感器,取长补短,提供连续、精确、具有一定置信度的位置和速度等导航信息。

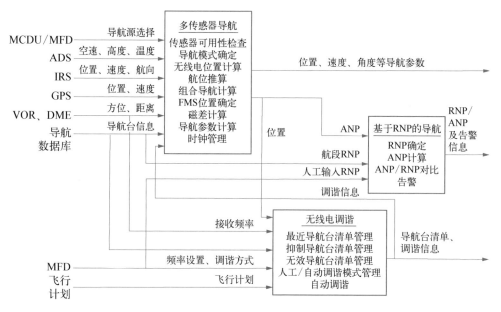

图 5-1 导航功能原理

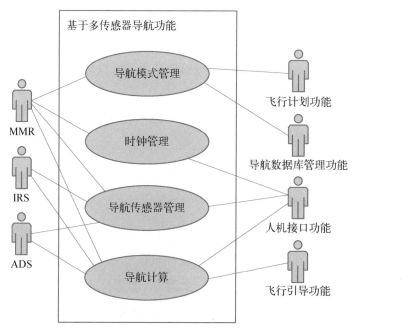

图 5-2 基于多传感器导航功能的用例图

　　FMS 的多传感器导航通过人机界面向机组提供导航传感器状态、位置信息的监视和手动抑制能力。根据导航传感器输出的状态和滤波方程检测传感器故障情况,或者获得组合导航计算所需的组合权重。如果某个导航传感器出现故障,或者当前运行环境要求禁用某种导航方式,则可以通过人机界面人为地抑制该设备参与组合导航计算。如果机组航行通告(NOTAM)通知某个地面设施不可用,则也可以通过人机界面人为地抑制对该导航台的调谐。同时,FMS 还为惯性基准系统提供初始对准所需的数据。

　　基于多传感器的导航是 FMS 支持 PBN 运行能力的重要功能之一。FMS基于多传感器导航提供的导航性能可达 RNP 0.1,这使得飞机可以采用定制的进场程序,在气象条件较差的情况下也可以在地形复杂的机场起降。基于多传感器的导航一般由导航传感器管理、导航模式管理、导航计算以及时钟管理四个子功能单元组成。

　　1) 导航传感器管理

　　导航传感器管理包括传感器初始化和传感器选择功能。

　　传感器初始化功能根据 GNSS 位置、历史位置、机组人员输入(位置、机场名称、航路点名称),对 FMS 位置进行初始化,并将初始化的飞机位置发送给外部惯性导航设备用于初始对准。

　　传感器选择功能包括人工选择和自动选择两种模式,优先获取人工选择导航源进行导航,当没有人工选择时 FMS 根据内部自动选择逻辑实现导航源的选择,并将人工和自动选择结果提供给导航模式确定功能。

　　一般 FMS 在导航相关的页面上向驾驶员提供导航传感器使用的人工选择或抑制操作手段。在 2.3.11 节给出了可在位置基准页面手动选择或抑制某个传感器的示例。

　　随着向 PBN 运行的过渡,不再需要标准化的导航传感器逻辑;但 ARINC 702A - 5 提供了可能使用的导航模式传感器层次结构,如下所示:GNSS→

LOC 或 LOC/DME（仅进近时）→DME/DME→DME/VOR。

2）导航模式管理

导航模式管理包括数据有效性判断、导航模式确定功能。

数据有效性判断功能对收到的各个导航传感器数据的有效性进行检查，包括数据有效性状态、数据范围、传感器工作状态等，综合判断、确定各个导航传感器数据的有效性；对导航传感器的合理性进行判断，根据各个导航参数动态变化特征确定对应的门限值，判断数据合理性，同时采用滤波残差检测方法实现数据合理性判断，为综合导航提供有效的合理数据。

导航模式确定功能根据各个导航源选择情况、数据有效性和导航传感器的合理性判断结果，选择当前最佳的导航解决方案。由于不同的机型配置的导航传感器类型和数量不同，因此导航解决方案可能不同，表现出来的导航模式也不太一样。例如，A320 飞机的导航模式包括 3 IRS/GPS/LOC、3 IRS/GPS、3 IRS/DME/LOC、3 IRS/DME/DME、3 IRS/VOR/LOC、3 IRS/VOR/DME、3 IRS/LOC、3 IRS、1 IRS/GPS/LOC、1 IRS/GPS、1 IRS/DME/LOC、1 IRS/DME/DME、1 IRS/VOR/LOC、1 IRS/VOR/DME、1 IRS/LOC、1 IRS；波音787 飞机的导航模式包括 GPS‐IRU、GPS‐AHRU、GPS、RADIO、INERTIAL、LOC‐RADIO、LOC。

组合导航的容错性在于系统能实时检测和隔离故障，并利用其有效信息重构系统，使系统不受故障的影响。在多传感器组合导航滤波过程中，一般采用基于残差检测的传感器故障检测和隔离技术对导航传感器的合理性进行判断，依次对 GPS 伪距信息、DME 斜距信息、VOR 方位角信息进行合理性检查。如果存在合理的量测信息，则将其纳入综合量测方程；如果不存在合理的量测信息，则量测不参与滤波器的量测更新，只进行时间更新，依靠 IRS 解算飞机位置和速度。在故障被隔离后继续利用残差 χ^2 检测法进行故障监控，直至确认故障消除才将其重新纳入滤波器融合并继续正常组合导航。在系统正常工作时，故障检测的统计量 λ 服从自由度为 n 的 χ^2 分布，如图 5‐3 所示

为 $\chi(n)^2$ 检测的概率密度函数,其中横坐标为 χ^2 检测结果,用 λ 表示;纵坐标为概率密度函数值,用 $\chi^2(n)$ 表示。

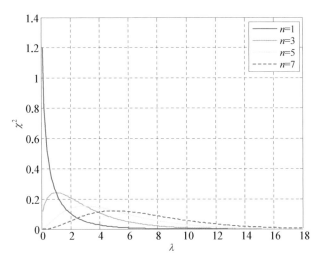

图 5-3 用于 χ^2 检测的概率密度函数

3) 导航计算

导航计算包括外部导航定位、组合导航定位和无线电定位的计算。

外部导航定位功能采用外部导航设备提供的高精度导航结果作为当前FMS 导航参数,同时计算导航参数的实际导航性能。波音 777 飞机就直接采用外部导航定位结果作为当前 FMS 导航参数。

组合导航定位功能通过建立卡尔曼滤波器,根据参与计算的导航设备特点对滤波器进行初始化,并对参与滤波的量测数据进行有效性判断,从而实现量测更新和状态更新,实现导航误差的实时估计。采用滤波估计的误差对导航参数进行修正,实现位置、速度、航向、航迹等导航参数计算。大多数的机型采用组合导航定位结果作为当前 FMS 的导航参数,典型的应用案例有波音 787飞机。

在多传感器组合导航中,IRS 系统具有输出参数连续、抗干扰能力强的优点,因此作为组合导航系统的基本系统。首先以 IRS 系统误差模型建立公共基准系统;其次根据 GPS、DME、VOR 等系统提供的测量信息组成观测系统,构建系统观测方程;最后采用卡尔曼滤波方法实现位置和速度误差的估计,实现对 IRS 系统输出的校正,完成位置和速度的精确估计。如图 5-4 所示为基于 IRS、GPS、DME、VOR 的组合导航架构。

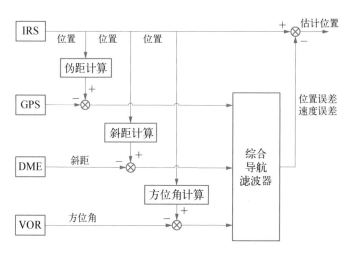

图 5-4　基于 IRS、GPS、DME、VOR 的组合导航架构

在 GPS 和 IRS 进行伪距组合时,通常使用 GPS 的两个误差状态,一个是等效时钟误差对应的距离,另一个是等效时钟频率误差对应的距离率。IRS 和 GPS 组合导航系统滤波器的状态可由三部分组成,即惯性基准系统导航参数误差(姿态、速度和位置等误差)、惯性仪表误差(陀螺仪和加速度计常值误差)以及 GPS 误差(等效时钟误差和等效时钟频率误差)。IRS 和 GPS 的量测由惯性导航计算位置相对可见卫星的计算伪距和 GPS 接收机的测量伪距之差组成。

在 IRS 和 DME 进行组合时,系统滤波器的状态同样由三部分组成:惯性基准系统导航参数误差、惯性仪表误差以及 DME 斜距常值误差。利用飞机 IRS 计算相对 DME 导航台(设为 1 和 2 台)的计算斜距,将其与 DME 测量斜距的差值作为量测量。在 IRS 与 VOR、DME 进行组合时,VOR 与 DME 地面台通常是共址的。系统滤波器的状态由以下部分组成:惯性基准系统导航参数误差、惯性仪表误差以及 VOR 方位角常值误差和 DME 斜距常值误差。利用飞机 IRS 输出信息计算飞机相对 VOR 台的北向方位角与 VOR 台量测的方位角之差，同时计算飞机相对 DME 台的斜距与 DME 测量斜距的差值，将这两个差值共同作为量测量。

在建立系统状态方程和量测方程后，对系统状态方程和量测方程分别进行离散化，采用卡尔曼滤波方法对位置和速度误差进行估计。卡尔曼滤波算法实现流程如图 5-5 所示。从图 5-5 中可明显看出卡尔曼滤波具有两个计算回路：增益计算回路和滤波计算回路。其中增益计算回路是独立计算回路，而滤波计算回路依赖于增益计算回路。在一个滤波周期内，从卡尔曼滤波在使用系统信息和量测信息的先后次序来看，卡尔曼滤波有两个明显的信息更新过程：时间更新过程和量测更新过程。

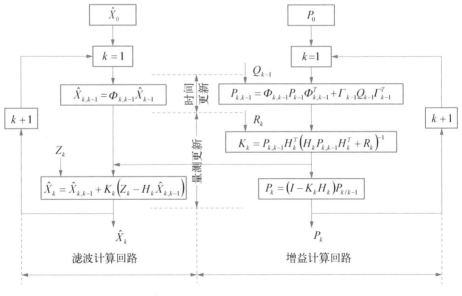

图 5-5　卡尔曼滤波算法实现流程

对于每个从 VOR 和 DME 收发机接收到的频率，无线电定位功能都会从导航台清单中选择与该 VOR 或 VOR/DME 的 VOR 频率匹配的最近的导航台。如果此台没有被抑制，则此台与这个频率收到的方位角或距离数据关联。

在使用 VOR 方位和 DME 距离数据前，需要分别对 VOR 和 DME 量测进行可用性检查。可用性检查的内容包括 VOR 或 DME 量测收到且有效；满足服务区条件；飞机不在导航台的盲区内；该导航台没有被抑制。

ARINC 424 定义了用于区域导航的 DME 应满足的服务区要求，如表 5-1 所示。

表 5-1　用于区域导航的 DME 应满足的服务区要求

服 务 区	距 离 限 制
终　端	40.0 n mile 或更低
低高度	70.0 n mile 或更低
高高度	130.0 n mile 或更低
非特殊	大于 130.0 n mile

在完成 VOR 和 DME 量测的可用性检查后，无线电定位功能结合导航数据库中导航台的地理位置信息，确定飞机当前的无线电位置。图 5-6、图 5-7 所示分别为在 VOR/DME 和 DME/DME 方式下的定位原理。

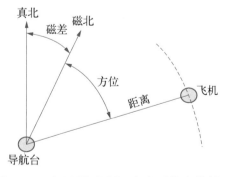

图 5-6　在 VOR/DME 方式下的定位原理

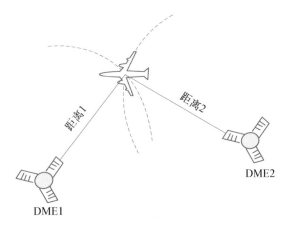

图 5 - 7　在 DME/DME 方式下的定位原理

4）时钟管理

为保证机载数据的实时性，FMS 应具备高精度的时钟管理能力。可从两个方面实现：一方面，系统可从 GNSS 接收实时时钟数据（UTC），并利用 GNSS 时钟实时更新（或手动更新）内部机载时钟；另一方面，系统在硬件支持下可具有一个内部 UTC 时钟的能力，该内部时钟可与外部输入同步或可以进行人工初始化，且在丢失外部输入的情况下，内部时钟在飞行期间也可保持 UTC 1 s 的精度。

5.1.2　基于 RNP 的导航

基于 RNP 的导航一般由 RNP 确定和导航性能监视与告警两个子功能单元组成。为满足 PBN 要求，导航性能监视告警模块不断地计算 ANP，并与 RNP 进行比较，当估计位置误差超过 RNP 时，向机组发出告警。

RNP 以精度数值表示，其数值根据航空器在至少 95％的飞行时间内能够达到的预计导航性能精度来确定。例如，"RNP 1.0"是指在 95％概率下，在指定的飞行航迹上飞机保持的导航性能精度在 1 n mile 以内。任何一个飞行器在其 95％的飞行时间内在侧向和纵向两维空间内允许的总系统误差（实际位置相对于期望位置的偏差）必须小于规定的 RNP 精度值；在总系统误差超出规定的性能限制时提供告警,以保障 RNP 飞行安全。总系统误差主要包括路径定义误差(定义路径与预期路径之间的误差)、路径操纵误差(定义路径与估计位置之间的误差)和导航系统误差(估计位置与真实位置之间的误差)三个部分,其中路径定义误差相对于另外两项较小,可以忽略不计。导航系统误差通常采用 EPU 表示,有的 FMS 用 ANP 或 EPE 表示,在本书中这三者为同义词。

1) RNP 确定

RNP 确定功能首先进行当前飞行阶段的确定,以进一步计算缺省 RNP 值。其中,航路 RNP 值默认为 2 n mile,终端区 RNP 值默认为 1 n mile,进近 RNP 值默认为 0.3 n mile。随后,根据以下优先级确定当前 RNP 值:

(1) 机组人工输入的 RNP 值。

(2) 导航数据库中为飞行计划每一个航段所指定的 RNP 值。

(3) 缺省 RNP 值。

2) 导航性能监视与告警

导航性能监视与告警功能不断地对 ANP、RNP 和导航传感器精度等信息进行实时监控,当导航模式降低或导航性能不满足当前 RNP 要求时,导航性能监视与告警模块给出告警提示。

ANP 是 RNP 运行中的重要概念,它是 FMS 基于飞机当前估计位置计算出的实际导航系统误差,通常单位为 n mile。ANP 是以飞机估计位置为圆心的 95% 不确定度的半径。换言之,飞机实际位置以 95% 的概率落在以 ANP 值为半径、飞机当前估计位置为圆心的圆中。

导航系统误差等于导航系统计算位置与实际位置之差,该误差包括系统误差和偶然误差两部分。其中系统误差为固定误差,是稳定量,可以通过测量得出,并在测量的结果中得到修正;偶然误差为随机误差,具有随机性质,无法通过一次测量就确定下来,但可通过统计的方法求出。对于偶然误差,飞机导航系统利用卡尔曼滤波器实现各种不同的导航系统的组合,卡尔曼滤波器的协方差矩阵给出导航系统的偶然误差估计值,其中的经纬度误差用于 ANP 的计算。

在进行 ANP 计算时一般不考虑以下误差源:

(1) 在 FMS 或传感器中的软件或硬件错误。

(2) 飞行技术误差。

(3) 在报告位置时所用的时间源误差,如座舱时钟世界协调时间(universal time coordinated,UTC)、GPS UTC。

(4) 导航数据库中的数据或者由于手动错误输入航路点造成位置的误差。

(5) 地方数据与 WGS‐84 的误差。

当 GPS 更新时 ANP 的计算考虑以下两个误差源:

(1) 由卫星星座引入的位置误差,通过水平完好性限制(horizontal integrity limit,HIL)反映。

(2) 由飞机上的导航传感器引入的位置误差(GPS 数据延迟)。

其中 FMS 中 GPS 位置的完好性由 GPS 接收机自主完好性监视(RAIM)提供。ANP 的计算受到卫星星座和系统数据滤波器的影响。

当无线电位置更新或仅有 IRS 时,FMS 计算 ANP 时只考虑下列误差源:

(1) 由导航台导致的定位误差(如 NDB 导航台不正确的测量定位、地基导航台信号在空中的误差、更新导航台 DME/DME 几何构造)。

(2) 在仅 IRS 模式下,IRS 漂移导致的定位误差。

(3) 飞机上导航传感器导致的定位误差(如 DME、VOR、IRS 定位误差和数据等待时间)。

ANP 通过椭圆定位不确定性的长轴(标准偏差)计算。基于标准偏差的 ANP 评估方法又称为基于滤波协方差的 ANP 评估方法。主要由以下步骤组成:

(1) 计算 1σ 等概率误差椭圆。

（2）计算 95％的等概率误差椭圆。

（3）计算 95％的等概率误差圆。

当系统导航性能不能满足空域、航线、程序 RNP 时,应通知飞行机组人员。根据导航系统的安装、结构和布局的不同,可以采用不同的形式提供导航性能的监视与告警功能,包括对 RNP 和 ANP 的显示和指示,对未能达到 RNP 要求的向机组人员告警,将飞行阶段适用的 RNP 值作为满刻度显示水平航迹偏差,并与独立的导航完好性监视与告警相结合。

5.1.3 无线电调谐

无线电调谐实现 VOR、DME、ILS、ADF 等接收机的调谐和管理。机组人员可以通过无线电管理面板或多功能显示控制单元手动选择导航台,但是人工选台在一定程度上增加了驾驶员的工作负荷,采用自动调谐则可以有效降低驾驶员的工作量。如图 5-8 所示为无线电调谐指令优先顺序。

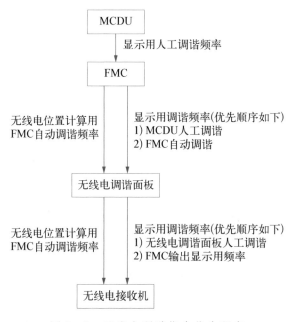

图 5-8　无线电调谐指令优先顺序

无线电调谐功能接收机组人员对 MCDU 和 MFD 的操作信息,根据飞机位置信息、飞行计划和导航数据库信息,构建最近导航台清单;根据 MCDU 操作,实现抑制导航台清单管理;基于最近导航台清单和抑制导航台清单,根据自动选台原则选择最佳导航台对,为无线电收发装置提供调谐指令,从而实现无线电设备的自动调谐;设计人工和自动调谐模式和条件,实现调谐状态的自动切换管理。无线电自动调谐实现 VOR、DME、ILS、ADF 等接收机的调谐和管理。

VHF 无线电调谐功能根据飞机当前位置,使用导航数据库构建最近的导航台清单,候选导航台清单中的导航台将会被用于调谐。候选导航台清单应包含离飞机当前位置最近的、200 n mile 以内的多达 100 个导航台。如果飞机位置无效,则候选导航台清单为空。

对于配置有 2 套 VOR,2 套 DME(3 通道)、2 套 ILS 的飞机,VHF 无线电调谐功能需要为每套接收机的每个通道计算调谐指令。

其中可用于调谐的 VOR 导航台包括以下几个:

(1) 进近程序指定的导航台。

(2) 用于计算当前无线电位置的导航台。

(3) 用于下列显示目的的导航台:当前飞行航段所指定的导航台、到航路点的导航台、从航路点的导航台、离飞机当前位置最近的导航台。

而对于有三个通道的 DME 接收机,第一个通道与 VOR 配对,可用于显示,也可用于 VOR/DME 位置计算;第二个和第三个通道用于 DME/DME 位置计算。

可用于调谐的 ILS 导航台包括以下两个:

(1) 如果当前飞行阶段为"起飞前"或"起飞",则选择起飞跑道对应的 ILS 台。

(2) 如果当前飞行阶段为"爬升""巡航""下降""进近"或"复飞",则选择进近程序指定的 ILS 台。

可用于调谐的 ADF 导航台包括正在执行的进近程序中指定的 NDB 台、当前航段的到点是 NDB 台、当前航段的从点是 NDB 台、最近的 NDB 台。其中,进近程序指定的导航台和用于显示的导航台与飞行程序相关,而用于位置计算的导航台是由 FMS 采用自动选台算法实时计算得到的。自动选台算法需要满足的条件如下:

(1) 飞机处于导航台的信号覆盖范围内,且信号足够强。

(2) 飞机不在导航台的顶空静锥之内(静锥是指导航台上空的一定角度内的锥形范围)。

(3) 对于 DME/DME 方式,测距线的交角要处在 30°～150°之间。

根据这三个条件,可以画出 DME/DME 方式及 VOR/DME 方式的有效导航区域。在有效导航区域中,飞机可以利用该导航对或共址导航台进行导航定位。如果飞机不在有效导航区域内,那么该导航台对或共址导航台就不是可用的导航台,也就不能为飞机提供导航信息。图 5 - 9、图 5 - 10 所示分别为 DME/DME 和 VOR/DME 方式下的有效导航区域。

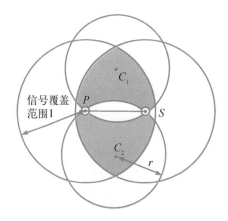

图 5 - 9 DME/DME 方式下的有效
导航区域(图中阴影部分)

图 5 - 10 VOR/DME 方式下的有效
导航区域(图中阴影部分)

由于在选台的过程中,DME/DME 方式在多个方面均优于 VOR/DME 方式,因此只要飞机具备利用 DME/DME 方式的条件,就不会选择 VOR/DME

方式。自动选台算法针对的是 DME/DME 导航台对，在无法使用 DME/DME 方式定位时，才使用 VOR/DME 方式。

满足了飞机处于导航台对的有效导航区域之后，自动选台算法还需要遵循以下几个原则：

（1）导航台对的切换不能太频繁。

（2）导航台对的定位精度不能太低。

（3）选台算法不能太复杂，不能占用过多系统资源。

针对原则（1），许多自动选台算法都有导航台对切换过于频繁的问题，导航无线电调谐系统要不停地改变频率。例如，选择测距线夹角最接近 90° 的导航台对就容易出现导航台对跳变的问题。为此，自动选台算法需要考虑的问题不仅是如何选择最佳导航台对，而且也要注意所选导航台对所能够导航的距离，即有效导航距离。如果有效导航距离比较短，那么飞机在飞行很短的距离后将不得不再次选台，切换导航台对。因此，有效导航距离是自动选台算法中一个十分重要的因素。

针对原则（2），无线电导航系统最重要的用途是确定运载体的位置，以便完成相应的导航任务，因此定位的精确度是衡量系统性能的重要指标。对于 DME/DME 导航台对来讲，也有相应的衡量定位精确度的物理量 ANP。ANP 的大小与定位误差的大小呈正相关，因此在选择导航台对时，也需要将 ANP 的大小作为一项重要的指标。

除此之外，测距线的夹角也与定位的准确度息息相关，一般而言，希望夹角尽量等于 90°，认为夹角在 60°~90° 时最有利于定位，当夹角为 30°~60° 时为可定位区。所以测距线的夹角也是决定定位准确度的因素之一。

根据无线电波的传播特性可知无线电波的传播是一种电磁能量的传播，由于绝大多数电磁波都在各种媒介中传播，而媒介的电磁参数具有随机性和不均匀性，使得在传播的过程中无线电波会发生反射、折射、散射和吸收等现象，因此会导致无线电信号发生吸收性损耗，产生衰落现象。信号衰落会导致失真，会影响定位的准确性和可靠性,而影响信号强度与衰落的主要因素是导航台与运载体的距离,距离越远,信号的强度可能越弱,衰落越明显,所以导航台与飞机的距离也是在自动选台中需要考虑的重要因素。

5.2　飞行计划功能

如同在地面上行驶的汽车有行驶路线,在空中飞行的飞机也有一定的飞行路线,尤其是民航航班都以预先制订的航线作为飞行计划的基础。FMS 的飞行计划包含了从起飞机场飞行至目的地机场和/或备降机场的航路点、航路、飞行高度层、标准仪表离场程序、标准终端区进场程序和进近程序。飞行计划中的航路点指固定点,包括航路或终端区的航路点、地面导航台乃至机场。航路有时也称为“航线”,是一组航路点序列。离场程序、进场程序和进近程序是在终端区的航段序列。在飞行计划中引入这些仪表飞行程序,可以使飞机自动沿着规定的进、离场路线进近和离场,既可以减轻驾驶员的工作负荷,又可以提高管制员的指挥效率,而且离场程序和进近程序都是按照一定的避障裕度制订的,只要飞机沿着这些程序飞行,就可以保证飞机在低空运行时避开障碍物,提高飞行安全。随着各国和地区推进 PBN 技术的应用,很多机场制作了 RNP 进近程序和 RNAV 进、离场程序,这些程序都必须存储在导航数据库中,在运行时调出使用。

FMS 提供的飞行计划不仅包含水平信息(如固定点和航段),而且包含垂直信息、速度信息、到达时间要求以及飞行精度要求。在终端区,垂直信息的表现形式就是高度限制,在航路上则表现为巡航高度。速度信息一般指在终端区某些固定点上的速度限制。

FMS 的飞行计划管理功能主要完成飞行计划的创建、修改、删除和激活,这些功能是以导航数据库为基础的。导航数据库为飞行计划管理功能提供定义飞行计划所需的基础导航数据元素信息和用户预定信息。导航数据库包含航路点、导航台、航路和终端区程序等导航数据元素。这些数据元素来源于各国政府或地区发布的 AIP,这些信息以航图等形式对外公布。Jeppesen 等航空数据供应商收集其相关数据以后,按照 ARINC 424 规则对其进行编码,制作成 ARINC 424 导航数据库文件,然后被转换成 FMS 设备能够加载、存储和访问的机载导航数据库文件。

5.2.1　飞行计划功能原理

　　FMS 飞行计划功能包括飞行计划的生成、编辑、预览和激活,可以通过操作 MCDU 实现,也可以通过在数字地图显示画面上操作光标实现,还可以通过数据链实现地面对飞行计划的编辑。编辑的主要内容包括机场、跑道、终端区程序、航路点、导航台等信息,还可以在飞行计划中的航路点上输入高度和速度限制。

　　具体处理过程如下:驾驶员通过人机交互功能(MCDU 或数字地图)或数据链输入、编辑飞行计划,飞行计划管理功能接收人机交互功能发送的请求,根据请求查询机载导航数据库,从导航数据库提取飞行计划元素(机场、航路点、离场/进近程序、航路和公司航路),并对提取的航段信息按照 ARINC 424 的路径和终止点规则进行解码,形成基本的飞行计划航段信息,按顺序存放,构成临时飞行计划,经过驾驶员确认后形成主飞行计划,供 FMS 其他功能使用,并显示在驾驶舱多功能显示器上。飞行计划管理功能包含飞行计划状态管理、飞行计划编辑、终端区程序管理以及面向任务需求的特殊计划管理。飞行计划原理如图 5-11 所示。

　　驾驶员创建飞行计划有以下几种方式:

　　(1) 驾驶员通过人机界面输入存储在导航数据

图 5-11　飞行计划原理

库中的公司航路。

（2）驾驶员通过人机界面确认 AOC 经数据链上传的飞行计划。

（3）驾驶员通过人机界面插入存储在导航数据库中的航路点和/或航线，生成飞行计划。

驾驶员修改飞行计划有以下两种方式：

（1）驾驶员根据管制的语音指令或对申请的许可，通过人机界面修改飞行计划。

（2）驾驶员通过人机界面确认经由 CPDLC 发送的飞行计划修改指令。

对飞行计划的修改包括在计划中插入、替换、删除航路点和终端程序，执行直飞操作、偏置操作和等待机动操作，插入、替换、删除高度、速度、到达时间限制，以及选择、替换备降机场等。

在创建和修改飞行计划后，驾驶员可以通过 FMS 的人机交互界面或者驾驶舱的下视显示器预览该计划，此时该计划为临时飞行计划，如果驾驶员确认修改正确，则驾驶员通过人机界面激活飞行计划，使 FMS 按照激活后的计划进行性能预测和引导指令计算。

5.2.2　飞行计划状态管理

根据 ARINC 702A‑5，FMS 一般包含三种类型的飞行计划，并且各种类型的飞行计划之间可以互相转换。飞行计划的三种类型可以采用不同的名称，如针对正在执行的飞行计划名称有现行飞行计划、主飞行计划、航路 1 等；针对正在修改的飞行计划名称有修改的飞行计划、临时飞行计划、非现行飞行计划等；针对备用飞行计划名称有第二飞行计划、备用飞行计划、航路 2 等。本书采用主飞行计划、临时飞行计划和第二飞行计划的描述方式。

主飞行计划、临时飞行计划和第二飞行计划是飞行计划的三种状态，各状态之间可以相互切换。例如，复制主飞行计划成为第二飞行计划；激活第二飞行计划成为临时飞行计划；执行临时飞行计划使其成为主飞行计划；修改主飞行计划使其成为临时飞行计划。飞行计划三种状态之间的切换逻辑如图 5-12 所示。

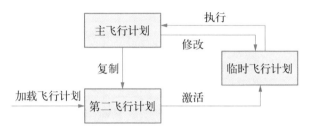

图 5-12 飞行计划三种状态之间的切换逻辑

FMS 应支持对主飞行计划进行修改,并且可以在不影响主飞行计划的情况下检查修改的内容。为了机组预览和评估,应该使修改前的主飞行计划和修改的飞行计划同时显示在 ND 上,并用特殊的颜色或线型标识它们的不同。同时对修改的飞行计划的性能预测信息也显示在 FMS 人机交互设备上,为驾驶员修改评估飞行计划提供参考。在飞行计划修改期间,所有的引导和建议信息都仍然基于主飞行计划。完成所有修改后,如果要使用修改的飞行计划,则机组必须将其激活,使之成为新的主飞行计划。这个操作取代了原有的主飞行计划,同时清除掉修改的飞行计划。所有的引导和建议信息都将基于激活后的新的主飞行计划。此外,对于每一次飞行,在一般情况下 FMS 也会包含一条第二飞行计划作为备份。FMS 也同样具备编辑第二飞行计划的能力。第二飞行计划和主飞行计划可以有相同的航路点,也可以完全没有相同的航路点。

5.2.3 飞行计划编辑

飞行计划编辑是 FMS 的核心功能,用于飞行机组构建临时飞行计划、主飞行计划和第二飞行计划。民机完整的飞行计划元素包含起飞机场与跑道、SID程序、航路中的航路点、导航台、航线、STAR 程序、包含一个指定目的跑道的进近程序、目的地机场、复飞程序、备降机场、高度限制、速度限制、风信息、垂直路径角、ISA 偏差、过渡高度等信息。

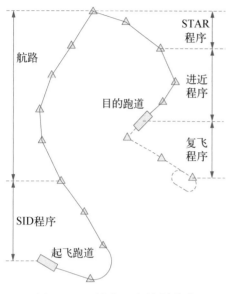

图 5 - 13　民机飞行计划构成

民机飞行计划构成如图 5 - 13 所示。

飞行计划编辑包括机场编辑、航线/航路编辑、航路点编辑、终端区程序编辑等方式。

1）机场编辑

FMS 对飞行计划机场的编辑包含起飞机场编辑、目的地机场编辑以及备降机场编辑，飞行计划管理功能通过接收人机交互功能发送的机场标识符，查询机载导航数据库，提取相应的信息，放置于飞行计划中。人机交互设备输入的机场标识符一般采用 ICAO 机场代码。一条飞行计划一般只包含一个起飞机场和一个目的地机场，但是现有的多数 FMS 产品都支持多个备降机场的编辑。

2）航路/航线编辑

航线/航路编辑是将空中航路的某个部分一次性插入到飞行计划中，或者从飞行计划中删除，从而减轻驾驶员的操作负荷。对于不同的机型，航路编辑操作稍有不同。对于航路插入功能，所需的信息输入一般为航路的进入点、航路的退出点和航路标识符。在 MCDU 上将航图公布的航路标识符输入飞行计划页面左侧的"经由"列，在此页面右侧的"TO"列中输入退出点，即可自动输入沿航路的所有中间航路点，其中"TO"对应的两个连续航路点即为航路的进入点和退出点。这些航路点显示在 MCDU 的航段页面上，以及 MFD 的 FMS MAP 和 PLAN MAP 显示模式中。在输入过程中，飞行计划中插入航路之前的进入航路点和航路本身的退出航路点必须位于该航路上。

对于航路删除功能，一般先点击删除按钮，然后按压相应的 MCDU 行选键,即可删除航路,同时删除此航路对应的所有航路点。

3) 航路点编辑

航路点编辑一般包含航路点的插入和删除以及航路点参数的修改(切线和压点的切换、高度限制的编辑、航路点风信息的编辑和航路点 ISA 偏差的编辑)。插入的航路点可以来自标准导航数据库、临时数据库或驾驶员自定义的数据库。删除航路点以后,自动连接被删除航路点后面的航路点,形成新的飞行计划。如果无法连接,则出现断点,同时提醒驾驶员处理。

切线和压点是航路点的属性之一,表示 FMS 按照飞行计划引导飞机飞行至航路点时的飞行方式。压点表示需要引导飞机飞行至航路点的沿计划距离为 0 的位置处才切换为向计划中的下一个航路点飞行。切线表示当飞机到航路点的沿计划距离满足提前量要求时即切换为向计划中的下一个航路点飞行,切入过程无超调。压点和切线如图 5 - 14、图 5 - 15 所示。

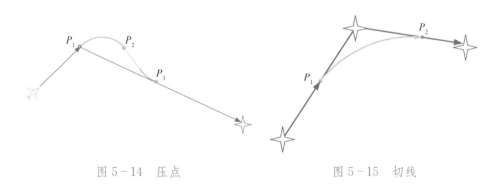

图 5 - 14　压点　　　　　　　　　　图 5 - 15　切线

在 FMS 中,航路点速度限制定义为一个不能超过的界限。如果航路点处于爬升阶段,则它的速度限制适用于该点及该点前所有的航路点,如果航路点处于下降阶段,则它的速度限制适用于该点及该点以后所有的航路点。航路点高度限制有四种类型:“等于”“等于或高于”“等于或低于”以及“在……之间”。对于终端区程序,速度限制和高度限制一般来自标准导航数据库;也可以通过人机交互设备编辑,一般用字体的大小或颜色区分。

4）终端区程序编辑

终端区程序编辑支持将标准仪表离场相关程序、标准仪表进场相关程序、标准仪表进近相关程序和复飞程序插入飞行计划中，或者从飞行计划中删除。其中，标准仪表离场相关程序包含 SID 程序和离场过渡程序；标准仪表进场相关程序包含 STAR 程序和进场过渡程序；标准仪表进近相关程序包含标准仪表进近程序和进近过渡程序；复飞程序的处理比较特殊，现有的不同 FMS 产品的处理方式不同，有些产品中会像其他终端区程序一样处理复飞程序，而有些产品会将其作为进近程序的一部分。在本书中，我们将其作为进近程序的一部分。由于终端区程序的管理较为复杂，因此我们将在"终端区程序管理"一节对其进行详细阐述。

5）基于数据链的飞行计划编辑

基于数据链的飞行计划编辑功能一般配置在较为先进的 FMS 产品中，主要应用范围为基于航迹的运行体系下的空地协商。当收到 AOC 或地面管制单位通过数据链发送的飞行计划数据时，这个功能会将收到的信息显示给驾驶员，同时提供查询、接受或拒绝数据链信息的功能。如果驾驶员选择接受，则将相应的信息插入飞行计划中，在经过驾驶员确认以后，成为主飞行计划，供其他功能模块使用。

5.2.4　终端区程序管理

1）终端区程序定义

终端区程序是用于航空器在终端区内起飞离场或进近着陆的固定飞行路径。对于不同类型的飞行程序航段，FMS 的飞行引导方式也不同。航路上的飞行引导主要基于点与点之间的大圆路径进行引导，而终端区程序的自动飞行过程是飞机在终端区内进行的一系列预定的机动飞行过程。

终端区程序一般包含仪表离场程序、仪表进场程序、仪表进近程序以及相应的过渡程序。一般每个机场都会设计多个离场程序、进场程序和进近程序，机组会根据地面管制人员的要求选择相应的程序。按照终端区程序飞行可以简化 ATC 指令、避免通信拥挤、满足超障要求。在某些情况下，还可以减少油耗、降低噪声。

仪表离场程序用于使航空器从起飞机场过渡到航路飞行。仪表进场程序用于使航空器从航路飞行过渡到进近程序区。仪表进场程序一般终止于仪表进近程序的起点。仪表进近程序是航空器根据飞行仪表和对障碍物保持规定的超障余度所进行的一系列预定的机动飞行，一般始于起始进近固定点，终止于能够完成目视着陆的点。如果飞机无法完成着陆而中止进近，则应激活复飞程序，飞至指定区域盘旋等待，因此仪表进近程序包含进近程序和复飞程序。

对于终端区程序，ARINC 424 标准编码规则的核心概念为"路径-终止方式（path-terminator）"，这种定义终端区程序的方式由一系列标准定义航段的路径和航段的终止方式组成。ARINC 424 基于不同的路径类别（如航向或航迹）和终止类别（如无线信标、RNAV 航路点或 DME 弧）定义了 23 类不同"路径-终止方式"的航段类型。表 5 - 2 给出了 23 类"路径-终止方式"航段类型和航段含义。

表 5 - 2　23 类"路径-终止方式"航段类型和航段含义

类型	含　　义	示　意　图
AF	以 DME 台为中心，以指定常量距离为半径的一段圆弧为轨迹飞往某固定点	
CA	按指定航道飞至指定高度	

类型	含　　义	示　意　图
CD	按指定航向飞至距指定 DME 的指定距离处	D10 090° CD航段
CF	按指定航道飞至指定的固定点	080° CF航段
CI	以某航向截获下一航段	090°　070° CI 航段　下一航段
CR	以某航向飞至某指定的 VOR 台的径向上	120° CR航段 170°
DF	直飞至指定的数据库中的固定点	未指定的位置 DF航段
FA	由固定点按指定轨迹飞至指定高度	未指定的位置 080° FA航段 × 8 000′
FC	由数据库固定点按指定轨迹飞一段距离	080° FC航段　9 NM
FD	由数据库固定点按指定轨迹飞至距某 DME 的指定距离处	080° FD航段　D10
FM	由固定点按指定轨迹飞，直到人工终止航段	080°　人工终止 FM航段

（续表）

类型	含　　义	示　意　图
HA	保持到高度终止	
HF	在固定点单圈终止	
HM	人工终止	
IF	起始固定点	
PI	程序转弯,定义数据库中的固定点的一个航向反向	
RF	固定半径圆弧,两个数据库固定点之间一段半径圆弧,航线和圆弧中心点相切	
TF	两已知固定点之间的大圆弧轨迹	
VA	按指定机头方向飞至指定高度	
VD	按指定机头方向飞至距指定DME的指定距离处	
VI	让机头以指定方向截获下一航段	

（续表）

类型	含　　义	示　意　图
VM	按指定机头方向飞，直到人工终止航段	070° VM航段 → 人工终止
VR	机头以某指定航段飞至指定的VOR台的径向上	120° VR航段 170°

注：表格来源于 ARINC 424 标准。

上述 23 类航段可以划分为如下 4 类通用路径类型：

（1）航向（V）——飞机航向。

（2）航道（C）——固定的磁航向。

（3）航迹（T）——计算的大（椭）圆航迹（缓慢变化的航向）。

（4）弧（A 或 R）——由一个中心（固定点）和一个半径定义的圆弧。

上述 23 种航段可以划分为如下 7 种终止类型：

（1）固定点终止（F）——在一个地理位置终止。

（2）高度终止（A）——在一个特定的高度终止。

（3）截获下一个航段（I）——在截获下一航段时终止。

（4）截获方位（R）——在截获特定的方位时终止。

（5）导航台距离终止（D/C）——在截获特定的 DME 距离或距某固定点指定距离的地方终止。

（6）人工终止（M）——驾驶员人工终止航段。

（7）圆弧方位终止（AF/RF）——飞机在飞越圆弧指定方位时结束该航段。

对于不同的航段类型，数据库中存储的航段信息也不一样。例如，CD 航段数据库中存储的信息主要有导航台频率（用于获取导航台坐标）、磁方位角（表示飞机应飞磁航向）和到指定导航台的距离。"路径-终止方式"航段中的固定点为无线电导航台或 RNAV 航路点(航路点为地球上的固定位置)。

　　航路飞行中的航段类型只有航路点之间的大圆路径(TF)方式,即点到点的飞行;离场、进场和进近等终端程序中则包含了 23 类"路径-终止方式(或称终止点)"航段类型。例如,ZWSH 机场的 D03 离场程序如图 5-16 所示,该程序由 4 个航段组成,分别为 CD、CR、TF、TF。

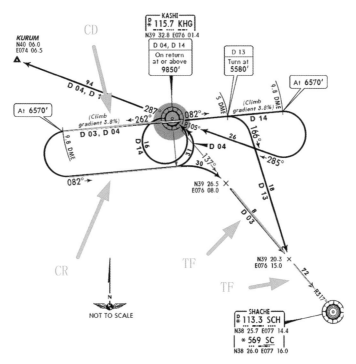

图 5-16　ZWSH 机场 D03 离场程序

2) 终端区程序解算

　　飞行计划功能中终端区程序解算是终端区程序管理的一项重要工作。依据 ARINC 424 标准导航数据库提供的信息,对终端区程序航段进行解算,生成具有起始点、终止点和应飞航向的可飞航段。由于终端区程序更多地体现了一种飞行方式,某些航段的起始点和终止点是不确定的,需要根据飞行过程中的情况进行更新,因此终端区程序航段解算是一个周期刷新的过程。

终端区程序解算的基础是前面提到的 4 类路径类型和 7 类终止类型。解算的数据一般包含起始点、终止点、起始点出航航向和终止点入航航向。图 5-17 给出了部分类型航段的起始点和终止点计算的图解形式。HA、HF、HM 是等待类型的航段，它们的处理方式较为特殊，详见 5.2.5 节。

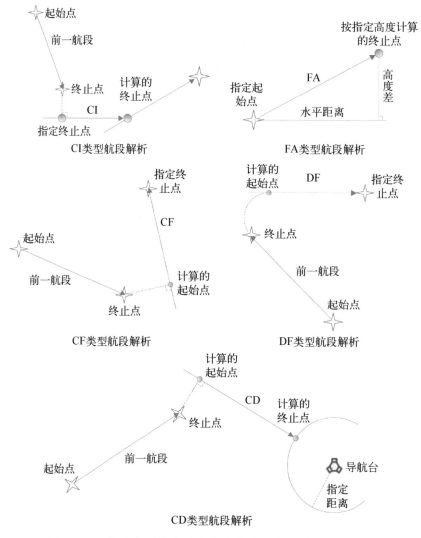

图 5-17　部分类型航段的起始点和终止点计算的图解形式

各类航段数据库提供的信息如表 5-3 所示。

表 5-3　各类航段数据库提供的信息

航段类型	航路点ID	飞越	等待	转弯方向	转弯是否有效	推荐导航台	θ	ρ	出航磁航道角	时间/距离	高度1	高度2	速度限制	垂直角	圆弧半径	弧中心点
AF	X	O	O	X		X	X	X	R		O	O	O			
CA			O	O					C		+		O			
CD			O	O	X				C	D	O	O	O			
CF	X	B	O	O	O	X	X	X	C	P	O	O	O	O	O	
CI		O		O	O	O			C		O	O	O			
CR		O		O	O	X	X		C		O	O	O			
DF	X	B	O	O			O	O	O		O	O	O			
FA	X			O	O	X	X	X	C		+		O			
FC	X	B		O	O	X	X	X	C	P	O	O	O			
FD	X	O		O	O	X	X	X	C	D	O	O	O			
FM	X			O	O	X	X	X	C				O			
HA	X	O		X		O	O	O	C	X	+		O		F	
HF	X	O		X		O	O	O	C	X	O		O		F	
HM	X	O		X		O	O	O	C	X	O		O		F	
IF	X		O			O	O	O			O	O	O			
PI	X			X		X	X	X	C	P	X		O			
RF	X		O	X				O	O	A	O	O	O	O	X	X
TF	X	B	O	O	O	O	O	O	O	O	O	O	O	O		
VA			O	O					H		+		O			
VD			O	O	X				H	D	O	O	O			
VI		O	O	O					H		O	O	O			
VM	O		O	O					H				O			
VR		O		O	O	X	X		H		O	O	O			

上表中，"X"表示所需信息；"R"表示边界径向线；"D"表示 DME 距离；"A"表示沿迹距离；"C"表示航道；"+"表示仅用于"在或高于"；"O"表示可选字段；"H"表示航向；阴影表示不适用字段；"P"表示路径长度；"θ"表示固定点径向线；"ρ"表示到航路点的大地距离；"B"表示 CF/DF、DF/DF、TF/DF 或 FC/DF 组合所需信息；"F"表示包含 RNP 值的等待所需信息；其他则为"可选"。

5.2.5　面向任务需求的特殊计划管理

1）等待航线

等待航线是指飞机在空中为了等待进一步的飞行指令，按照管制要求在指定空域进行盘旋的飞行航线。针对等待航线，ARINC 424 标准设置了 HA、HF、HM 三种航段类型。等待程序的运行有严格的标准规定，在规划飞行计划管理功能的等待程序时，需要按照等待航线的特点、等待运行标准和飞机当前导航信息，规划等待航线的进入、飞行和退出路径。

对于等待程序的进入，根据 DO-236B 的规定，根据飞机当前信息和等待入航航段的相对关系分成 4 个扇区，形成 4 种进入方式。针对每种进入方式，构建相应的进入路径引导飞机进入等待。完成进入以后，应该根据空速要求、当时的风速和飞机高度改变等因素，构建后续的水平等待路径。对于所有传统等待航线的进入机动，飞机应当飞越等待固定点，这就导致需要额外的等待保护区域。随着 RNP 运行要求和 RNAV 系统的出现，不再需要飞机等待程序固定点，所以针对 RNP 等待程序的进入路径，一般都是旁切等待固定点。在 DO-236B 中给出了针对 RNP 等待程序的一种可行的路径规划方式，如图 5-18 所示。DO-236B 中给出的 4 种可行的进入路径如图 5-19 所示。

对于传统等待程序，扇区的划分方式与 RNP 等待程序的基本一致，主要区别在于进入等待过程是飞越还是旁切等待固定点。以扇区 1 的路径规划为例，其传统等待程序进入路径如图 5-20 所示。从图中可以看出，进入路径有一条与入航航段方向相反的平行路径，所以需要额外的保护区域。

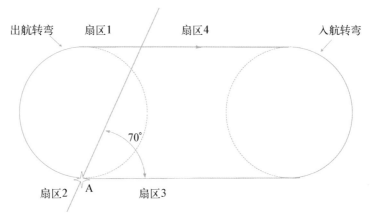

图 5-18 DO-236B 中针对 RNP 等待程序的
一种可行的路径规划方式

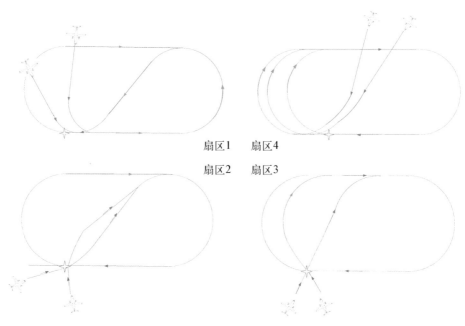

图 5-19 DO-236B 中给出的 4 种可行的进入路径

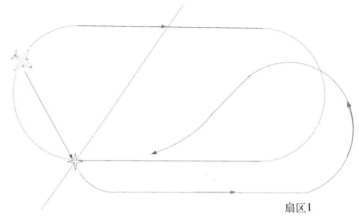

扇区1

图 5-20　扇区 1 传统等待程序进入路径

　　对应等待航线使用的不同航段类型,等待航线一般包含自动退出和手动退出模式。自动退出适用于 HA、HF 类型的等待,手动退出适用于 HM 类型的等待。HA 类型的等待要求飞机到达指定高度后,自动退出等待;HF 类型的等待要求飞机按照路径要求到达指定固定点后,自动退出等待。这两种类型的自动退出都可以理解为飞机满足退出条件时驾驶员手动按下退出指令。除非特别说明,否则退出等待切入下一航段时一般要求过点转弯。此时过点转弯使用到固定点的归航路线以及下一个航段的航迹。根据驾驶员在 MCDU 操作发出退出指令时的飞机位置,有 3 种退出等待的方式,如图 5-21 所示。从图中可以看到,如果飞机在出航转弯航段或出航航段上接到退出指令,则飞机会立刻截获等待入航航段,经等待固定点后退出等待;当飞机在入航转弯航段或入航航段上接到退出指令时,飞机会沿原预定路径继续飞行,直至飞越等待固定点后退出等待。

　　2) 水平偏置

　　在飞机沿航路自动飞行的过程中,为了避免恶劣天气或空中交通冲突,有时需要在管制员的指挥下执行水平偏置飞行。水平偏置是指新的航路与原航路平行,但相比原航路有偏移。水平偏置使飞机可以偏离原航路飞行,同时保

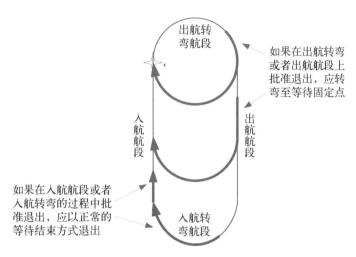

图 5-21　退出等待的方式

持沿原航路飞行的所有特点。

　　水平偏置航路的基础是原航路和偏置参考航路点。偏置的起始点一般为偏置时刻飞机所在航段的起始点,然后依次进行偏置,直至飞机原航线不满足偏置要求或者飞行计划结束为止。偏置航线起始点位于过原航线起始点且垂直于原飞行计划的垂线上。偏置的结束点位于过终点且垂直于原飞行计划的垂线上。在飞行计划中,除当前航段起始点和飞行计划最后一个点以外,其他航路点的偏置点都应该位于原计划路径夹角的角平分线上。执行偏置功能需要输入的参数有偏置方向(左或右)和偏置距离。在激活水平偏置后,将采用偏置后的航路作为引导的基准,即根据偏置的航路计算待飞时、待飞距、偏航距等参数。水平偏置航路如图 5-22 所示。

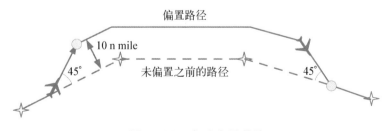

图 5-22　水平偏置航路

此外，针对特定的偏置需求，还可以通过 FMS 的人机交互界面实现飞行计划中某几个航段的偏置。

3）直飞

直飞功能允许驾驶员选择任意一个固定点作为当前航路点。选择的固定点分为飞行计划内的航路点和飞行计划外的航路点。如果选择了"直飞"，则该航路点变成到达航路点，飞行计划将指示飞机从现在的位置飞到该航路点。如果该航路点是飞行计划中的航路点，则在飞行计划中该航路点之前的全部航路点都将被从飞行计划中删除，之后的航路点保持不变；如果该航路点是飞行计划外的航路点，则将此航路点设置为当前飞行计划到点，其他航路点顺序不变，连接在到点之后。许多 SID 程序和 STAR 程序含有没有固定地理位置的条件航路点，如航向高度航段或航向航段。虽然这些类型的航路点显示在 FMS 人机交互界面上，但无法选择它们进行直飞。

FMS 除了支持直飞到某个航路点外，一般还支持截获特定方位然后按照此方位直飞到航路点，这需要驾驶员在选择直飞航路点的同时输入截获方位。

5.3 飞行引导功能

FMS 是民用飞机自动飞行功能的核心。在当代民用飞机中，对飞机的控制一般分成 3 个层次。

（1）人工控制。驾驶员通过操纵杆和油门杆直接操纵自动控制系统的内回路，实现对飞机的控制。内回路包括飞行控制系统（主飞控系统）、发动机控制系统、舵机系统和内回路传感器系统，通过控制飞机各气动舵面的偏角以及发动机的转速，完成对飞机姿态和速度的控制。内回路面向飞机的纵向短周期、横航向和荷兰滚模态，通过飞机的迎角、侧滑角、三轴角速率、过载反馈，控制并改善短周期阻尼和延迟时间等纵向指标以及荷兰滚阻尼和横航向延迟时间等横航向指标,达到控制品质的要求。内回路是确保飞机稳定、实现姿态与速度控制的基本控制回路,驾驶员可直接操纵其中的飞控系统和发动机控制系统。

(2) 自动飞行控制系统(automatic flight control system,AFCS)的短期自动飞行控制。AFCS 中的自动驾驶仪、自动油门联合工作,可实现对飞机速度、高度和航向的自动控制,属于整个自动飞行控制系统的中回路。例如,对于航向保持通道,通过测量和反馈飞机的三轴姿态角,由 AFCS 生成控制指令并驱动执行机构,使得飞机在飞行中始终按照给定的姿态角飞行,进一步达到按给定航向飞行的目的。

(3) FMS 的长期自动飞行控制。驾驶员在 FMS 中输入完整飞行计划后,FMS 的飞行引导功能与 AFCS 耦合工作,自动控制飞机按飞行计划执行飞行,在整个自动飞行控制系统中属于引导回路。引导回路一般包含导航传感器系统、FMS 等,通过测量和反馈飞机的航路(位置)信息,由飞行引导和 AFCS 提供航迹控制,保证飞机按照给定的航线飞行,直至到达目的地。飞行引导功能的设计指标是飞机位置(经度、纬度、高度等)的跟踪精度、动态调节时间以及期望到达时间的精确控制。民机自动飞行控制系统如图 5-23 所示。

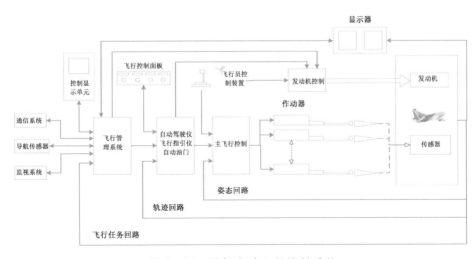

图 5-23　民机自动飞行控制系统

从图 5-23 中可以看出，FMS 的飞行引导处于整个自动飞行控制的最外环，它基于飞行计划形成水平剖面和垂直剖面，然后利用 FMS 导航功能提供的导航信息，解算水平引导和垂直引导参数和指令。当自动驾驶仪接通时，输出至耦合的 AFCS 系统并执行，从而自动控制飞机按飞行计划飞行。人工驾驶时，由机组根据显示器上显示的路径偏差或航道，以及垂直飞行目标参数进行手动操作，纠正航路偏差，实现沿计划航路/预期航迹的飞行。

FMS 飞行引导分成水平引导和垂直引导。使用飞行引导功能需要接通 AFCS 模式控制面板上的 LNAV 和 VNAV 按钮。接通 LNAV 按钮时，水平引导功能工作；接通 VNAV 按钮时，垂直引导功能工作。

水平引导功能首先基于飞行计划构建一条飞行参考路径，再根据飞机的状态与参考路径的相对关系产生滚转指令，然后将该滚转指令发送至 AFCS，AFCS 进一步生成副翼偏转指令并驱动执行机构，最终使飞机沿飞行参考路径飞行。水平引导的过程如图 5-24 所示。产生的滚转指令需要满足 ATC、飞行计划、AFCS 和飞机飞行特性的限制。

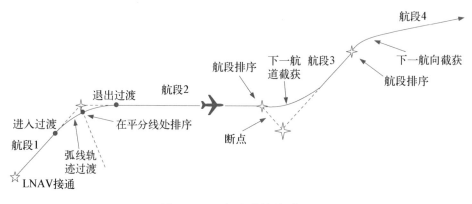

图 5-24　水平引导的过程

垂直引导功能提供当前垂直航段的动态引导参数计算，并向驾驶员人员提供垂直状态信息。垂直引导参数的计算与飞行阶段(爬升、巡航、下降、进近)有关。垂直引导提供所有飞行阶段的垂直航迹引导。在飞机沿着飞行计划定义的水平路径飞行时,垂直引导向机组提供监视和控制飞机垂直飞行必需的信息,同时基于垂直航迹预测结果和飞机当前位置信息计算垂直偏差,生成俯仰和推力指令,输出至 AFCS 执行,自动引导飞机按 FMS 计算的垂直航迹飞行。垂直引导在飞行期间需按特定的标准控制飞行阶段的转换。此外,垂直引导根据模式控制面板的选择以及 FMS 人机接口的输入为控制系统生成模式控制指令。垂直引导的过程如图 5 - 25 所示。

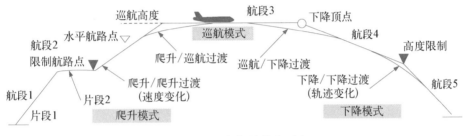

图 5 - 25　垂直引导的过程

飞行引导的工作模式通常在 PFD 上部的 FMA 中显示,详见附录 B。FMA 的第二栏为水平工作模式,可以显示预位、LNAV 接通等工作模式;FMA 的第一栏和第三栏为垂直工作模式,分别表示自动油门和自动驾驶仪垂直工作模式。垂直引导的目标高度和目标速度也显示在 PFD 的速度带和高度带上。

5.3.1　水平引导

5.3.1.1　水平引导功能原理

水平引导功能将计算得到的引导路径与通过导航功能得到的位置数据进行比较,计算出能够减少两者偏差的滚转指令,使飞机沿着输入航路点之间的航段和航段相交处的过渡路径飞行。生成的滚转指令需满足 ATC、飞行计划、AFCS 和飞机飞行特性的限制。此外,水平引导功能支持飞机自动沿飞行计划中特殊程序路径的飞行,如等待航线、程序转弯、复飞程序和水平偏置,以及沿进入和退出这些程序的过渡路径飞行。水平引导功能持续监视飞机沿着每个航段的飞行过程,以确定何时开始过渡路径。

驾驶员通过 MCDU/MFD 页面选择航线、航路点等,构造出实际待飞的飞行计划后,飞行计划管理功能计算其中各航段的有关参数,并存放到水平引导缓存区内。水平引导功能按照航段排列的顺序,从存储飞行计划的引导缓存区提取航段的相关参数作为飞行基准。在飞行过程中,水平引导功能接收导航功能提供的飞机位置参数,与初始化提供的基准参数比较,计算轨迹误差和飞机相对于转弯点的偏差。水平引导模式管理功能基于自动飞行控制系统的模式以及计算的误差信号,确定当前所处的运行状态,选择相应的控制律计算滚转指令,发送到 AFCS,使之操纵飞机,执行对应的水平机动。飞完一条航段后,依次重复计算实际飞行计划的各水平航段,使飞机沿飞行计划自动飞抵目的地。

5.3.1.2　水平引导模式管理

在飞行过程中,根据飞行阶段及管制需要,水平引导基于 LNAV 或进近的选择状态,以及选择时是否满足截获条件,通常会进入不同的工作状态。对于不同的工作状态,水平引导功能计算引导参数和操纵指令的方式也有所不同。对于民机,水平引导功能一般具有如下几种工作状态:非操纵源、水平引导预位、水平引导操纵源、进近引导预位和进近截获操纵源。

(1) 如果没有选择 LNAV 或进近,则水平引导功能不进行水平引导计算,此时应当为"非操纵源"状态。

(2) 如果选择 LNAV,但是没有满足水平引导截获条件,则此时应当为"水平引导预位"状态;如果满足水平引导截获条件,则水平引导根据相应的控制律计算并输出水平引导滚转指令,此时应为"水平引导操纵源"状态。

(3) 如果选择了进近,但是没有满足进近的截获条件,则此时应当为"进近引导预位"状态;如果满足进近截获条件,则水平引导根据相应的控制律计算并输出进近截获滚转指令,此时应为"进近截获操纵源"状态。

水平引导模式如图 5-26 所示。

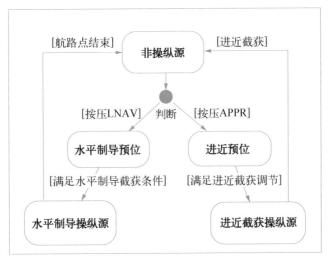

图 5-26　水平引导模式

　　水平引导截获条件一般是当前航向与飞行计划的当前航段有交点,并且交点在转弯前。

　　1) 水平引导接通条件

　　通常而言,不同 FMS 产品的水平引导接通条件也有所不同。此外为了安全考虑,不同航空公司也可以通过定制方式限制水平引导的接通。典型的接通条件设计是当按下 MCP 上不亮的 LNAV 按键时,满足以下条件才接通:飞行计划是激活的、当前飞机位置满足 LNAV 截获准则、离地高于 400 ft。

　　典型的 LNAV 截获准则是当前飞机航迹以小于等于 90°的角度截获当前航段,或者偏航距小于等于 3 n mile,如图 5-27 所示。

　　当 LNAV 被接通时,飞行引导就实现了与 AFCS 的耦合,从而可以控制飞机沿着预定的飞行计划自动飞行。

　　2) 最后进近过渡

　　传统的 FMS 水平引导功能一般不支持在最后进近阶段的飞行引导,但是一般能够支持航向信标等传统进近方式的截获。以下分析了 FMS 在最后进近过渡阶段支持 LOC 截获的过程。

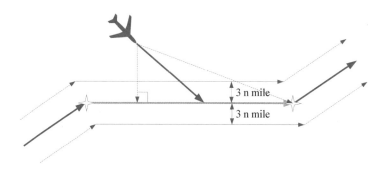

图 5 - 27　典型的 LNAV 截获准则

水平引导基于飞行计划中是否选择了 ILS 或 LOC 进近程序，LOC 偏离等信号以及 AFCS"LOC 预位"信号是否有效（驾驶员通过按压 MCP 上的进近模式预位 LOC 进近），确定是否开始一个 ILS 或 LOC 进近。

对于最后进近过渡之前的进近机动，应当使用正常的航路水平引导功能。当下一个飞行计划航路点位于最后进近航道时，水平引导功能应当开始判断是否要使用 LOC 截获程序或者圆弧转弯至最后航道。当且仅当下列条件满足时，水平引导应进入"进近截获操纵源"状态，使用 LOC 截获程序：

（1）LOC 偏离信号设置成正常操作。

（2）从 AFCS 处收到"LOC 预位"信号。

（3）水平引导没有接通至等待程序。

（4）当前飞行计划中存储有过渡路径，或者驾驶员已经在 18 n mile 的距离内选择了最后航道的水平截获。

（5）被调谐的 ILS 频率与飞行计划中指定的频率相同。

（6）在飞行计划中包含数据库中定义的 FAF。

（7）从截获点到 FAF 之间的最后进近航道上的航路点与进近航道一致，且不存在断点。

（8）初始截获角小于等于 135°。

水平引导功能应当根据数据库中的航道/航向至截获的角度定义初始截获角。水平引导应当使用一个转弯以修正截获角，如表 5 - 4 所示。

表 5 - 4　初始截获角与修正截获角

初始截获角/(°)	修正截获角/(°)
<20	30
>45	40

如果没有满足执行 LOC 截获程序的标准,则应当完成正常的水平引导操纵工作,包含圆弧转弯至最后进近航道。

3) 水平剖面结束和 LNAV 断开

水平引导应当在飞行计划的最后一个航路点处中止,此时飞机保持平飞状态,并断开 LNAV。如果飞行计划中包含断点,则断点的引导指令应当与航路结束时的一样,即在经过断点之前的最后一个航路点后,FMS 应当断开 LNAV。进近截获后,接通的 LNAV 应自动断开,并且发送一个 MFD/MCDU 消息。

5.3.1.3　水平引导参数计算

水平引导功能计算一系列引导参数,并显示在 MCDU 和 ND 上供驾驶员参考,同时用于操纵指令计算。对于航段或过渡,水平引导应该基于水平目标路径、计算的水平位置和速度、计算的风计算如下引导参数值。

(1) 偏航距(XTK):飞机当前位置至目标路径在水平面上的垂线距离。

(2) 偏航角(TKE):目标路径的航道角与飞机当前航迹角之间的差。

(3) 标称滚转角指令:跟随水平目标路径的圆弧段所需的滚转角度。标称滚转角的计算公式为

$$\varphi_{\text{NOM}} = \arctan\left(\frac{V^2}{gR}\right)$$

式中,V 为瞬时地速;R 为目标圆弧的转弯半径;g 为地球的重力加速度。

对于直线段和圆弧段,引导参数的计算方式有所不同。直线段依据大圆路径计算,而圆弧段需要根据飞机相对于圆弧的位置关系计算,计算方式如图 5 - 28、图 5 - 29 所示。

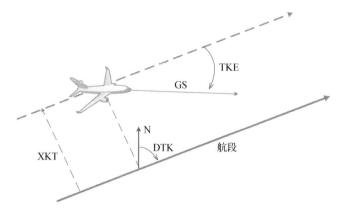

图 5-28　引导参数计算方式(直线段)

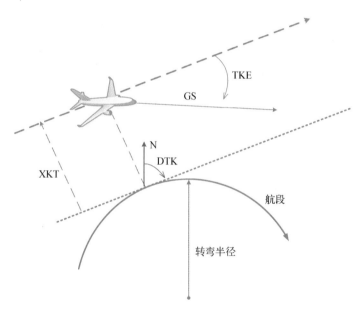

图 5-29　引导参数计算方式(圆弧段)

此外,水平引导功能还根据当前位置到航段终止点的位置关系,计算当前航段的待飞距离、待飞时间以及到航段结束点的方位等信息。

5.3.1.4　水平引导航段排序

航段排序是指将下一航段变成当前航段。穿过排序平面时,生效航段切换为下一航段。最常见的排序方式是切线转弯和飞越转弯。

切线转弯如图 5－30 所示。水平引导根据飞机位置相对于在相交航路点的入航和出航航迹的角平分线所在的垂直平面的位置关系确定生效航段。如果飞机过了角平分线,则出航航迹为生效航段。对于飞越转弯,飞机需要飞过航路点才开始排序。

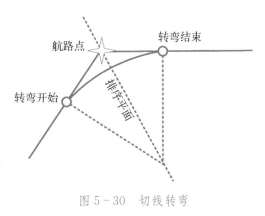

图 5－30　切线转弯

图 5－31 展示了典型的飞越转弯,飞机需要飞过航路点才开始飞行计划航段排序,因此会产生一定的超调。

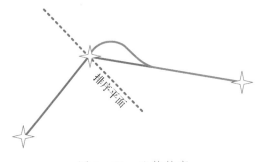

图 5－31　飞越转弯

对于 HM 航段,水平引导应在收到飞行机组结束当前航段的指令后开始下一航段的排序。对于高度终止的航段,当飞机到达指定高度时,切换至下一个航段。对于航段之后是断点的情况,水平引导应禁止排序。在断点之前的一定时间内,水平引导应发出一个 MCDU 消息,提醒驾驶员即将飞行至断点。当收到清除断点的指令后,水平引导应当继续排序断点之后的航段。

5.3.1.5　水平引导指令生成

水平引导应根据当前航段类型选择相应的控制律计算水平引导指令,并且提供平滑的(抑制水平引导指令瞬态变化)进入、切换和退出。水平引导应提供平滑的、阻尼性好的、精确的截获以及跟踪所选模式的命令参数值。

对于生效航段的水平引导指令,水平引导功能采用如下的方式选择控制律:

(1) 航迹操纵控制律,用于 ARINC 424 中的大圆航段。

(2) 圆弧转弯操纵控制律,用于 ARINC 424 中的 AF、RF 圆弧类型航段。

水平引导控制律是偏航距(XTK)和偏航角(TKE)的函数。当操纵圆弧转弯时，应当在航迹操纵控制律的基础上加上一个标称滚转角(φ_{NOM})，形式如下：

$$\varphi_{\mathrm{c}} = K_1 \cdot XTK + K_2 \cdot TKE \cdot Vg + \varphi_{\mathrm{NOM}}$$

式中，K_1表示偏航距增益；K_2表示偏航角增益。

5.3.2　垂直引导

5.3.2.1　垂直引导功能原理

垂直引导功能由垂直模式管理、垂直引导参数计算、垂直引导指令计算等子功能组成。在 FMS 内部，性能管理功能将预测的飞行剖面数据（如下降阶段的下降路径）存放在缓冲器中，作为垂直引导基准。模式管理子功能根据飞机高度、AFCS 的模式、预测的飞行剖面约束、巡航高度与预选高度的关系确定飞行阶段，并基于 AFCS 的模式、飞机位置与预测的飞行剖面的关系、飞机位置与高度约束航路点的关系，确定当前 VNAV 匹配工作的子模式，支持飞机以不同的方式爬升、巡航及下降。垂直引导参数计算子功能根据飞行计划中的高度约束，结合飞机当前位置确定当前适用的高度约束，并依据自动驾驶仪的高度选择确定飞机的参考高度；根据性能管理功能构建的下降路径表确定当前垂直航段，计算到终止点的距离，并提供多种辅助驾驶员明确垂直导航状态的提示和告警信息。垂直引导指令计算子功能比较飞机当前高度、速度与当前的垂直基准数据，计算高度与垂直速度误差，生成垂直引导指令；综合考虑基于性能管理功能计算的速度、当前飞行计划的速度限制和飞行阶段，生成目标速度指令和推力指令。垂直引导指令输出给自动驾驶仪和自动油门系统执行，从而控制飞机按照期望的垂直路径飞行。

5.3.2.2　垂直模式管理

垂直引导模式的工作状态需要与 AFCS 相协调。基于飞机的不同飞行方式和 AFCS 所处的模式，垂直引导划分出不同的内部 VNAV 垂直子模式，每

种子模式都提供不同的控制方法和垂直引导信息。在垂直模式方面，ARINC
702A 没有规定模式形式和转换方式，各机型的实现方式也不一样。

　　驾驶员对自动驾驶仪的模式选择主要通过 MCP 完成。MCP 包含水平、
垂直和推力各个模式的设置按钮。FMS 与 AFCS 的典型交互关系如图 5-32
所示，图中描述了从高度保持模式到下降路径模式的自动过渡过程。

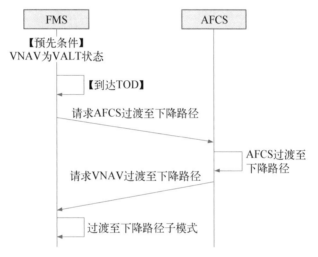

图 5-32　FMS 与 AFCS 的典型交互关系

　　AFCS 控制飞机的飞行轨迹和速度，分成滚转通道、俯仰通道和推力通道，
与 FMS 垂直引导相关的是俯仰通道和推力通道，与之对应的是自动驾驶仪纵
向模式、自动油门系统速度或推力模式。

　　对于自动驾驶仪纵向模式，其工作模式主要包括高度保持方式、升降速度
方式、高度层改变方式、VNAV 模式、下滑道方式等。对于接通 FMS 的
VNAV 模式，在控制飞机按照计划的垂直剖面飞行的过程中，AFCS 通过升降
舵（即俯仰通道）控制航迹，对应的模式为 VNAV 路径方式（VNAV PATH）；
通过升降舵控制速度，对应的模式为 VNAV 速度方式（VNAV SPD）。

　　AFCS 通过自动油门系统提供飞机从起飞到着陆的推力自动控制功能，自
动油门系统有速度模式和推力模式两种常见的模式。通常由 FMS 实现自动油

门系统速度模式和推力模式的切换,并且提供目标速度或与推力直接相关的发动机 N1 的目标值。自动油门系统根据飞机的不同飞行状态和工作模式,实时计算出油门杆的位置,并驱动油门杆移动,同时在飞行方式信号牌上方的自动油门接通方式位置上显示不同的工作模式。在 VNAV 接通的情况下,当飞机平飞或者沿着固定路径下降时,自动油门通常处于飞行管理计算速度模式,使飞机保持由 FMS 选定的速度,并在 FMA 上显示 FMC 速度;当飞机爬升时,自动油门处于推力保持模式;当飞机处于下降阶段时,自动油门一般处于慢车推力模式。

在垂直引导中,FMS 需要控制自动飞行控制系统和自动油门系统的模式,通过俯仰轴和推力轴控制飞机的飞行高度和速度变化。俯仰轴和推力轴在各阶段的控制要求和限制如表 5-5 所示。

表 5-5 俯仰轴和推力轴在各阶段的控制要求和限制

飞 行 阶 段	俯 仰 轴 控 制	推 力 轴 控 制
起飞	在安全离开地面前无控制,离地后与爬升相同	起飞推力限制
爬升和巡航爬升	截获和跟踪目标速度	爬升推力限制
平飞	截获和保持高度	保持目标速度
无限制下降	截获和跟踪垂直航迹	设置为慢车
有限制的下降和进近	截获和跟踪垂直航迹	设置为要求的目标推力,然后保持速度
从下面的下降航路截获和巡航下降	截获和跟踪确定固定垂直速度截获垂直航迹	设置为要求的计算的推力,然后保持速度
从上面的下降航路截获	截获和跟踪上面的速度限制值	设置为慢车
复飞	截获和跟踪目标速度	复飞推力限制

由于在飞行过程中,VNAV 只有在接通时才起作用,因此需要考虑驾驶员的人工接通和断开,同时还要考虑各种条件下的自动断开。

在整个飞行期间,垂直引导功能需要按照特定的标准,控制飞机在爬升、巡航和下降飞行阶段之间切换。飞行阶段的切换是垂直飞行计划、MCP 的高度设置和飞机当前高度的综合结果,当前飞行阶段的判断是选择垂直引导模式、计算控制参数,使飞机沿预定垂直剖面飞行的基础。

5.3.2.3　垂直引导参数计算

在不同飞行阶段的不同子模式下,垂直引导功能应提供各种垂直导航信息,辅助驾驶员按照垂直飞行计划和飞行控制面板上设置的意图执行飞行任务。垂直导航信息包括模式信息、参考高度(目标高度)、目标速度、目标垂直速度等,并提示驾驶员飞行阶段的变化。

典型的 MCDU 提示显示主要集中在显示飞行计划的航段页面和显示垂直引导信息的 VNAV 设置(VNAV SETUP)页面。在 MCDU 的航段页面,在右侧显示的垂直引导信息为高度、速度、垂直路径角(vertical path angle,VPA)、爬升/下降信息(↑↓)。在 MCDU 的 VNAV SETUP 页面上一般显示目标速度、速度高度限制、VPA 等垂直引导信息。

典型的 PFD 主要显示如下垂直引导信息。

(1)垂直引导模式:包含俯仰和推力的各个子模式,使得驾驶员明确当前所处的垂直引导状态。

(2)目标高度:根据垂直剖面确定的下一个高度限制。

(3)目标速度:计算的目标速度。

(4)目标垂直速度:为满足下一个高度限制而确定的目标垂直速度。

计算垂直引导参数首先确定当前飞行计划的高度约束,高度约束是构建垂直剖面以及计算垂直引导参数的基础,高度约束主要来自垂直飞行计划。例如在爬升阶段,对于航路点的约束,FMS 的 VNAV 先捕获高度,再保持高度。对于"AT"或"AT OR BELOW"类型的高度约束,保持的高度是指定的高度;对于"BETWEEN"类型的高度约束,保持的高度是较高的高度约束;对于"AT OR ABOVE"类型的高度约束,在爬升阶段不存在保持高度。随着飞行进程的推进,距离当前高度约束对应水平航路点一定距离(如 1 min)处,VNAV 自动切换到下一个高度约束。确定高度约束如图 5-33 所示。

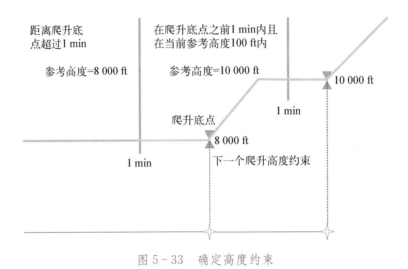

图 5-33 确定高度约束

在飞行过程中,如果飞机被命令违反 VNAV 限制,则垂直引导功能会向驾驶员发出告警通告。垂直引导的提示和告警信息需要提前通告,才能保持驾驶员在收到告警后有时间处置。在违反高度的告警方面,需要留有一定的裕度。垂直引导的提示或告警信息主要在 MCDU 和 MFD 上显示。例如,当飞机已经处于某个高度约束时,此时如果飞机违背了该高度限制,则给出"检查飞行计划高度"的告警信息,如图 5-34 所示。

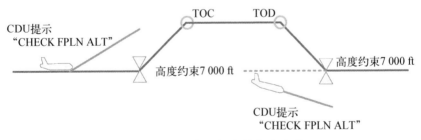

图 5-34 检查飞行计划高度告警

5.3.2.4 垂直引导指令计算

垂直引导指令计算功能首先确定飞机实际状态(位置向量和速度向量)与期望状态(目标飞行轨迹和目标速度)的差异,随后基于这些差异计算操纵指令并发送给 AFCS 和自动油门系统。垂直引导指令计算的方块图如图 5 - 35 所示，主要依据高度误差和路径高度变化率计算垂直引导指令。

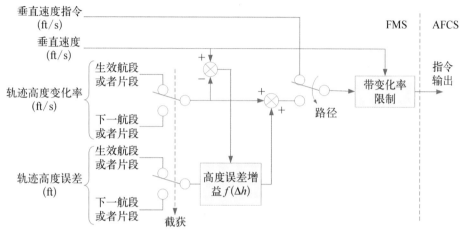

图 5 - 35　垂直引导指令计算的方块图

典型垂直操纵指令的计算如下。

1）俯仰轴控制

（1）截获速度。

$$俯仰增量＝速率增益×（空速率－截获速率）$$

（2）速度跟踪。

$$俯仰增量＝（空速增益×空速误差＋速率增益×空速率）/V_{true}$$

（3）截获路径。

$$V/S 误差＝固定的截获 V/S － 当前 V/S$$

$$俯仰增量＝航路截获增益×\arcsin(V/S 误差 /V_{true})$$

（4）路径跟踪。

$$俯仰增量＝(V/S 增益×V/S 误差 ＋ 高度误差增益×高度误差)/V_{true}$$

213

（5）截获高度。

$$截获 V/S = 高度截获增益 \times 高度误差$$
$$V/S\ 误差 = 截获 V/S - 当前 V/S$$
$$俯仰增量 = V/S\ 增益 \times \arcsin(V/S\ 误差 /V_{\text{true}})$$

（6）高度跟踪。

$$俯仰增量 = (V/S\ 增益 \times 当前 V/S + 高度误差增益 \times 高度误差)/V_{\text{true}}$$

在输出俯仰指令前通常要应用适当的飞机俯仰变化率和大小限制,选取合适的增益值以满足特定飞机的性能和乘客的舒适度要求。

垂直引导控制的精度主要表现为垂直路径的偏差误差,即飞机当前位置与垂直路径的偏差,如图 5-36 所示,根据 DO-283B,垂直控制精度要求如下:飞机高度低于 5 000 ft 时,飞机平飞时控制精度要求为 150 ft,飞机下降时飞行控制精度要求为 160 ft;飞机高度在 5 000~29 000 ft 之间时,飞机平飞时控制精度要求为 200 ft,飞机下降时控制精度要求为 210 ft;飞机高度在 29 000~41 000 ft 之间时,飞机平飞时控制精度要求为 200 ft,飞机下降时控制精度要求为 260 ft。需要指出的是,图 5-36 中描述的是垂直方向上总的控制误差,包括导航定位误差和垂直方向上的飞行技术误差。

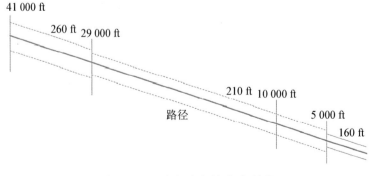

图 5-36　垂直路径的偏差误差

在确定垂直引导参数时，还需要依据精度要求确定合适的参数，以匹配特定的自动飞行控制系统和自动油门系统。

2）推力轴控制

FMS为推力设定（N1）控制和速度（CAS或马赫数）控制提供引导指令。推力引导包括限制模式选择和自动油门模式选择。

FMS输出巡航（CRZ）、爬升（CLB）、连续（CON）和复飞（GA）N1限制，此外还输出目标N1。目标N1的值和N1指示是N1限制模式的函数，定义如表5-6所示。

表 5-6　目标 N1 值和 N1 指示

激活减推力	N1 限制模式	目标 N1 值	N1 指示值
	TO	TO N1 最大值	TO N1 最大值
减推力 1	TO	TO-1 N1	TO N1 最大值
减推力 2	TO	TO-2 N1	TO N1 最大值
	CLB	CLB 最大值	CLB 最大值
减推力 1	CLB	CLB-1 N1	CLB 最大值
减推力 2	CLB	CLB-2 N1	CLB 最大值
	CRZ	CRZ N1 最大值	CRZ N1 最大值
	CON	CON N1 最大值	CON N1 最大值
	GA	GA N1 最大值	GA N1 最大值

对于油门的慢车模式，FMS发送自动油门模式要求给自动油门。

以下算法可用来确定推力的设置。用于保持速度的推力设定值通常只用于油门的初始设置，其后使用速度误差控制油门的阀门。

（1）推力限制值和慢车推力计算。推力限制值和慢车推力需要依据温度、高度、速度、发动机引气等参数计算，并且作为数据表存储在性能数据库中。

（2）所需推力。

$$T = \frac{W \times V/S_{\text{ave}}}{V_{\text{ave}}}\left(1 + \frac{V_{\text{ave}}}{g}\frac{\mathrm{d}V_{\text{true}}}{\mathrm{d}h}\right) + D$$

式中，W 为飞机重量；D 为飞机所受的阻力，可通过性能表获取。

3) 初始截获指令计算

对于初始截获的特殊情况，垂直引导指令的处理如下：如果生效垂直航段是下降的，且飞机位于轨迹之上，则在 MCP 上选择 VNAV，自动驾驶仪应当按照 FMS 产生的垂直速度指令（依据飞行轨迹角指令）控制飞机以实现对生效航段的截获。当满足截获标准时，应当转为路径跟踪模式计算引导指令。如果生效的垂直航段是下降的，且飞机位于轨迹之下，则选择 VNAV 后，自动驾驶仪应当以 1 000 ft/min 的垂直速度控制飞机下降。如果生效的垂直航段是高度保持航段，且飞机位于轨迹之上，则在 MCP 上选择 VNAV，自动驾驶仪应当按照 FMS 产生的垂直速度指令（飞行轨迹角）实现对生效航段的截获，截获过程应当使用 AFCS 中的高度截获和高度保持模式。如果飞机高度低于轨迹且小于 200 ft，则 AFCS 应当使用高度截获和高度保持模式控制飞机到垂直航段。如果飞机高度低于轨迹且大于 200 ft，则选择 VNAV 后，自动驾驶仪应当以 1 000 ft/min 的垂直速度控制飞机下降。

5.3.3 要求到达时间控制

1) RTA 定义

RTA 是对飞机抵达某个计划航路点时间的限制要求，该航路点称为时间限制航路点（RTA 航路点）。初始进近固定点是具有代表性的 RTA 航路点，也可选择飞行计划中的其他任意航路点作为 RTA 航路点。

先进的 FMS 提供控制飞机在一个指定时间到达一个指定位置的控制模式。由于 RTA 要求通过调整各个飞行阶段（爬升、巡航和下降）的速度计划满足，因此在 ARINC 702A 的"性能模式"章节中定义的各飞行阶段速度模式都包含了 RTA 速度模式。

2) RTA 类型

起飞前和飞行中都可以进行 RTA 航路点的设置。RTA 的类型有以下三种。

（1）AT：飞机应在要求时间的误差区间内到达。

（2）AT OR AFTER：飞机可在要求时间之后任意时间到达，但应在要求时间之前满足所需精度。

（3）AT OR BEFORE：飞机可在要求时间之前任意时间到达，但应在要求时间之后满足所需精度。

上述三种类型 RTA 的精度要求如图 5-37 所示。

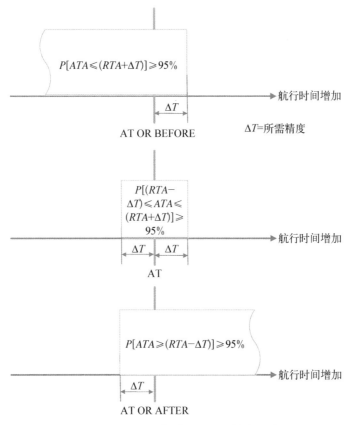

图 5-37　三种类型 RTA 的精度要求

3）RTA 控制原理及要求

RTA 固定点的 ETA 通过 FMS 周期进行更新计算，这样每个飞行时间点的时间控制误差就是已知的。系统会试图消除时间控制误差，使其变为 0 以满足 RTA。如果 RTA 来自 ATC 要求，那么时间定义误差就是 0，这样穿过固定点时的总时间误差为（RTA－ATA）。控制 RTA 旨在通过调整速度，使 ATA 等于 RTA。

ARINC 702A‐5 给出了 ETA 预测的精度要求：最大时间估计误差应为到达该固定点剩余时间的 1％或 10 s，取两者中的较大值。该要求适用于具有合理规模、距离和复杂度的飞行计划（如 25 个航路点，500 n mile，没有最佳阶梯计算）。

对于到达时间控制的精度要求如下：当系统提供到达时间控制能力时，应可以满足下降阶段固定点 10 s 的精度要求，以及巡航阶段固定点 30 s 的精度要求。

在飞机未到达固定点的情况下，可以通过 ETA 预测 ATA 信息。这样 ATA 等于 RTA 的控制目标，就可以转变为使 ETA 与 RTA 的误差不超过标准给出的误差。

4）影响因素

启动 RTA 控制功能后，FMS 应提供符合 RTA 精度要求的速度计算和控制，与此同时，FMS 仍需符合所有飞行约束限制，如高度限制、速度限制和飞机性能限制。

与时间约束相比，高度或速度约束具有较高的优先级，这会对基于速度的 RTA 控制能力构成进一步的限制；与之类似，飞机性能限制包括飞行包线、抖振边界、推力限制的最大速度等，这些限制有的是飞机设计产生的刚性边界，有的是飞机气动特性导致的安全边界，有的是飞机发动机性能带来的实际速度能力限制；在针对 RTA 的速度控制中，应对这些因素进行统一考虑，这就进一步地对基于速度的 RTA 控制能力构成了限制。尽管如此，当 RTA 要求与高度约束、速度约束以及飞机实际性能限制发生冲突时，RTA 要求仍然是不可忽略的，RTA 控制功能应尽可能地使总时间误差最小。

除非机组有明确的操作或提示，否则系统不能自动删除时间约束。例如，在发动机失效期间,如果系统要删除时间约束,则需要给飞行机组发出删除时间约束的提示。如果预测发现无法满足时间约束,则系统应通过合适的速度指令使总时间误差最小,并给出不能满足时间约束的提示。

5.4　性能管理功能

FMS 作为下一代空管体系的一部分,是基于航迹运行体系的机载端。根据新航行系统管理需求,参照行业标准,在性能管理功能方面,FMS 可为机组人员提供各种性能咨询数据的计算和显示功能;根据需要可以帮助设置推力和速度计划,提供包括起飞、爬升、巡航、下降、等待航线、进场和复飞各飞行阶段不同模式的计算,使整个飞行剖面达到最佳飞机性能或最佳经济性;机组人员可以手动输入一些信息,如机场的环境温度、飞机零油重量、起飞襟翼位置等。性能管理功能根据输入信息以及传感器探测的信息,在满足 PBN 要求的水平航迹的基础上,完成复杂飞行计划的垂直航迹预测与优化;根据不同的性能选项对主目的地和备用目的地进行精确的飞行剖面预测;实现阶梯爬升,包括计划的和最佳分级爬升点;不仅要计算飞机飞行的三维航迹,而且要预测飞机在飞行航迹上每一点的时间、空速、地速、重量、油耗等全状态信息,得到飞行全过程的高维预测数据;根据飞机的飞行计划、空中交通管理、备份油规则以及飞机自身性能限制,按成本指标最小的方式优化飞行剖面,计算飞行剖面各飞行阶段(爬升、巡航、等待、下降等)的最优飞行速度和最佳巡航高度,监控飞机燃料消耗,为飞机的垂直制导及驾驶员的性能咨询提供各种数据;考虑四维航迹的运行要求,提供具有时间约束的轨迹预测计算,满足空域管理提出的 RTA 要求,实现指定点到达时间的精确控制;根据四维航迹运行的需求,构建最优的连续下降路径,支持 CDO。

5.4.1 性能预测

性能预测根据飞行计划、空中交通管制限定的范围、飞机自身的性能限制、飞行环境和性能政策等因素对整个飞行过程进行预测,提前向其他机载系统、机组人员和空中交通管理中心提供飞机未来的飞行状态和位置,以实现更高效的空中交通管理,也为未来自由飞行提供了必要的技术支持。性能预测的目的是保证飞行安全、维护空中交通秩序、控制交通流量;同时可以提高时间、空间资源和各种设备的利用率以及人员的工作效率。

性能预测根据飞行计划和飞机的性能模型进行飞行全过程的快速数值仿真,不仅能够计算得到飞机飞行的三维轨迹,而且能够预测飞机在飞行轨迹上每一点的时间、空速、地速、重量、油耗等全状态信息,得到飞行全过程的高维预测数据。

典型轨迹预测一般根据飞行手册及传统的操作模式生成。

5.4.1.1 垂直飞行剖面

沿着水平航路的爬升阶段垂直航路计算的一般航段组成如图 5-38 所示,除了爬升段外,还有由于爬升航路点的高度限制而生成的平飞段和由于爬升航路点的速度限制而生成的目标加速段。

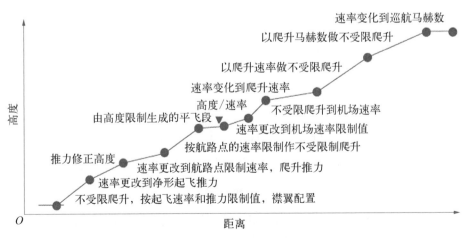

图 5-38　沿着水平航路的爬升阶段垂直航路计算的一般航段组成

沿着水平航路的巡航阶段垂直航路如图 5-39 所示。它一般由从爬升速度到巡航速度的加速段,或者后面跟随了到 FMS 计算的 TOD 航段的减速段组成。一般巡航阶段预测为在巡航高度平飞,通常是几段基于距离或者基于时间的积分步长。与爬升、下降阶段不同,最佳巡航速度随着燃料消耗所引起的飞机重量的变化是缓慢的。如果在巡航阶段需要分阶段爬升或下降,则当作无限制条件的上升飞行和固定的垂直速度(V/S)或 FPA 处理。在每个阶段 FMS 根据飞机目标速度投影、风、阻力和发动机推力计算飞机沿航路的速度、沿航路的飞行距离和燃油消耗。飞机真空速的投影来源于驾驶员选择速度和与可用机场相关的速度限制。对于平飞阶段,阻力和推力必须相等。给出所需的推力就可以计算发动机功率的设置值,这也是计算燃料消耗和油门控制建议的基础。

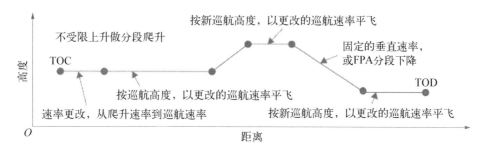

图 5-39　沿着水平航路的巡航阶段垂直航路

沿着水平航路计算的下降阶段垂直航路如图 5-40 所示。除了下降段外,还包括由于下降航路点的高度限制而生成的高度平飞段,由于下降航路点的速度限制而生成的目标减速段,以及减速至着陆速度的航段,着陆速度和所选的襟翼设置有关。

5.4.1.2　四维航迹预测

在航迹预测中,需将垂直剖面各飞行阶段划分为更小的、有统一属性且可进行预测计算的垂直片段。飞机在空中的每个飞行阶段都按照能够预测的递增单元进一步划分为一个段或多个段。实际上,垂直航迹就是由一系列的段首

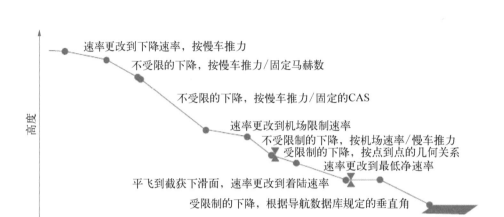

图 5 - 40 沿着水平航路计算的下降阶段垂直航路

尾相连组成的。

三维航迹是对飞机飞行航路的精确描述,航路上的每一点都对应着飞行所选坐标系的经度、纬度和高度,但是不包含时间。四维航迹是指飞机在从起飞至降落的整个过程中所经历的全体顺序点列的四维空间坐标(位置和时间)所形成的有序集合。简而言之,四维航迹就是飞行的空间航迹途经的各点及相应过点时间。四维航迹在三维航迹的基础上加入了时间维,要求在特定的时间到达特定的测量点。

四维航迹预测是实现四维制导的先决条件。实现四维航迹预测需要能够在给定飞行计划与特定点的到达时间后,规划一条可执行的四维航迹,使飞机能够在预定时间到达目的地。在四维航迹预测中,通常以经过以下点的时间作为控制时间目标:

(1)飞机到达 TOD 的时间。

(2)飞机到达 IF 的时间。

(3)飞机到达巡航阶段中某特定航路点的时间。

与传统的航迹预测不同,此时 RTA 作为限制条件出现。因此,在进行四维航迹预测时,需要进行一定的尝试与调整。

性能预测功能的基本任务是预测飞行计划中的每个航路点的距离、到达时间、速度、高度和总重量，包括计算的航路点，诸如 TOC 和 TOD。这些性能预测应基于以下因素：

（1）水平和垂直飞行计划。

（2）飞行计划航段，包括航段之间的过渡、等待进入和水平偏置。

（3）输入和测量到的风。

（4）输入和测量到的温度。

（5）飞机升力和阻力特性模型。

（6）发动机推力和燃油流量特性模型。

（7）飞机速度和高度限制。

（8）飞机重量和重心。

（9）飞机和发动机模型调整系数（如阻力和燃油流量系数）。

（10）机组选择和预选的引导模式。

预测数据是通过按飞行计划做快速模拟飞行而求得的，从当前飞机状态开始，应用适当的引导和性能函数计算。航迹的预测基于剖面的积分步长，步长越小，计算出的航迹越精确。每一阶段飞机的垂直速度、水平速度、飞行距离、飞行时间、高度变化和燃油消耗都是根据所需操作的飞机目标速度、风、阻力和发动机推力确定的。在每一阶段结束时计算的飞机垂直状态都是下一阶段的初始值。当遇到高度或速度限制时；飞行阶段变化时；遇到特殊的航段（如转弯过渡）必须慎重地采用更精细的积分步长时，那个积分步长就会被终止。能量平衡方程的形式取决于垂直剖面的类型。推力参数取决于操作类型和飞行阶段。所有计算都要满足飞行计划中输入的所有限制以及所有的飞机性能极限。如果预测显示有一个限制不能满足，则在 MCDU 屏幕上发出一个适当的警告消息。飞行模拟要求真实的飞机和发动机数据，以在所有的模式和构型下（包括发动机引气方式、襟翼、缝翼和减速板设置、发动机停车等）准确表示飞机阻力、燃油流量等。

5.4.1.3　其他预测

除对现行飞行计划的预测外,为支持性能功能或特殊的显示要求,要求根据系统的功能和模式增加一些辅助预测。

(1) 下降路径的生成:从 EOD 到最终巡航高度的后向预测,以产生一个下降序列。下降序列用于在下降中作为垂直引导功能的参考轨迹。

(2) 非现行或临时飞行计划的预测。

(3) 备降机场预测。

(4) 下降能量圈预测。

(5) 路径记录中断预测。

(6) 最佳分段爬升点预测。

(7) 为获得准确的 RTA 速度和 RTA 窗口(可达到的最早或最迟的到达时间)的尝试性预测。

预测需要相当多的处理时间。完成预测周期所需的时间取决于别的处理活动和飞行计划的长度及复杂性。

1) 确定 TOD

对于起飞、爬升以及巡航阶段,在计算过程中航路点排序沿垂直方向或航向。开始进行巡航预测时是不知道 TOD 的,这样就不能确定巡航阶段与下降阶段的转换位置,剖面预测也就无法进行。因此在预测剖面时要先确定 TOD 的位置,需要计算从目的地机场推算到巡航高度的下降路径,从而确定 TOD。

2) 构建下降路径

在下降飞行中,基于定义的 EOD 航路点计算垂直路径。垂直路径考虑当前参数,如风、温度、工作的发动机个数、发动机防冰、中间航路点高度和/或速度限制、过渡高度空速限制(10 000 ft 以下 250 节,FAA 规定)。在理想情况下,飞机可在慢车推力下以最佳速度飞行下降剖面。但是,空速会变化或需要增加推力以保持路径适应不可预见的风条件,或在高度限制之间跟踪垂直路径。下降路径是从减速点倒推计算到巡航高度的路径,在有高度限制的区域应按照标准中的要求建立几何路径边界,以满足终端区的限制要求。如图 5 – 41 所示,下降路径可由几何路径和慢车路径组成,如果驾驶员有要求则还要增加重新加压部分。

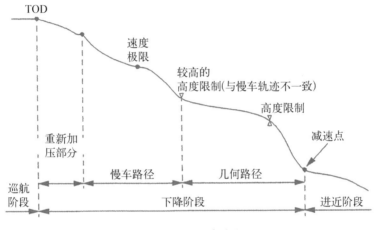

图 5 – 41　下降路径

DO – 283B 指出,下降/进近路径连接空间中的一系列三维点,以形成一条从 TOD 到 EOD 的路径。创建的下降路径应满足"在""在或之上"以及"在或之下"高度限制区。如图 5 – 42 所示,应采用构建方法将下降路径保持在所述的空间之间,即用几何线段将限制区连接起来。

下降路径的构建旨在为接近目的地机场提供一个垂直轨迹。这个垂直轨迹是 FMS 预测垂直剖面的前提条件,性能计算功能将它作为下降阶段的计划垂直轨迹,预测下降航路点高度、速度、ETA 和剩余燃油等信息。计划的下降垂直轨迹必须满足终端区的各种限制要求,保证飞行安全。通过路径构建可确定 TOD,支持飞行阶段的划分。同时,基于性能的优化计算可提高性能预测的准确性。

性能预测功能通过垂直剖面预测计算飞机飞行的高度与速度剖面,并根据实际测得的时间、风数据及油耗,不断地修正预测数据。

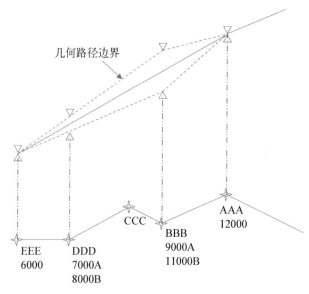

图 5-42 满足高度限制和航道高度定义的下降路径

5.4.1.4 数值积分

垂直航迹预测的基础是飞机能量平衡方程的数值积分,包括可变的重量、速度和高度。一些能量平衡方程用于适应无限制条件的爬升/下降、固定梯度的爬升/下降、速度改变和平飞。积分的步长受飞行计划中高度、速度限制值的限制;也受飞机性能极限值,如速度、抖振限制、推力限制值的限制。驱动能量平衡方程的数据来自机体,取决于发动机的推力、燃油流量、阻力和性能数据库中存储的速度表模型。在一些特定类型的航段(如高度终止航段)中会遇到一些特殊问题。因为终止点是一个浮动的位置,这个位置与航迹积分计算航段在哪里终止有关,所以也决定了下一航段的起始点。

垂直剖面包含以下操作模式:无限制条件的上升和下降段、有限制条件的上升和下降段、平飞段、速度变化段。能量平衡方程的形式取决于垂直剖面的给定段的类型。推力模式取决于操作类型和飞行阶段。

1) 无限制条件的上升和下降段

无限制条件的上升和下降段一般用下列方程计算固定高度步长(dh 设置

为积分步长)的平均垂直速度。这种使用固定步长类型的段,在遇到高度限制时便于确定步长。对于上升,推力通常假定为起飞、复飞或爬升推力等级。对于下降,推力通常假定为慢车或之上一点。

$$V/S = \frac{\dfrac{(T-D)V_{\text{ave}}}{GW}}{\dfrac{T_{\text{act}}}{T_{\text{std}}} + \dfrac{V_{\text{ave}}}{g} \dfrac{\mathrm{d}V_{\text{true}}}{\mathrm{d}h}}$$

式中,T 为平均推力(lb[①]);D 为平均阻力(lb);GW 为飞机总重(lb);T_{act} 为周围环境温度(K);T_{std} 为标准大气温度(K);V_{ave} 为平均真空速(ft/s);$g = 32.174 \text{ ft/s}^2$;$\mathrm{d}V_{\text{true}}$ 为 ΔV_{true}(ft/s);$\mathrm{d}h$ 为要求的高度步长(ft)。

飞机真空速的投影来源于驾驶员选择速度和任意可用机场或相关航路点的速度限制。根据飞机的构型、速度和倾斜角的函数计算阻力。根据发动机推力的函数计算燃油流量以及由此产生的重量变化。一旦算出了步长垂直速度,其他的预测参数也可以得到了。

$$\mathrm{d}t = \frac{\mathrm{d}h}{V/S}$$

式中,$\mathrm{d}t$ 为步长时间。

$$\mathrm{d}s = \mathrm{d}t\,(V_{\text{true}} + V_{\text{wind}})$$

式中,V_{wind} 为该航段沿航迹的平均风;$\mathrm{d}s$ 为 Δ 距离。

$$\mathrm{d}w = \mathrm{d}t \times T$$

式中,T 为燃油流量;$\mathrm{d}w$ 为 Δ 重量。

2) 有限制条件的上升和下降段

有限制条件的上升和下降段一般用下面的公式计算固定高度步长的平均

---

① lb：磅,质量单位,1 lb=0.453 6 kg。

推力($\mathrm{d}h$ 和 V/S 是预定义的)。对这种类型的航段使用固定高度步长,便于在高度限制处决定步长终止。平均垂直速度是指定的或者根据固定下降 FPA 计算得到的。

$$V/S_{\text{ave}} = GS_{\text{ave}} \tan FPA$$

式中,GS_{ave} 为航段的地速(ft/s)。

而固定的 FPA 的计算与根据高度限制决定的点到点的垂直飞行航路有关,这条航路是一条几何路径。有了指定的 V/S 或者 FPA 航路,就得到了飞行剖面的推力。

其他预测参数的计算与无限制条件的上升和下降段一样。

$$T = \frac{W \times V/S_{\text{ave}}}{V_{\text{ave}}} \left(1 + \frac{V_{\text{ave}}}{g} \frac{\mathrm{d}V_{\text{true}}}{\mathrm{d}h} \right) + D$$

3) 平飞段

恒定速度平飞段是上式的一个特殊形式。因为 $\mathrm{d}V_{\text{true}}$ 和 V/S_{ave} 在平飞段定义为 0,所以公式简化为 $T = D$。平飞段一般有按固定时间或者距离的步长积分,所以其他预测参数的计算如下:

$\mathrm{d}t$ 为设置的积分步长,有

$$\mathrm{d}s = \mathrm{d}t (V_{\text{true}} + V_{\text{wind}})$$

式中,V_{wind} 为该航段沿航迹的平均风速,$\mathrm{d}s$ 为 $\triangle$ 距离。或者 $\mathrm{d}s$ 为设置的积分步长,有

$$\mathrm{d}t = \mathrm{d}s / (V_{\text{true}} + V_{\text{wind}})$$

式中,V_{wind} 为该航段沿航迹的平均风速,$\mathrm{d}t$ 为 $\triangle$ 时间。

$$\mathrm{d}w = \mathrm{d}t \times T$$

式中,T 为燃油流量,$\mathrm{d}w$ 为 $\triangle$ 重量。

4）速度变化段

下面的公式一般用于速度变化段，计算一个固定的 $\mathrm{d}V_{\mathrm{true}}$ 步长的平均时间。式中，V/S_{ave} 根据沿着飞行控制操作特性的上升、下降、平飞或者按要求的 FPA 计算的几何路径预先确定。推力假定对于下降飞行为慢车、对于起飞或者爬升为上升飞行的推力限制值、对于平飞为巡航推力限制值。

$$\mathrm{d}t = \mathrm{d}V_{\mathrm{true}}/g\left[\frac{(T-D)}{GW} - \left(\frac{T_{\mathrm{act}}}{T_{\mathrm{std}}}\frac{V/S_{\mathrm{ave}}}{V_{\mathrm{ave}}}\right)\right]$$

$$\mathrm{d}h = V/S_{\mathrm{ave}} \times \mathrm{d}t$$

5.4.2　性能计算

性能计算的目的是计算垂直高度剖面和速度剖面，以尝试使飞行费用最少或满足一些准则。计算得到的性能参数可在人机接口上进行显示。

此项功能对于飞机的当前状态（总重、高度、飞行阶段、襟翼/前缘缝翼/减速板设置、引气条件、发动机单发停车状态等）计算的各参数包括各飞行阶段不同性能模式下的最优速度、最佳高度、机载燃油、飞机速度包线、最大高度、起飞参考数据、进近参考数据、推力限制值、燃油、重量等。

这些参数由引导功能使用或显示出来。计算一般包括在很多试验所取得的数据表上进行插值和在某些情况下使用迭代搜索技术。

5.4.2.1　性能模式

每个飞行阶段都可选择特定性能模式得到最优速度计划，即等 CAS 和等马赫数对，作为每个飞行阶段的速度剖面。CAS 和马赫数相等的高度就是交叉高度。在交叉高度以下时速度计划的 CAS 部分是控制速度的参数，在交叉高度以上时马赫数是控制速度的参数。每种性能模式下的最优性能参数都是不同的。

表 5-7 展示了各飞行阶段及其主要的性能模式。

表 5-7　各飞行阶段及其主要的性能模式

飞 行 阶 段	性 能 模 式
爬　升	经济爬升
	最大爬升角
	最大爬升率
	RTA
	人工输入速度
巡　航	经济巡航
	久航巡航
	远程巡航
	RTA
	人工输入速度
下　降	经济下降
	最大下降率
	RTA
	人工输入速度
等　待	等待速度

以下是爬升阶段 5 种性能模式及对应速度的确定方法。

（1）经济爬升（基于成本指数）：使运行成本最低的速度。经济模式爬升速度计划为恒定的 CAS/马赫数，爬升的马赫数为巡航经济模式的马赫数。等 CAS 值的计算是预估飞机到 TOC 时的飞机重量，然后计算使给定成本最小的等 CAS 爬升速度。

（2）最大爬升角：使爬升距离最短的速度。提供的一个固定 CAS/马赫数速度计划，使爬升角最大。最大爬升角爬升速度使到巡航高度距离最短，且近似为瞬时梯度性能最优。速度计划基于 CAS，是当前飞机总重的函数。这个 CAS 在给定爬升期间由于燃油消耗总重的变化稍有减少。

（3）最大爬升率：以最短时间爬升到一定高度的速度。爬升率为飞机爬升速度在垂直方向上的分量(即垂直速度大小),与剩余推力成正比,与飞机重量成反比。爬升率与水平风无关。在其他因素一定的情况下,爬升率越大,爬升到一定高度所需时间越短。FMC 提供一个固定的 CAS/马赫数速度计划,使爬升率最大。

(4) RTA:在要求时间内到达指定航路点,且总的运行费用最低的速度。通过 RTA 模块迭代计算出的符合 RTA 要求的调整速度作为速度计划。

(5) 人工输入速度:由驾驶员直接输入爬升速度。

巡航阶段各性能模式与对应速度的确定方法分别如下。

(1) 经济巡航(基于成本指数):该模式下的巡航速度是给定高度和成本指数下运行成本最低的优化速度。它依据飞行高度、大气温度和飞机重量以及成本指数计算求得。在飞行途中,根据 TOC 处的风速或飞机当前的风速信息,对优化速度值不断修正。

(2) 久航巡航:使耗油率最低、续航时间最大的速度。在久航巡航模式下,飞机在近似最大升阻比下飞行,耗油率最低,因此续航时间最长。久航速度与飞机重量以及飞行高度有关。

(3) 远程巡航:产生最佳燃油里程,最远航程的速度。该速度对应的是99%最大燃油里程。由于在该曲线段燃油里程随速度变化平缓,使油耗降低且由于速度增大较多而得到更短的飞行时间,因此该速度是既省油、飞行时间又短的巡航速度。

(4) RTA:性能优化模块通过 RTA 模块迭代计算出符合 RTA 要求,同时兼顾运营成本的速度计划。

(5) 人工输入速度:由驾驶员直接输入巡航速度。

下降阶段涉及的性能模式主要包括以下几个方面。

(1) 经济下降(基于成本指数):使运行成本最低的速度(最低成本)。计算经济模式的下降速度计划(固定马赫数/CAS 下降)。等马赫数下降的值即为最后经济巡航马赫数。

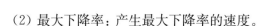

（2）最大下降率：产生最大下降率的速度。

（3）RTA：在要求时间内到达指定航路点，且运行成本最低的速度。

（4）人工输入速度：由驾驶员直接输入下降速度。

对于等待阶段，飞行速度的确定原则是耗油率最低以得到最长飞行时间，所以等待速度应选用燃油流量最小时的速度。但因该速度的操纵性、安定性不佳，所以用稍大一些的最大升阻比速度作为等待速度，此外还要考虑空中交通管制的要求。

5.4.2.2 经济速度

对于所有飞行阶段都有的一个性能模式是经济模式。这种性能模式使用一个成本指数，它是与时间相关的成本（如机组人员薪水、维护等）和燃油成本的比，是速度计算时的一个独立变量。驾驶员可通过 FMS 的人机交互页面输入成本指数，驱动 FMS 的性能优化模块迭代计算使成本函数取值最小的优化速度，计算得到的指令可输出至自动驾驶仪，最终使飞机以经济性最优的速度飞行。

1）成本指数的定义与确定

成本指数（cost index，CI）是表征航空公司运营成本的重要战略性指标，作为 FMC 实施飞行过程管理与控制的重要参数，伴随 FMC 产生。航空公司一般采用成本指数作为确定飞行速度的参数，通常燃油经济速度较慢，减少燃油消耗会导致航程时间增加。可以通过选择适当的成本指数得到所需的平均到达时间，也可以通过 FMC 计算出给定到达时间的最少燃油飞行剖面。

成本指数的定义为时间成本和燃油成本之比，如下所示：

$$CI = \frac{时间成本}{燃油成本} = \frac{C_T}{C_F}$$

波音公司的成本指数单位为 100 lb/h，空客公司选用的单位为 kg/min。以上定义中的时间成本 C_T 仅指运营成本，不包括燃油费用。

成本指数是航空公司根据自身的运营成本和经济政策制订的，由公司的规划、财务、运行、飞行等部门对飞机的各项成本仔细研究后确定。即使对于同一条航线，由于所购航空燃油价格以及其他运营费用的差异，因此飞行中所采用的成本指数也会有变化。此外，选装的 FMC 不同，成本指数的取值范围也不同，如空客公司选装的 Sperry/Honeywell FMS，其成本指数在 0～999 之间取值；而选装的 Smiths FMS，其成本指数在 0～99 之间取值。以 0～999 之间取值为例，当成本指数为 0，即不考虑时间相关的成本时，FMS 就以给定航程下耗油最少为依据计算速度计划，相应地，飞行时间会有所增加。成本指数为 0 时计算得到的速度即为最大航程巡航（maximum range cruise，MRC）速度，此时单位里程的油耗最小，飞机可达到最大航程。在实际运行中，MRC 速度的计算还需根据航线上的风速进行修正。当成本指数取最大值 999 时，时间相关成本占总成本的主要部分，燃油消耗的成本占比较低。

2）FMS 中成本指数的使用

FMS 对于爬升、巡航、下降的最低成本飞行剖面的计算是基于驾驶员输入的成本指数、巡航高度、飞机总重、等待航线、阻力因素等数据进行的。飞机沿着预定航线飞行，飞行的纵向剖面参数（如飞行速度和高度等）是决定飞机飞行经济成本的重要参数。飞机起飞后，飞机的爬升速率、以多长时间爬到预定的高度、什么时候开始下降、下降速率为多少等，关系到飞行这一段预定航线所需的时间以及需耗用多少燃油。驾驶员在选择垂直导航方式后，飞机纵向剖面由 FMS 控制。在驾驶员没有特定参数要求的情况下，FMC 根据成本指数等输入数据，计算最佳纵向飞行剖面参数。驾驶员在进行飞行准备时输入的成本指数决定了巡航速度和到达时间。如果成本指数增大，则 FMS 产生的飞行计划中的速度将提高，飞机将提前到达目的地；反之则会延迟到达目的地的时间。成本指数从本质上讲控制的是飞行速度，从而实现对运行成本的调节。

人工操控或干预 FMS 计算出的速度将使经济性遭受损失。因此不应当通过更改成本指数来控制马赫数，当风、重量和飞行高度发生变化时，FMS 自行计算最佳的马赫数。

很多小型航空公司不具备为其运营制订成本指数的资源，对此，机组可采用如下方式选取成本指数：飞机制造商给出了不同飞机重量和飞行高度下与LRC速度相对应的成本指数，飞行时，机组可据此设置成本指数。相对于直接采用飞行机组操作手册（flight crew operating manual，FCOM）中给出的LRC速度进行巡航的方法，该方法的优势在于FMS在计算优化速度时考虑了风的影响，因此给出的是更为经济的飞行速度。

对于爬升、巡航和下降，各飞行阶段的经济速度剖面如图5-43所示。

图5-43　各飞行阶段的经济速度剖面

3）改变成本指数的影响

在讨论改变成本指数对爬升性能的影响时，可考虑飞机爬升到TOC再继续巡航至一固定点（如起飞机场150～200 n mile之间的位置点）所需的时间和总成本。选用不同的成本指数，飞行速度和爬升率都会相应变化。

当成本指数选较小的值时，飞行速度较小，TOC离起飞机场的距离更近。当飞行速度为最小阻力速度 V_{md} 时，爬升梯度达到最大值，爬升段的燃油消耗也最小，但爬升所需的时间也相应增加。

增大成本指数的取值，爬升速度也随之增加，爬升并到达巡航段固定点的所需时间则有所减小。当采用最大爬升率爬升时，爬升段的所需时间达到最小值。综合来看，增大成本指数的值可减小到达固定点的时间，但燃油消耗有所增加。

以上讨论未考虑空中交通管理的影响，例如，管制规定10 000 ft以下飞机速度不得超过 250 节。因此,成本指数的改变仅对 10 000 ft 以上的飞行段有影响。实际上,上述讨论中改变成本指数对于到达巡航段固定点时间的影响较为有限,差异小于 1.5 min,总成本的差异也较小。

对于下降阶段,成本指数改变所带来的影响可通过类似分析得到。改变成本指数将影响下降速度以及 TOD 的位置。当成本指数取较小值时,下降速度相对较小,TOD 离降落机场的距离较大。当飞行速度为最小阻力速度 V_{md} 时,下降梯度取得最小值,但对于常规的运行,这一下降速度偏低,一般不采用。增大成本指数可使下降速度增大,下降梯度也相应增大,TOD 离降落机场更近,从巡航段固定点到降落机场的时间也减小。

对于下降段,改变成本指数带来的影响较爬升段相比更大,从固定点到降落机场的时间差可达到 2~3.5 min。此外,由于空中交通管理的影响,成本指数对下降阶段的影响仅针对在 10 000 ft 以上的飞行段。

5.4.2.3　优化高度

FMS 生成最佳和最大高度数据,帮助驾驶员针对给定的航程选择最佳巡航高度。计算最大高度通常为了确保预测的飞机路径保持在性能能力范围内。这个最大高度低于推力限制高度和 VNAV 操作包线限制。性能计算功能根据飞机和发动机机型、重量、大气条件、引气设置和垂直飞行计划参数计算最佳高度和最大高度。最佳高度的计算应使飞行高度满足最大成本效率。最大高度是指当飞机以指定的爬升极限速率爬升时最高可到达的高度。最佳高度必须小于等于最大高度。当航程较短时,这个高度与最佳高度不同,受航程距离所限可能不能获得优化高度。算法要寻找一个高度,既能满足由机组或航空公司政策指定的最小巡航时间,又能满足爬升和下降的要求。在算法中要考虑所有垂直飞行计划参数。

5.4.2.4　油量计算

在飞行过程中,FMS 持续计算飞机总重。起飞前,其值可通过无燃油总重加上燃油重量计算得到,并由驾驶员在性能起始页中输入。飞行中,FMS 持续计算剩余燃油,其值由初始燃油重量减去消耗燃油重量得到,而后者通过对燃油流量积分计算得到。

5.4.2.5　备降机场计算

性能管理功能还进行与备降机场有关的计算。包括从当前位置直接飞行至备降机场，或者先飞至预定降落机场，错失进近后再飞至备降机场。计算可提供到备降机场的距离、燃油和 ETA、最佳巡航高度等，并进行显示。此外，根据当前所在位置和油量情况，计算所需燃油和到备降机场的等待时间。除了备降机场相关计算，性能管理功能还可根据需要搜索最近的机场。

5.4.2.6　阶梯爬升

对于长航程飞行，飞机总重的变化使得最优巡航高度随飞行时间的增加而增大。对此，可采用阶梯爬升的方式，使得飞机飞行高度保持在最优高度附近，从而降低运行成本。针对这一方式，FMS 提供阶梯爬升起始点的预测。相应算法考虑所有垂直飞行计划参数，特别是后续航程的飞机总重和输入的风信息。对于到达阶梯爬升起始点的距离和估计时间，以及采用阶梯爬升相对于执行当前计划的成本节约指数，都可计算并给予显示。一般对于越洋飞行，性能管理功能假定这些阶梯爬升作为需执行的垂直剖面的一部分，这将使得燃油预测具有更高的精度。

5.4.2.7　推力限制

性能管理功能计算推力限制值以保证发动机在安全范围内工作。推力限制值在 FMS 人机接口上显示，同时输出至马赫数/空速指示器或 EICAS 上的发动机压力比（engine pressure ratio，EPR）指示器。当在 MCP 上选定 VNAV后，指示器上所指示的目标值即来自 FMC 性能计算部分。FMC 根据当时的大气条件、飞机和发动机的型号以及引气参数的设置计算起飞、爬升、巡航、复飞等操作模式的推力限制数据。此外，还可以选择用降低额定值法减推力起飞、爬升以及用假定温度法减推力起飞。

5.4.2.8　起降速度

性能管理功能提供与选择的襟翼设置、跑道、大气和重量/重心条件有关的

V_1、V_R和V_2计算和输入。这些速度可以根据机组的选择显示在飞行仪表上。此外,还要计算起飞构型速度,并作为参考数据进行显示。

性能管理功能可为特定飞机的运行提供进近着陆构型选择。允许机组选择所希望的构型,而且要能将选择的情况输出至其他系统。选择了构型后,以手动输入的目的地跑道上方的风修正为基础可计算着陆速度。此外,计算进近构型对应的进近速度,并作为参考数据进行显示。

5.4.2.9　单发性能

性能管理功能需提供单发停车时的性能预测,一般包括以单发停车爬升速度爬升、以单发停车巡航速度巡航、以飘降速度下降到单发停车最大高度、最大连续推力的使用。

单发停车速度表可从性能数据库中得到,根据从剩余发动机获得的推力和由发动机停车引起的飞机阻力增加进行航迹预测。

5.4.3　性能数据计算

性能预测及性能计算功能的实现都需要飞机性能数据作为支撑,这些数据的提供有两种方式:基于第一法则的计算和基于性能数据表格插值的性能计算。这两种实现方式都在现有的 FMS 中有实际的应用。在功能方面,这两种实现方式是等价的;但是在性能和实现效率方面,它们各有优势。

5.4.3.1　基于第一法则的计算

基于第一法则的计算是通过求解动力学方程得到计算结果的方法。在不同的飞行阶段,动力学方程的形式有所不同。求解动力学方程需要基于飞机的气动力数据、发动机性能数据和飞机特征参数等信息。基于第一法则的计算的优势在于计算精度高,缺点在于算法相对复杂、计算效率相对较差。但是随着机载计算能力的持续提升,计算效率较差的缺点正逐渐克服。

基于第一法则计算飞机性能时,把飞机看作一个质点,然后在航迹坐标系中得到飞机的动力学方程。在计算飞机基本飞行性能时,考虑飞机在垂直平面内的飞行状态,而且该过程中没有侧滑,飞机上所受到的力如图 5 - 44 所示。

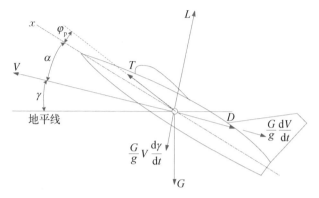

图 5 - 44　无侧滑飞行时垂直平面内飞机上所受到的力

飞机在飞行中的动力学方程可描述为

$$m\frac{\mathrm{d}V}{\mathrm{d}t} = T\cos(\alpha + \varphi_{\mathrm{p}}) - D - G\sin\gamma$$

$$mV\frac{\mathrm{d}\gamma}{\mathrm{d}t} = T\sin(\alpha + \varphi_{\mathrm{p}}) + L - G\cos\gamma$$

在上述方程中,m 为飞机重量;V 为速度;T 为推力;α 为迎角;φ_{p} 为发动机安装角;D 为阻力;G 为飞机所受重力;γ 为航迹角。

基于飞机的飞行模式,对方程进行简化,根据环境条件和飞机状态条件,对方程进行求解,得出要计算的性能参数。

以巡航燃油流量的计算为例,当飞机巡航(即等速平飞)时,动力学方程组可简化成下列形式:

$$T\cos(\alpha + \varphi_{\mathrm{p}}) = D$$

$$T\sin(\alpha + \varphi_{\mathrm{p}}) + L = G$$

对于给定飞机重量、高度、温度和马赫数的情况,巡航燃油流量计算步骤如下:

1) 计算升力系数

$$C_L = \frac{2[mg - T\sin(\alpha + \varphi)]}{\rho V_{\text{TAS}}^2 S}$$

2) 计算阻力

对于给定的巡航马赫数,根据上式计算的升力系数,通过查极曲线得到基本阻力系数,再通过雷诺数修正,得到雷诺数修正的阻力系数。如果是单发巡航,则需要加上单发附加阻力增量,最终把各项阻力系数相加得到总阻力系数 C_D,并通过下式计算得到阻力:

$$D = \frac{1}{2}\rho V_{\text{TAS}}^2 S C_D$$

3) 计算巡航需用推力

巡航需用推力计算如下式所示:

$$T_R = D/\cos(\alpha + \varphi)$$

4) 计算单台发动机需用推力

根据上式计算的巡航需用推力,计算单台发动机需用推力为

$$T_1 = \frac{T_R}{n}$$

5) 计算巡航燃油流量

基于给定的温度、高度和巡航马赫数,根据单台发动机需用推力,通过查发动机推力油耗数据,可以得到单台发动机在该推力下的单位耗油率(specific fuel consumption,SFC),巡航燃油流量计算如下式所示:

$$FF = n \times SFC \times T_1$$

5.4.3.2　基于性能数据表格插值的性能计算

基于性能数据表格插值的性能计算的基础是基于第一法则的计算,通过对

使用第一法则计算得出的性能数据表格进行插值得到结果。这种计算方式的优势是算法简单（只有插值算法）、计算效率高，缺点是计算精度取决于性能数据表格的数据量，当需要提高计算精度时（如增加表格输入参数个数或提高表格密度），数据量会呈现指数级上升。由于机载计算环境下的存储空间总是有限的，因此在实际应用中这种计算方法难以支撑高精度计算的实现。某型飞机上 LRC 速度表如表 5-8 所示。

表 5-8 某型飞机上 LRC 速度表

重量 (1 000 kg)		气压高度（1 000 ft）									
		23	25	27	29	31	33	35	37	39	41
80	低压压缩机转速	83.1	84.5	85.7	86.9	88.3	90.3	94.3	—	—	—
	马赫数	0.712	0.736	0.753	0.767	0.78	0.79	0.787	—	—	—
	指示空速/kn	310	309	303	296	289	280	267	—	—	—
	燃油流量/台	1 515	1 503	1 488	1 473	1 468	1 492	1 560	—	—	—
75	低压压缩机转速	81.6	83.1	84.4	85.6	86.9	88.4	90.8	—	—	—
	马赫数	0.691	0.719	0.742	0.757	0.771	0.784	0.791	—	—	—
	指示空速/kn	301	301	298	292	284	278	268	—	—	—
	燃油流量/台	1 418	1 415	1 409	1 392	1 378	1 378	1 410	—	—	—
70	低压压缩机转速	80	81.5	83	84.3	85.4	86.8	88.5	91.9	—	—
	马赫数	0.671	0.697	0.724	0.746	0.76	0.774	0.787	0.79	—	—
	指示空速/kn	292	291	291	288	281	274	267	256	—	—
	燃油流量/台	1 324	1 321	1 323	1 316	1 296	1 283	1 291	1 341	—	—
65	低压压缩机转速	78.5	79.8	81.3	82.7	84	85.3	86.6	88.9	93.5	—
	马赫数	0.652	0.675	0.702	0.728	0.749	0.763	0.777	0.789	0.789	—
	指示空速/kn	283	281	281	280	277	272	263	256	244	—
	燃油流量/台	1 235	1 226	1 230	1 230	1 220	1 200	1 190	1 214	1 279	—
60	低压压缩机转速	76.8	78.1	79.5	81	82.4	83.7	85	86.8	89.7	—
	马赫数	0.633	0.654	0.677	0.705	0.731	0.751	0.765	0.779	0.79	—
	指示空速/kn	274	272	270	271	270	265	259	252	244	—
	燃油流量/台	1 145	1 137	1 134	1 139	1 137	1 124	1 105	1 109	1 141	—

（续表）

重量		气压高度 (1 000 ft)									
(1 000 kg)		23	25	27	29	31	33	35	37	39	41
55	低压压缩机转速	75.1	76.4	77.7	79	80.6	82	83.3	84.9	87.2	90.3
	马赫数	0.612	0.633	0.654	0.677	0.706	0.733	0.752	0.767	0.781	0.79
	指示空速/kn	265	263	261	259	260	258	254	248	241	233
	燃油流量/台	1 070	1 051	1 045	1 043	1 046	1 042	1 029	1 021	1 031	1 063
50	低压压缩机转速	73	74.5	75.7	77	78.4	80	81.4	83.1	85.2	87.4
	马赫数	0.586	0.61	0.631	0.653	0.676	0.705	0.732	0.752	0.767	0.781
	指示空速/kn	253	253	251	249	248	248	247	243	237	230
	燃油流量/台	984	971	959	954	951	952	948	942	941	950
45	低压压缩机转速	70.5	72.1	73.6	74.9	76.2	77.6	79.2	81	83.1	85.2
	马赫数	0.557	0.581	0.605	0.627	0.649	0.673	0.702	0.73	0.751	0.765
	指示空速/kn	240	240	240	239	238	236	236	235	231	225
	燃油流量/台	894	885	879	870	863	859	859	860	861	868
40	低压压缩机转速	67.6	69.4	71	72.5	73.9	75.2	76.6	78.5	80.8	82.9
	马赫数	0.525	0.549	0.573	0.598	0.621	0.643	0.667	0.694	0.724	0.747
	指示空速/kn	225	226	227	227	226	224	223	222	222	219
	燃油流量/台	804	797	794	802	793	783	777	778	786	789
35	低压压缩机转速	64.4	66	67.8	69.5	71.1	72.6	73.9	75.6	77.8	80.2
	马赫数	0.491	0.513	0.536	0.561	0.586	0.611	0.634	0.657	0.682	0.713
	指示空速/kn	210	211	212	212	213	213	211	209	208	208
	燃油流量/台	727	721	718	716	710	703	693	690	692	700

5.4.3.3　性能数据库

无论基于第一法则的计算，还是基于性能数据表格插值的性能计算，都需要一些基础数据，这些数据以性能数据库的形式存在于 FMS 中。

在基于性能数据表格插值的性能计算中，性能数据表格称为性能数据库；在基于第一法则的计算中，依赖的基础数据包括气动力数据、发动机性能数据、飞机特征参数等也称为性能数据库。因此性能数据库也分为两种类型,一类只包含作为计算结果的性能数据(可称为插值型性能数据库),另一类只包含气动力数据、发动机性能数据和飞机特征参数等数据(可称为第一法则型性能数据库)。由于基于第一法则的计算和基于性能数据表格插值的性能计算各有优劣,因此在实际性能管理中也往往会混合使用这两种计算方式,这时的性能数据库称为混合型性能数据库。

性能数据库的类型和内容取决于 FMS 性能管理功能的系统需求。由于不同机型的 FMS 功能不尽相同,因此性能数据库的类型和内容需要根据具体机型的 FMS 的性能管理功能具体分析,并没有统一的标准(与导航数据库不同)。在 ARINC 702A 中,描述了作为范例的性能数据库,其有气动力数据和发动机性能数据的存在,是一种混合型的性能数据库,其内容如表 5 - 9 所示。

表 5 - 9　ARINC 702A 性能数据库内容

类　别	名　称
气动力数据	极曲线
	雷诺数修正
	压缩性阻力
	配平阻力
	风车阻力
	扰流板(减速板)附加阻力
	抖振马赫数/升力系数
	失速速度
	限制倾斜角
发动机性能数据	额定推力等级性能数据
	减推力等级性能数据
	引气影响
	慢车推力设定
	转速特性数据

(续表)

类　　别	名　　　称
性能数据	经济爬升速度(全发和一发失效)
	经济巡航速度(全发和一发失效)
	经济下降速度(全发和一发失效)
	飘降速度
	等待速度
	久航速度
	LRC 速度
	最大爬升角速度
	最大爬升率速度
	标牌速度
	最大高度(全发和一发失效)
	起飞时间、油耗、距离
	复飞时间、油耗、距离
	备降计划时间、油耗、距离
	最佳高度
	油量-重心关系
起飞进近数据	V_1、V_R、V_2
	进近速度
	爬升离场速度

5.5　导航数据库

　　最早的导航数据应用起源于 20 世纪 30 年代,为了提高飞行安全,美国驾驶员 Jeppesen 收集了与飞行航线相关的地面标识物资料,包括机场的跑道长度、跑道坡度、机场灯光及附近的障碍物,手工绘制成航图用于自己的飞行,并提供给其他驾驶员。当无线电技术应用于航空导航领域后,导航数据中增加了导航台信息以及设计为向台、背台的飞行程序。随着计算机技术的发展,导航数据信息从 20 世纪 40 年代开始被加载到导航设备中提供应用。从 20 世纪 70 年代安装了依赖于数据库的系统开始,导航数据为驾驶员提供飞行信息显示,有助于驾驶员更好地理解政府发布的航图。从 20 世纪 80 年代运输类飞机安装 FMS 起,导航数据为区域导航功能提供导航台、航路点和机场航线等必要的信息。随着导航技术的发展和 PBN 的实施,导航数据的类型和容量都在不断增加,以支持 RNP 程序、星基增强进近和地基增强进近等运行要求。

图 5-45 简要展示了当前导航数据从初始生成到应用的流向。机场、空中交通服务提供商、通信服务商以及程序和空域的设计者通过勘测和设计获得导航台、通信台、程序、航路点、机场和空域情报区等初始信息,这些信息经过政府或局方认可的航空情报机构收集汇总后作为航行情报发布给各方使用者。

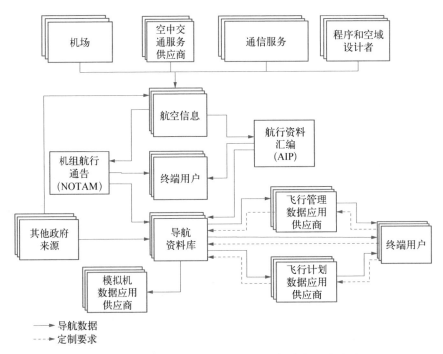

图 5-45　当前导航数据从初始生成到应用的流向

　　一些航空数据供应商如 Jeppesen、LIDO 和 EAG 按照 ARINC 424 定义的格式将航行情报中各种表现形式的各类数据进行编码,形成一个每行 132 个字符的文本文件,用一行或者若干行表示一个导航数据的信息。这些 ARINC 424 导航数据文件用于机载导航、航空公司飞行计划制作以及空中交通管理。由于使用场景不同,因此也会根据应用需要进一步加工 ARINC 424 导航数据文件。导航数据的制作和应用如图 5 - 46 所示。

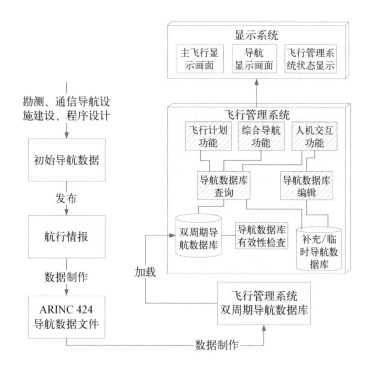

图 5 - 46　导航数据的制作和应用

　　为了便于在飞行中快速地查询获取导航数据,FMS 的供应商会设计专用的机载导航数据库二进制文件格式,通过一些软件工具,将 ARINC 424 导航数据文件制作成机载导航数据库文件。

　　因为航行情报信息是动态变化的,所以按照 AIRAC 的规定,导航数据以 28 天为周期进行更新。FMS 导航数据库交付给航空公司等业务单位,加载到飞机上的设备内。

导航数据库包含航图上的固定点，如导航台、航路点、机场、跑道、航路、进场/离场程序和进近程序等数据元素。FMS利用导航数据库按照公司航路或预定义航路的方式生成飞行计划，在飞行计划中插入、删除固定点或者终端区程序，根据飞行计划将需要调谐的导航台频率发送给无线电调谐单元，并为无线电位置计算提供导航台位置、高度和磁差等信息。

有时候需要的一些数据不在导航数据库里，或者驾驶员临时需要设置一些参考点便于飞行操作。为了满足上述两种情况，FMS还提供了补充/临时导航数据库及其编辑功能，驾驶员可通过人机交互输入自己定义的固定点、导航台和航路等信息。

本节依次介绍飞行管理系统导航数据库内容、导航数据库格式、导航数据库的制作以及导航数据库管理功能。

5.5.1 导航数据库内容

FMS导航数据库包含的内容可以从两个方面考虑：① 数据范围，与使用该数据库的飞机飞行任务有关，如是全球的还是亚太地区的；② 数据类型及其包含的信息，与FMS提供的应用需求有关，如支持GLS进近就需要包含GLS进近程序和GLS台站信息。本节从第二个方面讨论导航数据库内容。

FMS导航数据库每一类数据包含的信息根据实际应用需要确定，因此它包含的数据类型及每一类数据包含的信息是ARINC 424文件中导航数据类型及其信息的子集。ARINC 424第3章描述了导航数据类型，第4章定义了每类导航数据包含的信息名称和信息长度，第5章解释了每类信息的定义和格式。

导航数据库中包含的信息如表5-10所示。表5-10列出了一般FMS导航数据库包含的导航数据类型，但不限于以下内容。

表 5-10　一般 FMS 导航数据库包含的导航数据类型

导航数据类型	导航数据包含的信息
VHF 台信息	导航台标识符;ICAO 区域码;导航台等级;台站磁偏角;经纬度;频率;FOM;海拔
NDB 台信息/ 终端区 NDB 台信息	导航台标识符;ICAO 区域码;导航台等级;经纬度;频率
ILS 台信息	导航台标识符;ICAO 区域码;跑道识别符;频率;着陆航向信标台方位;台站磁偏角;下滑道角
GLS 台信息	导航台标识符;ICAO 区域码;经纬度;通道号;GLS 方位;下滑角;磁差
航路上航路点信息/ 终端区航路点信息	航路点标识符;ICAO 区域码;经纬度;航路点类型
航路信息	航路标识符;固定点标识符;固定点 ICAO 区域码;固定点类型;转弯半径;航路类型
非终端区程序中的等待程序	固定点;ICAO 区域码;转弯方向;入航航道;高度;入航距离或时间
机场信息	机场标识符;ICAO 区域码;机场名称;机场参考点经纬度;海拔;磁差;过渡高度;过渡高度层;速度限制;速度限制高度
停机位信息	机场标识符;ICAO 区域码;停机位标识符;停机位经纬度
跑道信息	机场标识符;ICAO 区域码;跑道标识符;跑道经纬度;跑道方位;跑道方位参考指示;跑道长度;入口海拔;入口偏移;入口穿越高度
终端程序(离场程序、进场程序和进近程序)信息	机场标识符;ICAO 区域码;程序/过渡程序识别符;跑道识别符;程序类型;路径和终止编码;固定点标识符;固定点 ICAO 区域码;航路点属性;航向或航道;高度限制 1;高度限制 2;时间或速度;速度限制;推荐的导航台;推荐导航台到固定点的方位和距离;固定半径转弯的圆心和半径;RNP
SBAS 垂直路径信息	机场标识符;ICAO 区域码;程序识别符;过渡程序识别符;跑道识别符;程序类型;参考路径 ID;着陆跑道入口点经纬度;着陆跑道入口点椭球高;下滑角;FPAP 经纬度;入口宽度;过跑道入口高度;长度偏移(停止端距离 FPAP 的距离);HAL;VAL;CRC 校验信息
公司航路信息	公司航路识别符;起飞机场;起飞机场 ICAO 区域码;目的地机场;目的地机场 ICAO 区域码;离场程序名称;航线标识符/进入点和退出点标识符及 ICAO 区域码;固定点标识符;固定点 ICAO 区域码;进场程序;进近程序

（续表）

导航数据类型	导航数据包含的信息
格网最低偏离航路高度（MORA）信息	经纬度；MORA
FIR/UIR 信息	FIR/UIR 标识符；边界类型；经纬度；圆弧原点经纬度；圆弧距离；圆弧方位；FIR 高度上限；UIR 高度上限和高度下限

各类导航信息的标识符有一定的编码规则，如航路点用五个字符表示，VHF 台用三个字符表示。由于信息很多，在大范围内势必有重名，因此要求在一定范围内同一类数据不重名，便于在插入航路点、航线或者无线电调谐选台时能够通过标识符查询。ICAO 用两位字符组成的 ICAO 区域码对全球进行了地理分类，如中国各区域是"Z"开头，分了 ZB、ZS、ZG、ZJ、ZH、ZL、ZP、ZU、ZW 和 ZY 10 个子区域。VHF 台、NDB 台、航路点和机场可使用 ICAO 区域码作为范围区别。在点类型导航信息中应包含用两个字符表示的所属地理区域编码，用于识别重名项。但终端区航路点和终端区 NDB 导航台即使根据 ICAO 代码范围划分还是有重名的现象，因此在存储时需要将其与所在终端区的机场标识符关联，或者在查询时将起飞、目的地和备降机场的经纬度作为关联考虑。

5.5.2　导航数据库格式

机载导航数据库由 FMS 制造商定义，按照 ARINC 424 的分类，将导航信息分成独立的二进制文件，如 VHF.bin、ILS.bin 等，以满足不同应用的需求。这些文件各自包含同一类导航元素的信息。机载导航数据库格式的设计宗旨是既能高效利用存储空间，又能便于检索访问。下面分别介绍配置文件、检索信息的组织、终端区信息的组织以及线类型导航信息的组织。

1）配置文件

AIP 按照 ICAO 的 AIRAC 规定每 28 天更新一次，因此 FMS 的导航数据库也需要每 28 天更新一次。通常更新导航数据库是由航空公司维护人员在每个周期中的特定几天内操作的,为了保证在前后周期更迭时都能获得有效的数据,FMS 提供了双周期导航数据库能力。因此加载的导航数据库文件包含了当前和下一周期数据,以及对应的 AIRAC 周期和相应的有效时间,以便驾驶员在状态页面上检查导航数据库的有效期。例如 AIRAC 为 0108,表示 2001年第 8 期数据,按 ICAO 的规定,其相应有效期为 2001 年 8 月 9 日—2001 年9 月 5 日。下一期 0109 的有效期则从 2001 年 9 月 6 日开始,满 28 天结束,周期数据的有效时段依次类推。FMS 制造商将 AIRAC、有效期以及数据库部件号、制作时间、文件的 CRC 都记录在导航数据库的配置文件中。

2）检索信息的组织

有两类方法提供 FMS 运行时的实时检索遍历,一类是在制作二进制文件时,根据一定的顺序排列、存储导航信息。例如航路点的存储,可以在文件开始先列出统计的总航路点个数、以数字和 26 个字母开头的航路点个数,再按照标识符、所属区域码、纬度、经度的顺序排列、存储航路点。另一类方法是给航路点文件建立标识符排序索引和位置排序索引,这类信息一般有一个主记录文件和相应的排序索引文件。

3）终端区信息的组织

对于终端区与机场有关联的信息,有两种不同的处理方式。一种方式是记录文件中除了本元素标识符外,还应包含所关联机场的标识符和地理区域码。还有一种方式是在该元素主记录中与某个机场关联的信息连续存储,然后在机场主记录表中存储该机场第一个这类元素在相关主记录文件中的位置和这类元素的个数,在机场主记录文件和终端区元素主记录文件之间建立映射关系。下面介绍的终端区线类型导航信息的存储方式也采用了第二种方式。

4）线类型导航信息的组织

线类型的导航信息是指航段/航路序列组成的信息,如航路、离场程序、进场程序和进近程序。航路信息一般有三个文件,第一个是包含航路标识符和航路中航段数的主记录文件,第二个是包含了所有航路的航段记录文件,第三个是针对主文件的标识符索引文件。

在运行中，驾驶员一般先选择机场，再选择该机场相关的离场程序、进场程序和进近程序。而终端程序还可包含一个公共程序和多个过渡程序。与航线类似，公共程序和过渡程序都是由若干航段组成的，因此可以采用如图 5-47 所示的示例方式存储终端区程序。

机场主记录文件

	ID	区域码	……	首个APP偏移量	APP个数	……
			……			
T	ZSNJ	ZS	……	N	2	……
$T+1$	ZSSS	ZS	……	$N+2$	4	……
			……			

进近主记录文件

	ID	首个子程序偏移量	子程序数量	……
		……		
N	108	P	3	……
$N+1$	127	$P+3$	1	……
$N+2$	105	$P+4$	3	……
		……		

进近子程序记录文件

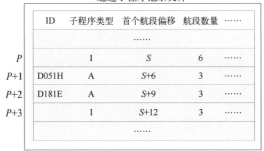

	ID	子程序类型	首个航段偏移	航段数量	……
			……		
P		I	S	6	……
$P+1$	D051H	A	$S+6$	3	……
$P+2$	D181E	A	$S+9$	3	……
$P+3$		I	$S+12$	3	……
			……		

进近航段记录文件

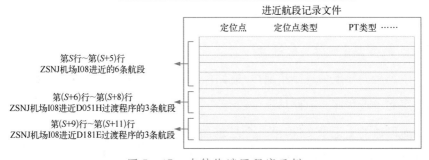

定位点	定位点类型	PT类型	……

第S行～第($S+5$)行
ZSNJ机场I08进近的6条航段

第($S+6$)行～第($S+8$)行
ZSNJ机场I08进近D051H过渡程序的3条航段

第($S+9$)行～第($S+11$)行
ZSNJ机场I08进近D181E过渡程序的3条航段

图 5-47　存储终端区程序示例

公司航路是航空公司或用户定义的起飞机场和目的地机场之间的飞行计划,用 1～10 个数字字母表示标识符。每条公司航路包含的航线和固定点顺序都是不确定的,个数也无法确定,所以若用类似进、离场程序的表格形式文件存储,则需要两个文件。一个是主文件,包含公司航路条数、每条公司航路的名称;另一个是公司航路项列表文件,按顺序包含公司航路中的航线信息和航路点信息。与这种表格存储方式相比,还有一种字符串编码方式可以减少存储空间。可以借鉴 ARINC 702A‐5 ATTACHMENT 7 飞行管理系统与数据链接口第 9 章的方式,采用识别符编码,用字符串表示一条公司航路。表 5‐11 为导航数据库公司航路格式示例。如果采用字符串编码方式,则 FMS 在从导航数据库中取出公司航路创建飞行计划时,需要先进行解码。

表 5‐11 导航数据库公司航路格式示例

公司航路元素	识别符	示　　例
公司航路标识符	:CR:	:CR:ZGSDZBAA01
起飞机场,ICAO 区域码	:DA:	:DA:ZGSD,ZG
目的地机场,ICAO 区域码	:AA:	:AA:ZBAA,ZBZBAA,ZB
航路点,ICAO 区域码	:W:	:W:MIPAG,ZG
VHF 导航台,ICAO 区域码	:D:	:D:ZAO,ZG
NDB 台,ICAO 区域码	:DB:	:DB:OC,ZB
航路 进入点 退出点	:AW:	:AW:W21:D:GLN,ZG:W:NUSLA,ZG
备降机场,ICAO 区域码	:BA:	:BA:ZGGG,ZG

5) 数据库文件大小

导航数据库总容量有限制,但各个文件大小不固定。而一般临时导航数据库和补充导航数据库每类元素的最多个数是固定的。

空域航路的发展以及新技术的应用使得导航台、航路点、机场等导航数据信息也在不断增加,尤其是终端区航路点和程序。对于老飞机上的 FMS 要适应运行的需要，往往要通过地理区域筛选、删除不用的传统进近程序等方式，留出容量满足飞行新程序的需求。随着计算机的发展，新机型或新 FMS 的硬件可以提供较为充足的存储容量。此外，为了协调、使用好硬件设备提供的存储空间，各类元素的记录数是可变的，记录数多的文件可以占用较大的容量。

5.5.3　导航数据库制作

FMS 使用导航数据库中的机场、固定点和程序等导航数据进行 RNP RNAV 运行，数据内容的正确性、精度以及完好性对飞行安全空域安全，尤其是在终端区和进近阶段的安全有重要的影响。

为了能够达到使用功能和飞行操作安全的目的，作为参与运行的一部分，加载到 FMS 中的导航数据必须满足应用所需的数据质量要求，其生产质量管理过程应得到局方认可。目前普遍采用接受函的方式表示对供应商导航数据处理符合要求表示认可。AC 20 - 153B 航空数据处理和相关数据库的认可给出了获得接受函的符合性建议，即按照 DO - 200B 航空数据处理标准建立导航数据质量保证过程，并按照此过程制作生产数据。

目前 CAAC 在 PBN 运行的规范中对 FMS 导航数据库供应商提出了两类接受函资质的要求，也发布了 AC - 91 - FS - 2014 - 21《航空运营人导航数据库管理规范》。CAAC 关于导航数据处理认可的适航文件即将发布，目前可以参考 AC 20 - 153B 和 DO - 200B 开展 FMS 的导航数据库制作。

本节简要介绍了对导航数据质量要求、导航数据处理要求和导航数据处理工具的考虑。

5.5.3.1　导航数据质量要求

导航数据要求来自功能的使用目的和功能 PSSA 得出的对数据保证等级的要求，称为导航数据质量要求。DO - 200B 附录 B 给出了导航数据质量要求七项要素的定义指导。

1）精度

精度是指估计或测量值与其真实值的符合程度。导航数据库中的测量值有精度要求，定义值没有精度要求。精度应该按高一级的精度要求分配。对于典型导航操作，单个数据元素的精度要求一般可参考 DO‐201A 中的定义。

2）分辨率

分辨率是指测量值或估计值的单位或位数。测量值有分辨率要求，它对精度有影响。它的定义其实也是数据格式的一部分，一般要求在 DO‐201A 中有定义。

3）保证等级

保证等级是指提供有效或未损坏数据的过程的可信度。导航数据的保证等级是数据处理的要求，它是基于整个系统的架构和安全影响分析获得的，一般可参考 DO‐201A 中的定义。

4）可追溯性

可追溯性是指数据产品提供更改记录的能力，能保证数据从最终用户到数据来源的追踪。数据要保存到不需要为止，并且能够追踪溯源。建议参考要求的审查周期确定保存时间。

5）时效性

时效性是指数据适用于其预期使用期的可信度，采用 28 天 AIRAC 周期的版本期限定义数据的有效期。

6）完整性

在 DO‐200B 中用完整性表示提供执行预期功能必需的所有数据的置信度。数据既要满足系统存储的限制又要满足预期功能和飞行应用区域的要求，所以在数据制作时应提供一些选择机制，以满足必需数据的供应。

7）格式

格式是指数据的结构，包含各数据元素的表达形式和数据元素之间的依赖关系。

5.5.3.2　导航数据处理要求

DO-200B 要求从以下几方面定义导航数据处理要求,并证明其满足了这些要求:数据处理程序要求、数据变更协调要求、数据构型管理、人员能力管理、工具鉴定、数据安全性要求。

从导航数据服务模式角度来看,目前有两种方式。第一种是 FMS 供应商作为导航数据生产链上的一个节点,从具有一类接受函资格的数据服务供应商(如 Jeppesen,LIDO 或 EAG)处获得 ARINC 424 格式的 AIP 和 NOTAM 信息,进行数据处理,生成机载导航数据库格式的导航数据文件,并分发给最终用户,在此种模式中 FMS 供应商需要获得二类接受函资格。第二种是 FMS 供应商向数据服务供应商(如 Jeppesen)提供数据处理工具,不参与导航数据的生产过程,由数据服务供应商为最终用户提供导航数据。在此种模式中 FMS 供应商不需要获得二类接受函资格。

第一种方式的好处是 FMS 供应商可以提供更多的数据服务,获得数据服务收益。第二种方式的好处是 FMS 供应商不需要建立数据生产体系,即不用考虑数据的可跟踪性、问题报告的处理。当然这两种思路都可能涉及处理工具的开发和工具的鉴定。

5.5.3.3　导航数据处理工具

导航数据处理包括从上游供应商那里接收数据,对数据进行汇编和转换,根据 FMS 的应用要求和用户的运行范围选择数据,最后按照 FMS 产品要求进行格式化。为了节省空间和保密数据,有的 FMS 制造商还会使用工具将导航数据库文件打包、加密、压缩成一个压缩文件提供用户加载。在每个处理环节都要考虑采用何种验证和确认方法,以证明制作完成的导航数据库满足导航数据质量要求。

2012 年,某航空公司的全球导航数据库有 170 多万条 ARINC 424 记录,全球程序生产使数据库规模每年增加约 3%~8%。而图 5-48 中导航数据处理时间进度展示了 FMS 的数据制作时间只有 8 天,因此 ICAO 9613 文件提出了数据处理过程都应自动化的建议,通过工具的自动化处理和检测高效完成数据库的制作,并保证数据的正确性和完全性。

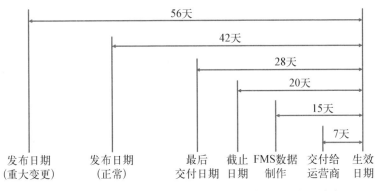

图 5-48　ICAO 9613 文件中的导航数据处理时间进度

FMS 导航数据库的制作工具是软件工具,其鉴定要求可参考 DO-330。鉴定等级与导航数据的 DAL 以及工具属于生产还是验证有关。鉴定等级越高成本也越高,因此在工程中应慎重确定工具解决方案和鉴定策略。

大部分导航数据来自各国民航管理局发布的 AIP,但还有一些是航空公司定制的数据。定制数据的类型有公司航路、备降机场、定制 VHF 台、定制航路点、定制机场、定制跑道和定制终端程序。

定制数据可以由用户提供给航空数据供应商处理,也可以直接提供给FMS 供应商处理。选择不同的生产链,FMS 导航数据库制作工具的功能也不同。

第一种情况,导航数据供应商(如 Jeppesen)通过从政府机构、航空公司等相关机构收集导航数据,经过一系列的整理、验证和确认,保证数据的精度、范围和有效性等特性,然后根据 ARINC 424 规范进行汇编、转换、选择以及格式化,形成电子导航数据文件提供给航空电子供应商(应用集成者),如 FMS 的供应商霍尼韦尔公司。航空电子供应商再将 ARINC 424 格式的电子导航数据文件按照用户的使用要求以及目标应用环境 FMS 的机载导航数据库文件格式进行汇编、转换、选择以及格式化，打包形成二进制导航数据文件，并分发给相应的航空数据用户使用。航空公司等数据用户将二进制导航数据文件加载到 FMS 里。

第二种情况，航空数据供应商（如 Jeppesen）将航空公司选择范围内的 AIP 资料进行 ARINC 424 格式编码后提供给 FMS 制造商。定制数据由航空公司等用户按照约定的格式提供。FMS 制造商将这些信息汇总后，转换成 FMS 所能存储和读取的机载导航数据库格式文件，提供给航空公司加载到 FMS 中使用。

5.5.4 导航数据库管理功能

导航数据库更新时，导航数据库配置文件和导航台、航路点、机场、跑道、终端区程序等内容被一起加载到机载设备的非易失存储器中。

设备上电后，FMS 将需要的内容存储到内存中，便于使用。为了保证运行中使用正确的导航数据，在使用前需要检查数据的有效性。由于 FMS 中多个功能需要查询导航数据库，因此 FMS 提供了一个导航数据库服务模块，为飞行计划的创建和编辑、无线电调谐的选台提供相应的查询服务，获取相应的导航元素信息。

5.5.4.1 导航数据库有效性管理

FMS 在运行中对导航数据库有效性的管理主要体现在数据有效期检查和数据完整性检查方面。

1）数据有效期检查

在"导航数据库制作"一节中介绍了一般加载到 FMS 导航数据库包含两期导航数据。在 FMS 运行时，必须根据当时的时间选定其中一期作为现用数据库。DO－238B 提出了相关的导航数据库版本问题：① 需要考虑提供告警或指示，提醒驾驶员导航数据库过期；② 要考虑在飞行中数据库过期怎么办；③ 要考虑如何让飞行计划和用户定义航路点引用现用数据库。

　　FMS可在上电后根据当时的时间,默认使用当期的数据。也可以在状态页面上提供切换按键,由驾驶员人工选择使用哪一期的导航数据。如果两个周期的数据都过期了,则应发出提示信息。

　　2)数据完整性检查

　　ICAO 9613文件建议采用CRC算法进行完整性检查。在"导航数据库制作"一节中提到,在数据库制作过程中采用CRC算法对所有导航数据进行计算,计算结果存储在导航数据库配置文件中。在加载到设备中时由加载软件负责完整性检查,进行初始化BIT时由FMS导航数据库管理功能计算CRC校验码,并与配置文件中的进行对比。当检查不通过时,应向加载人员或驾驶员发出提示信息。

5.5.4.2　导航数据库查询

　　导航数据库查询功能服务的对象有两类:一类是驾驶员,另一类是FMS内部的其他功能,如飞行计划功能和综合导航功能。

　　驾驶员可通过人机交互提供的导航数据库查询页面分别查询定期更新的导航数据库和驾驶员可编辑的临时/补充导航数据库中的信息。通常驾驶员会查询一些点类的信息,如机场、跑道、导航台和航路点。但有的FMS根据用户需求还提供了线类型的信息查询,主要是航路、公司航路和驾驶员自定义的航路。

　　飞行计划管理功能需要机场、导航台、航路点、终端区飞行程序和航路等信息;无线电调谐功能需要导航台信息;导航性能监视与告警功能需要飞行程序各航段的RNP值。

　　导航数据库查询功能综合服务对象的查询需求,结合导航数据库内容的组织形式,提供各类数据的查询服务。通常包含以下服务:

　　1)点类型数据查询

　　(1)单一结果查询,根据数据类型、数据标识符、区域码查询,或者根据经纬度查询。

（2）多结果查询，根据数据标识符查询，或者查询某一范围的数据。

2）线类型数据查询

（1）机场相关程序查询，根据机场标识符、跑道标识符和程序标识符查询。

（2）航路上的信息查询，根据航路标识符、进出航路的点标识符查询。飞行情报区（FIR）可以视为线类型的数据，只是它是封闭的。

需要提醒 FMS 研发者注意的是，终端区程序的个数在不断增长。在实现"根据某个机场的标识符和区域码提供离场程序、进场程序或进近程序列表供驾驶员选择"的功能时，导航数据库服务模块为飞行计划功能返回的查询结果可包含的最多元素个数应能满足应用的需求。可以根据每项元素的当前情况和发展预期确定这个最大限制值。

5.5.4.3　导航数据库编辑

如果 28 天更新的导航数据库没有包括所有需要的导航元素，那么可以由机组将补充的机场、导航台及航路点存储到补充或临时的导航数据库中。下面就介绍驾驶员导航数据自定义和删除的编辑功能，以及一些 FMS 供应商对于补充或临时导航数据库保存的不同处理方式。

1）自定义导航数据

可以自定义的导航数据与用户需求有关。一般而言，可以自定义航路点、导航台、跑道和航路。

新的航路点可以通过导航数据库页面或者在飞行计划页面插入操作时，采用点方位/距离航路点、点方位/点方位、沿航迹航路点、纬度/经度航路点、交叉航路点、航线交叉点、跑道延长航路点和正切航路点的方式建立。因为除了经纬度和标识符，机场和导航台还有其他信息需要输入，所以一般通过导航数据库页面进行编辑。

波音飞机的 FMS 既提供补充导航数据库也提供临时导航数据库。在地面上可进入补充导航数据库的管理页面，并可输入它的有效日期。有些波音飞机还可通过数据链上传和下传补充导航数据库。

2）删除导航数据

机组可通过在 MCDU 上的操作保存和删除临时和补充导航数据库中包含的内容。飞行结束后,临时导航数据库将全部自动删除。如果要清除补充导航数据库,则可以由机组逐一选中后删除,或者使用 FMS 提供的一键删除补充导航数据库功能。

在导航数据库服务功能的设计和开发中,临时/补充导航数据库的删除管理是个值得关注的细节。因为在飞行计划或驾驶员定义存储的航路中,可能使用了来自临时/补充导航数据库的信息。有些 FMS 在删除主飞行计划、临时飞行计划、第二飞行计划在用的自定义数据时,会出现"使用中"的提示,无法删除。不同的飞机有不同的实现方式,有的既可以一个一个删除,又可以一键删除所有不被主飞行计划和第二飞行计划使用的自定义数据;有的飞机则只有在一定条件下,如地面上飞行计划为空时,可以一键删除自定义数据,否则只能逐个删除没有出现在飞行计划中的元素。

3）保存时间

临时导航数据库和补充导航数据库最大的区别是前者在飞行后自动删除,属于单次飞行使用;后者手动删除,一次创建多次使用。有的机型通过配置文件或者程序插销二选一,有的机型则两者都提供。

有些 FMS 可通过系统配置文件中的选项以控制临时导航数据库的保存时间。例如,可以选择开机后自动删除上一次飞行产生的所有驾驶员导航数据,也可以选择关机后保持驾驶员导航数据库一段时间。驾驶员导航数据库数据可以通过人机接口操作进行加载、保存和下载。

5.6　健康管理功能

FMS 是 RNP 等运行能力的关键系统,外部传感器出现异常或者内部出现失效以及驾驶员输入操作与功能处理出现冲突,都可能影响 FMS 基本功能的处理,从而影响飞机运行。为了实时监控系统的运行状态,提高运行的安全性和可靠性,FMS 提供了健康管理功能,当出现一些异常状态、功能降级或者失去某些能力时,应该向驾驶员发出提示或告警,避免或减少对运行的不利影响。

健康管理功能通过传感器状态检查、系统状态监视和 BIT 实现对各传感器状态以及自身运行状态的监视,并根据状态异常的安全性等级,提供不同方式的指示和告警,便于机组人员采取相应的响应措施,实现安全运行。同时,还能将异常状态和故障记录在非易失性存储器中,多数 FMS 支持记录数据的机上查看和导出,便于地面维护人员的维修检测。传感器状态检查是对 FMS 外部的检查;BIT 是对 FMS 内部的检查;而功能状态监视则是功能层面的综合状态检测。

FMS 的健康管理功能可设计为完整性监视和异常状态响应两大模块,如图 5-49 所示。完整性监视模块主要完成对各个交联传感器的状态检查、系统自身的状态监视以及系统的 BIT;异常状态响应模块主要完成异常状态的发送和记录、状态自主恢复以及信息指示和查看。在产品实现过程中,有些针对特定功能的状态恢复功能可能会放置在 FMS 相应的功能模块中实现。

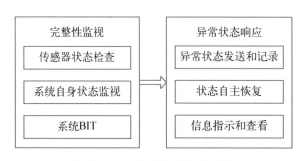

图 5-49　健康管理系统功能

5.6.1　完整性监视

1) 传感器状态检查

FMS 是基于多导航传感器的综合导航系统,功能的正常运行与各传感器的状态息息相关,所以在运行过程中要实时监控各个交联传感器的状态,以保证计算的相关参数稳定可靠。

目前常用的有支持 ARINC 429 总线的传统航空电子系统和支持航空电子全双工交换式以太网(avionics full duplex switched ethernet,AFDX)的先进航空电子系统。虽说两种航空电子系统架构采用的通信方式不同,但是总线上传输的数据核心基本还是 ARINC 429 格式的,所以在实现过程中,FMS 一般通过各传感器的离散型状态字和 ARINC 429 字的标志状态矩阵(sign status matrix,SSM)检查各传感器的状态。此外,FMS 还可以通过接口数据的奇偶校验、传输更新率等确定接口是否正常。

2) 系统自身状态监视

系统自身状态监视是指 FMS 在运行过程中对驾驶员错误输入、错误操作、系统功能降级以及当前的运行状态与期望的不匹配等现象,进行综合性判断和报告。系统自身状态监视的内容一般根据客户的需求进行定制开发,下面给出的是一些常用的状态监视相关的示例。

(1) 操作提示类:例如 FMS 提供驾驶员自定义航路点的功能,但是其容量有一定限制。当自定义航路点个数已经达到最大值时,如果驾驶员再新建自定义航路点,则 FMS 应向驾驶员发出自定义航路点已满的提示。

(2) 数据检测类:例如 FMS 在综合导航位置解算前,采用传感器故障检测和隔离技术对数据合理性进行判断,对于一些异常数据进行剔除或者给出提示。

(3) 系统降级类:例如当 ANP 不能满足期望的导航性能时,系统会提出导航精度降低的警告。再例如,当安装双系统或三系统时,FMS 往往采用双机主从或主备的工作模式。在正常情况下,双机要保持正常的通信和重要数据的同步。当一侧 FMS 无法接收到另一侧的数据,或者两侧导航数据库不一致不能同步工作时,需要告知驾驶员。

(4) 限制不满足类:例如 FMS 提供水平导航和垂直导航功能,控制飞机沿着满足限制要求的指定航迹飞行。因此 FMS 要实时判断是否能满足这些限制。当不能满足要求的限制值时，应能发出指示信息，提醒驾驶员进一步查看，解决问题。

3）系统 BIT

系统 BIT 是指 FMS 通过自动执行内部的一些检测程序对系统软件/硬件进行检查，判断是否有异常。通常分为启动 BIT、初始化 BIT 和周期 BIT。

初始化 BIT 是设备上电后自动运行的软件/硬件检查。周期 BIT 是在正常运行中，按一定的周期，对软件/硬件进行局部检查。前者的检查范围要比后者广，后者在检查时不能影响正常的功能运行。

启动 BIT 旨在当运行中发现问题时对系统进一步检查，尽量明确是哪一个系统的问题，减少不必要的拆除维修工作，提高整体的可用性。主要由维护人员在地面通过激活 FMS 的 BIT 功能，实现对系统的测试。检测结果通过 MCDU 或 MFD 的维护页面显示，并根据需要支持机载打印。

5.6.2　异常状态响应

当检查到异常状态时，FMS 针对其对运行的影响，有不同的处置方式，如记录到机内自测试设备（built-in test equipment，BITE）日志中，尝试自我恢复，或者通过信息显示，甚至通过告警系统的音频提示驾驶员采取响应措施。

1）异常状态发送和记录

对于驾驶员输入格式错误和驾驶员自定义数据个数已满的信息只需显示，不需要记录到 BITE 日志中。其他类型的状况一般都要记录到 BITE 中。对于一些属于故障的信息，将发送相应的故障代码给机载维护系统。

2）状态自主恢复

面对有些异常状态，FMS 会先尝试自主恢复，当不能自行处置时，再用信息指示驾驶员处置。例如，FMS 一般先主用同侧的 GPS 数据，当同侧的 GPS 数据无效时，会自动选用另一侧的 GPS 数据。当所有的 GPS 数据都不可用，导航功能降级时才会向驾驶员发出告警信息。

有些飞机安装了三套 FMS,在正常情况下处于双机同步工作模式,第三个 FMS 处于备份状态。当双机工作中的某一个 FMS 故障无法工作时,处于备份状态的第三套 FMS 会进入正常运行状态,与正常的那个 FMS 自动构成新的双机架构。

3) 信息指示和查看

FMS 的信息有的按照影响等级划分,如告警、咨询和输入格式错误;有的按照驾驶员是否必需响应划分,即分为不需要响应和需要响应两类。

FMS 的信息都会显示在 FMS 状态显示器上(一般位于中央操纵台的 MCDU 或 MFD 上)。

对于告警信息,还会在前方显示器(PFD、ND 或飞机指示告警显示页面)上显示"FMS 有信息"的提示,提醒驾驶员到 FMS 页面上查看和处置。甚至有的告警信息还会在 PFD、ND 或飞机指示告警显示页面显示,如"导航精度降低"会在 MCDU 和 ND 上显示。

信息的存在取决于形成它的异常状态或条件。如果状态或者条件不存在了,则信息会自动清除。FMS 要提供对现存信息的管理,将当前留存的信息按照优先级排序,例如影响程度从高到低、发生时间从后到前排序,以供驾驶员查看。

6

人机交互设计

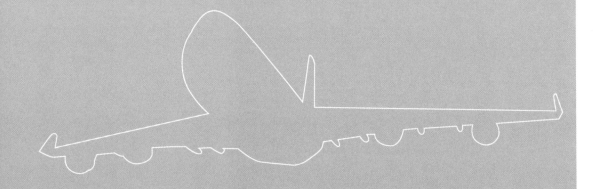

6.1　传统飞行管理系统人机交互接口

FMS显示控制接口作为FMS的人机交互接口,是驾驶员向FMS输入飞行计划、设置飞行参数、监控飞机导航状态、查看飞行性能参数的装置。自20世纪70年代FMC装备到民航飞机上以来,FMS显示控制接口一般布置于驾驶舱中央控制台上部,较为常见的是CDU/MCDU形式。显示硬件设备为5寸的阴极射线显像管显示器或液晶显示器,12个行选键分立于显示器两边,12个特殊功能键及全字母数字按键的物理键盘位于屏幕下方。伴随航空电子系统向综合化趋势发展,FMS的显示控制组件以MFD形式呈现,使用15寸大屏幕液晶显示器,多功能键盘分立显示器两边,并引入光标控制装置。随着触摸屏技术成熟度的不断提升,触控也将成为一种高效的控制手段。FMS信息分屏切分成主、副驾驶两个页面。FMS显示和控制接口从飞行计划列表式管理,到支持导航状态监视、性能管理、数据链CPDLC消息管理等,极大丰富了显示内容和操作模式。

在采用综合模块化航空电子系统架构的飞机上,FMS作为软件程序驻留在IMA核心处理计算机中。FMS的显示组件MFD、多功能键盘和光标控制装置集成在显示系统中。如果运行时中央控制台上的MFD发生故障,则还可以把FMS的状态页面切换到下视显示器的MFD上。FMS通过ARINC 664总线与显示系统交联。某国产飞机FMS与人机接口的交联如图6-1所示。

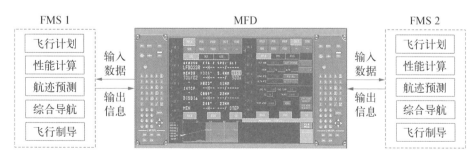

图6-1　某国产飞机FMS与人机接口的交联

6.1.1 飞行管理系统控制显示单元

在大型民用飞机上装备的 FMS 的 CDU 分为两种类型。

1) CDU/MCDU

在这种形式的产品中,空客公司称为 MCDU(多功能控制显示单元);波音公司称为 CDU(控制显示单元)。这两种称呼只是名称不同,控件布局和显示方式完全一致。当然,一些功能按键随着装备的机型不同略有区别。

该控制显示单元最突出的设计特点是采用航空电子设备常用的行选键

图 6-2 Esterline 公司 CMA9000 的 MCDU(图片来自网络)

设计。行选键有 12 个,按 6×2 分布,即显示器左右两边分别有 6 个行选键,显示软件上与每个行选键对应的都是可编辑的文本对话框。机组人员通过按压行选键选中对应的文本对话框,控制相应文本的输入。这种 6×2 的行选键布局规定了 FMS 的所有页面内容显示都遵循 6×2 左右两列共 6 行的信息显示。这类系统主要装备在广泛使用的型号,如波音 737NG、波音 777 系列,A320、A330 系列飞机上。Esterline 公司 CMA9000 的 MCDU 如图 6-2 所示。

2) MFD

目前 A350、波音 787、中国商飞 C919 飞机等新一代玻璃化驾驶舱的中央控制台前部配置了 MFD。在这一显示区域内,不但能显示 FMS 内容,而且能通过 MFD 显示控制界面上的切换键控制飞机机电、飞控、电气、燃油、通信、导航显示等系统页面的显示。为了减少名称变化带来的困扰,并区别其他系统提供的页面,空客和波音公司在提到 MFD 上 FMS 的显示页面时还是沿用了传统的"MCDU 页面"或"CDU 页面"的说法。

下面以国产某型号大飞机为例进行介绍。其采用了 15 寸中央 MFD,在 CDU 显示模式下,分为左右两个 FMS 显示界面供主、副驾驶使用。由于飞行中正在操纵飞机的驾驶员和未操纵的驾驶员承担着不同的分工,因此分屏显示的 CDU 页面显示内容也可以不同,并受左右驾驶员分别控制。MFD 上的 FMS 人机交互页面如图 6-3 所示。

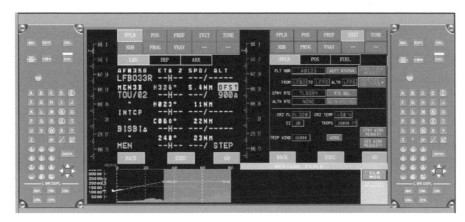

图 6-3 MFD 上的 FMS 人机交互页面

如图 6-3 所示,屏幕的周围边框并没有行选键的配置,引入这种大尺寸的 MFD,其优势在于提供了更大的可显示区域。因此,再设计成 6×2 共 12 条信息的页面布局,就造成资源浪费了。借鉴商用电脑的指点控制设备(鼠标)的界面操作理念,同时又考虑飞机颠簸对指点移动设备精确操作的影响,设计为光标控制装置(CCD)和多功能键盘(MKB)硬件设备组合使用,具体功能如下。

(1) CCD。每位驾驶员配备一个单独的 CCD。驾驶员可以使用 CCD、通过菜单方式实现显示窗口管理和显示格式控制功能,具有快捷键以提供直接的数据更改功能。CCD 满足人机工效学的要求,手部托起可以减轻主、副驾驶手臂的疲劳,如图 6-4 所示。

图 6-4 CCD

图 6-5　MKB

（2）MKB。每位驾驶员配备一个单独的 MKB，驾驶员可以通过 MKB 在 MFD 的多功能窗口中输入数据。此外，通常 MKB 上还有一个带 8 个方位可控的、中间可以按压的按键，可以用作光标控制的备用方式，如图 6-5 所示。

（3）FMS 显示人机接口。从 FMS 显示页面内容的角度来说，驻留在中央多功能显示器的飞行管理显示控制页面显示在 MFD 上，单页显示的内容更加丰富，能够简化驾驶员的功能操作。例如，驾驶员使用 FMS 的第一步航前准备，在 CDU/MCDU 中按顺序输入和检查每类页面：

a. 飞机识别设定 IDENT 页面。

b. 位置初始设定 POS INIT 页面。

c. 航路设置 RTE 页面（由多页组成）。

d. 性能初始 PERF INIT 页面。

e. 推力设置 N1 LIMIT 页面。

f. 起飞基准 TAKEOFF REF 页面。

这 6 类页面分别由 1 个或多个页面组成，机组人员在完成这一流程时，需要切换页面 6 次以上。采用中央多功能显示器的飞行管理显示控制设备，其较大的显示区域可将航前准备的这 6 类页面重新组合在 2～3 个子页面上，驾驶员可以通过标签（tab）来切换页面，提高了显示画面利用率，减少了记忆操作，提升了工作效率。

6.1.2　飞行管理系统显示信息

FMS 显示信息分为两部分。一部分位于中央控制台，由主、副驾驶控制与监视；另一部分位于下视飞行显示系统，用于指示 FMS 的工作状态和飞行参数。

无论是 CDU/MCDU 形式还是 MFD 形式的显示控制方式布局,都直接映射 FMS 的 5 大核心功能(导航、性能计算、航迹预测、飞行计划、飞行引导),以及 3 个交联设备(数据链系统的 CPDLC 机载端消息管理、导航无线电调谐管理、打印机)的状态显示。

标准飞行操作流程根据飞行阶段的分解,对 FMS 的核心功能设置包括位置基准、飞行计划、性能基准、推力限制管理、基准导航数据监视、RNP 进程监视。下面以波音 737 飞机的 FMS 显示页面为例展开描述。

1) MCDU 显示页面

MCDU 显示页面显示不同飞行阶段的系统信息,并接收驾驶员通过按键输入的数据和指令。

驾驶员可选择显示飞行计划、修改航路、输入性能参数、数据库查询等页面。通过草稿行向 FMC 输入飞机所在位置的经纬度、跑道数据、航路代码、航路点代码、飞机起飞重量、高度速度限制等。驾驶员输入的数据会在草稿行显示。数据输入完后,按压需要输入数据的区域的行选键,系统将数据从草稿行传入输入区,同时可按照驾驶员的要求显示相关的电子页面信息。

在不同的飞行阶段,MCDU 使用的页面主要包括以下几种: IDENT 页面、POS INIT 页面、ROUTE 页面、PERF INIT 页面、THRUST LIM 页面、APPROACH REF 页面、LEGS 页面、PROGRESS 页面、起飞和着陆页面、爬升页面、巡航页面。

波音 737 飞机的 CDU/MCDU 按键布局如图 6-6 所示,CDU 功能按键如表 6-1 所示。

图 6-6
波音 737 飞机的 CDU/MCDU
按键布局(图片来自网络)

表 6 - 1　波音 737 飞机的 CDU 功能按键

按　键	对应页面	功　　能
INIT REF	IDENT	飞机和发动机模式、使用的导航数据库及导航数据库有效时间
	POS INIT	IRS 位置初始化
	PERF INIT	性能初始化-飞机总重量、燃油重量、巡航高度和成本指数
	THRUST LIM	选择参考推力限制
	TAKEOFF REF	起飞 VNAV 剖面、起飞参考速度
	APPROACH REF	进近参考
RTE	RTE	航路及起飞和目的地机场
DEP ARR	DEPARTURES	起飞机场跑道和 SID
	ARRIVALS	目的地机场跑道、STAR 和 APP
LEGS	LEGS	航路航段信息
HOLD	HOLD	等待航线参数
PROG	PROGRESS	飞行进程及时间、燃油预测

2) 下视显示器

FMS 除了在 CDU 上显示信息,也在位于前仪表板的下视显示器(head down display,HDD)上显示 FMS 的工作状态和目标飞行参数和预期飞行航迹,用来提示驾驶员在飞机性能包线下安全、高效飞行。HDD 由 PFD、ND 和 EICAS 组成,其中 FMS 有关信息显示在 PFD 和 ND 上。

(1) PFD。PFD 包括姿态指示器、空速指示器、高度指示器、垂直速度指示器、航向指示器、显示模式控制面板和飞行模式指示等组件,用于实时显示飞机的俯仰角、滚转角、真空速、高度、垂直速度、航向和飞行模式等飞机状态信息。姿态仪最上方的 FMA 的三栏标志从左至右分别代表飞机推力状态、水平引导状态、垂直引导状态。如果 FMS 的水平导航和垂直导航与自动飞行控制系统耦合,则 FMA 显示的水平、垂直及推力控制模式将表征当前 FMS 的飞行引导工作状态。

图 6-7 所示为中国商飞北京民用飞机技术研究中心（简称北研中心）自主开发的智能驾驶舱的 PFD 界面，图中 1 代表空速指示，2 代表姿态指示，3 代表高度指示，4 代表航向指示。

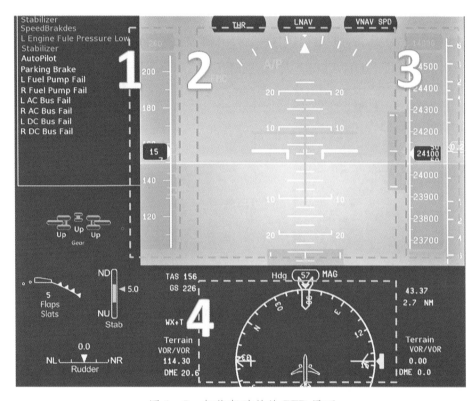

图 6-7　智能驾驶舱的 PFD 界面

FMS 提供给 PFD 的信息如下所示。

a. 速度信息：包括目标速度、V_2、V_R、V_1、V_{REF} 以及最小速度限制等。

b. 航向信息：包括目标航向以及航迹角信息。

c. 高度信息：包括目标高度相关信息。

d. RNP 相关信息：显示当前水平和垂直 RNP 指标、水平和垂直 ANP 值、飞机位置相对于预定 RNP 航迹的水平和垂直偏差以及 RNP 告警信息。

（2）ND。ND是显示导航所需的必要信息的组件。与基于航图依赖领航员导航的形式不同，驾驶员可以直接查看综合显示地图上的距离和航路点。FMC把需要在ND上显示的导航和位置信息数据提供给ND，并按照导航符号要求将航路点、飞行计划、机场显示出来。FMS向ND提供所需显示的内容信息，分为动态信息和背景信息两类。动态信息包括飞机位置、速度、航向、导航格式和导航性能等。背景信息包括飞行计划航路、在飞行计划中和显示量程范围内不在飞行计划中的固定点的标识符和位置。

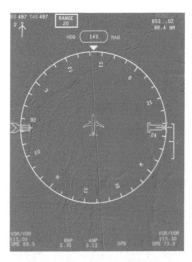

图6-8　导航显示器ND

ND主要功能如下（见图6-8）：

a. 显示当前飞行状态。以数字、符号等形式实时显示飞机的位置、航向、空速、地速、航迹角、风速、风向、到点标识符、待飞时间、待飞距离等。

b. 显示导航模式和导航性能。导航模式显示当前位置计算主用导航源（GNSS、DME/DME、DME/VOR、惯性导航）。导航性能显示水平/垂直RNP和水平/垂直ANP。

c. 显示水平飞行计划。提供当前主飞行计划、临时飞行计划和第二飞行计划的显示。以符号形式实时显示整个飞行计划的航路点、航段、导航台、机场、跑道等信息，并且随当前状态的变化动态显示下一航路点和当前正在使用的导航台等信息。同时支持浏览整个飞行计划的功能。

d. 显示垂直飞行剖面。在ND下方实时显示飞机及其所处环境的纵向剖面，包括飞机当前高度、选定高度、目标速度点、前方一定范围内的航路点、跑道、进近参考线，以及TOC、TOD、EOD和航路点高度限制信息。

e. 显示数字背景地图。提供地图和计划模式切换功能，按选择的量程缩放显示范围，根据固定点选项显示或隐藏背景中的航路点导航台、机场等信息。

6.2　图形化飞行管理系统人机交互接口

随着触摸屏技术的普及和成熟,触摸屏不仅可以使驾驶舱布局更加简洁,而且可以提高驾驶员的工作效率。在 ARINC 661 中已提及触摸控件。目前触摸屏已在部分公务机上应用,触摸屏凭借其先进性、便捷性的特点代替传统周边键设备是大势所趋。此外,操控方式的改变也将引起驾驶员操作程序的改变。基于触摸屏的操纵控件可以拥有丰富的功能状态的表现方式。

结合二维地图与飞行计划的 FMS 能够更直观、实时地展现飞行航迹与飞行计划的状态。这种 FMS 显示控制方式的设计思想是将数字地图、导航数据库与飞行计划整合,驾驶员通过特定手势定义完成飞行计划录入与更改、下传到 ATC 以及确认 ATC 上行的飞行计划。

目前,各大航空电子系统供应商及飞机主制造商的研究机构都在他们的概念驾驶舱系统中的飞行管理人机接口上运用了这一概念,如法国泰雷兹公司的 THALES 2020 驾驶舱以及中国商飞北研中心的未来智能驾驶舱。

下面以中国商飞北研中心的未来智能驾驶舱的中央多功能显示组件上的 FMS 图形化人机交互接口为例进行介绍。

6.2.1　飞行计划管理交互

在 18.5 寸的屏幕上全屏显示飞行计划以及飞行的实时航迹,是将 ND 与 CDU 的文本式航路信息相结合的飞行计划管理模式。

(1) 一体化飞行计划界面设计,超大屏幕的新型 FMS 显示组件为展现更多信息提供了有利条件。以往传统的 FMS 显示控制界面能显示的内容非常有限。而在新型显示系统中,飞机初始设置、航路区飞行计划设置、标准离场设置、标准进场设置、进近程序设置等设置组合在了一个显示画面中,并且结合了导航地图的飞行计划可视化显示,使得航路区和终端区的航路内容一目了然。图形化 FMS 人机接口效果如图 6 - 9 所示。

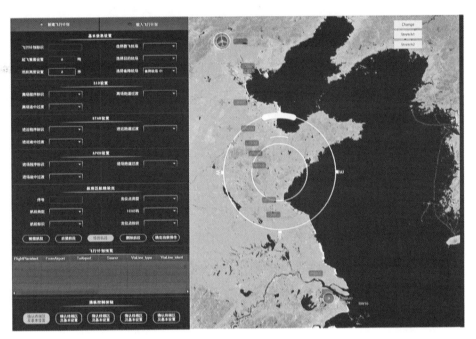

图 6-9　图形化 FMS 人机接口效果

（2）数字地图采用手势缩放设计，可进行比例尺显示调节，默认的比例尺为 1：320 n mile。系统根据当前飞机导航位置提示所在的空管片区信息，如管制频率、管制指令、片区空域流量状态，直观地让驾驶员掌握当前空域交通状态，并且在终端区可进行比例更精细的缩放，从而展示进场和离场的 SID、STAR 程序的显示。相较于 CDU 的进场、离场与航路程序分开设置的菜单模式，新型 FMS 显示控制系统自起点机场跑道到终点机场跑道，飞行程序设置更加连贯。

屏幕触控与手势控制相结合，在数字地图上直接对飞行计划进行变更、查询、创建等操作，如图 6-10 所示。

（3）输入自选点操作，传统 CDU 需要对照纸质航图，计算并在系统中输入经纬度。在 CDU 中只能显示自选点的名字和经纬度，新型可视化 FMS 界面针对这一问题，优化了交互方式，让驾驶员可以直接进行图形化编辑。将 ARINC 424 导航数据库以可触控航图的形式作为 FMS 主控界面，驾驶

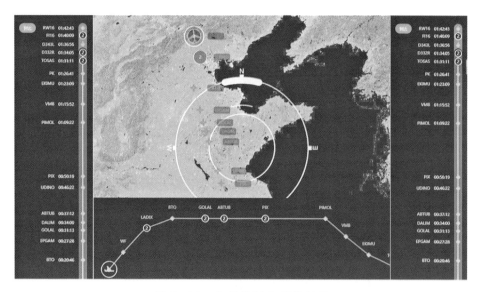

图 6-10　飞行计划主菜单效果

员长按航图上的目标位置，即可显示该点的编辑菜单。飞行计划变更如图 6-11 所示。

图 6-11　飞行计划变更

（4）将相邻航路点加入计划，双指缩放能够显示航路周围的相邻航路点，单击该点可以查询该点的待飞距、待飞航向、限制高度、到达时间的信息。

（5）拖动飞行计划的特定手势，完成飞行偏置航线、直飞、绕飞、等待等修改航路操作。

（6）"图形导航"的"指向并点击"导航能力。作为"指向并点击"功能的一部分，驾驶员可在地图位置（如航点）上点击，以获得可相对于该位置执行的任务菜单。通过长按该位置点，可定义飞往该点的飞行方式。例如，在适当的时候驾驶员仅在航点上点击，从任务选项菜单中选择"保持"，输入或修改诸如保持径向、保持航段距离和保持方向的参数，并且响应驾驶员命令，提供对话框以使能要被输入或修改的任务参数。图形导航指点操作如图 6-12 所示。

图 6-12　图形导航指点操作

（7）飞行计划的垂直剖面可视化显示与配置设定。飞行计划中垂直方向各航路点的限制高度是空中交通管理体系中非常重要的要素。在未来空中管理体系升级中，民航飞机在空中流量控制指挥下，将常态采取连续爬升、连续下降的飞行方式。空域中的飞机，无论是在起飞、降落还是在航路中，都将采取这一直接的方式进行高度层调整穿插飞行队列，取代传统的多梯度升降模式。这对驾驶员掌握航路中飞机垂直剖面的飞行计划的态势感知提出了更严格的要求。可视化的飞行计划垂直剖面显示将离场、巡航、进近、降落的飞行预测垂直航迹串联在一起。同样通过可缩放的显示设计,方便机组人员查看当前计划的高度限制值,还可通过机载数据链的来源,显示排在本架飞机前后的其他飞机的垂直预测航迹。

同样地,飞行计划的垂直剖面的设置更改,即限制高度,也可以通过触摸拖动航路点的方式进行调整。驾驶员可根据当前空域的高度层流量、雷雨位置、云层厚度等要素,通过修改垂直剖面计划生成一条新航迹,然后下传到当前ATC申请批准。垂直剖面可视化显示如图6-13所示。

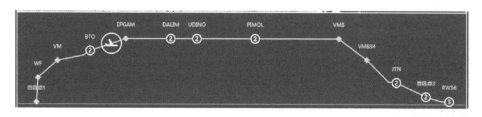

图 6-13　垂直剖面可视化显示

6.2.2　基于时间维的飞行计划控制模式

航路进度滚动条能够显示到达时间。驾驶员点选相应航路点后,通过左右滑动时间窗,可以调整该点的 ETA,并最终下传至空管确认,飞机将会按照新设定的时间节点飞行。

(1) 滚动显示时间维航路进度条,显示待飞航路点的 ETA 和已飞航路点的 ATA。本功能取代了传统 FMS 的进程页面显示方式。进程页面包括的元素有显示航路点的 RTA、显示时间误差、准时到达(ON TIME)、提早到达(EARLY)、延迟到达(LATE),以及满足此计划 RTA 所需的目标速度。时间维航路进度条功能通过手指触摸上下滚动的方式查看航路进度,时间数值采用黄、白、红三种颜色区别时间误差,表示提早、准时、延迟。RTA 进程展示如图6-14所示。

图 6-14
RTA 进程展示

（2）左右滑动时间窗调整控制到达时间（controlled time of arrival，CTA），选中某航路点，左右滑动调整 CTA。先以 1 s 为递增、递减分度，长按时间显示窗的左右侧，可调整为 30 s 递增、递减分度。设置好后点选确认，系统会按照当前飞机性能状态判断目标时间是否可实现。一经确认，新到达时间指令将自动出现在 FMS 的 ATC 消息界面并下发到空管。

（3）确认设置时间，与飞机性能配置、下传空管指令的协商交互，从而控制到达时间。下一代 FMS（NG-FMS）以四维航迹飞行作为核心业务逻辑，在交互方式上也应以 CTA 为主要设置参数以制订、执行飞行计划。

6.2.3　图形化及语音播报式的空管协商数据交互方式

新的 ATC 消息界面针对 TBO 运行进行了按照短报文内容进行划分的设计。例如对于飞行计划更改的指令，新航线将直接反应在 FMS 航行图的主界面上，通过语音系统播报空管上传的指令信息，供驾驶员进行决策。根据国际通用准则，驾驶员有 5 种响应可供选择：WILCO、UNABLE、STANDBY、ROGER、NEGATIVE。

驾驶员可通过 4 种形式下传指令信息：口述指令、按照指令控件模板编纂指令、直接输入指令、在电子航图上绘制新航段并下发。

（1）口述指令：驾驶员直接说出指令，FMS 的语音识别功能会将所听到的指令显示在编辑框待发送，驾驶员在确认指令编辑无误后点选发送键下传地面管制台。

（2）按照指令控件模板编写指令：此功能按照 CAAC 空中交通管制管理办法的指令标准，按照指令的功能进行分类，机组人员按所需功能检索点选关键字,再选择速度、高度、航向等参数,编写一条完整、规范的空管指令。这种方式免除了驾驶员查阅手册的麻烦。

（3）直接输入指令：保留传统 FMS 的编辑发送功能。

（4）在电子航图上绘制新航段并下发：驾驶员在飞行过程中决定更改航线,修改飞行方式。驾驶员可在 FMS 的中央显示控制面板的电子航图中点选所需航路点,绘制出待飞的航迹。然后按发送键下传待飞航迹,向地面发起 4DT 的航迹协商请求。

6.2.4　语音控制的飞行管理系统界面控制交互

不管是传统还是新型图形化的 FMS,都集成了飞行计划管理、导航状态监控、飞机性能配置、推力与引导管理、数据链消息收发管理的核心功能。随着下一代空中交通体系的升级,FMS 作为整个空域系统信息交汇的空中节点,将会承担更多的数据管理任务,功能更加多元化。由此必然增加 FMS 操作界面的层级数量与操作步骤。因此,考虑设计一种具有穿透性的操作方式,可直接将所需页面调出到显示前端,这样可大幅度减小驾驶员切换页面操作的工作量。

语音输入接口具备指令穿透的特点。在飞行过程中,驾驶员会不断对飞机的导航状态与飞行计划进行实时比对。因此一些查询与设置的 FMS 页面在整个飞行阶段使用频率较高。表 6-2 列出了语音输入接口支持的 FMS 界面控制功能。

表 6-2　语音输入接口支持的 FMS 界面控制功能

序号	语 音 指 令	功　能　释　义	所属功能类别
1	查询飞行计划	显示飞行计划的航路页	查询检查
2	查询 RTA 进程	显示 RTA 待飞航路的航路点,时间信息"RTA progress"	查询检查

序号	语 音 指 令	功 能 释 义	所属功能类别
3	查询基准导航数据	IRS、NAVIAID、GPS 的坐标	查询检查
4	查询固定点信息	显示 FIX 的 ID 列表	查询检查
5	查询风况数据	风速、风向	查询检查
6	查询位置报告	显示 monitor position 页面中的内容	查询检查
7	查询空中位置	显示 FMS 计算的综合位置值及高度	查询检查
8	查询进场配置信息	显示 STAR 的列表、过渡段、进近的 ILS 设备号、跑道	查询检查
9	查询进场程序	能够显示进场程序的起始点直到跑道所经过的航段,采用图形化的进场程序显示,还虚拟了一条跑道中心延长线,以帮助机组人员搜寻机场位置;下滑道与下滑轨迹角的垂直剖面进近程序显示	查询检查
10	查询程序等待航段	收到指令后,显示页面切换到 hold 等待程序页面,大致包括如下内容: (1) 等待固定点 (2) 象限/径向线(QUAD/RADIAL),如 NW/330 (3) 向台航道/转弯方向(INBD CRS/DIR) (4) 出航边时间(LEG TIME)(min) (5) 出航边距离(LEG DIST) (6) 速度/目标高度(SPD/TGT ALT) (7) 飞机下一次穿越固定点的时间(FIX ETA) (8) 预计进一步指令的时间(EFC TIME) (9) 等待可用(HOLD AVAIL) (10) 最佳速度(BEST SPEED) (11) 退出等待(EXIT HOLD) (12) 到此等待航路点向台航向和距离	查询检查
11	查询着陆基准	显示着陆基准页面 (1) 飞机全重 (2) 着陆基准(QNH/QFE) (3) 跑道长度(ft 和 m) (4) 下滑道(GS)ON/OFF (5) 显示三档襟翼速度 (6) 风修正	查询检查

　　语音控制台语音输入控件位于中央操纵台后部控制面板区域的顶端。与无线电调谐单元（radio turning unit，RTU）、音频控制面板（audio control panel，ACP）以及中央维护系统（central maintenance system，CMS）放在一起，如图6-15所示。

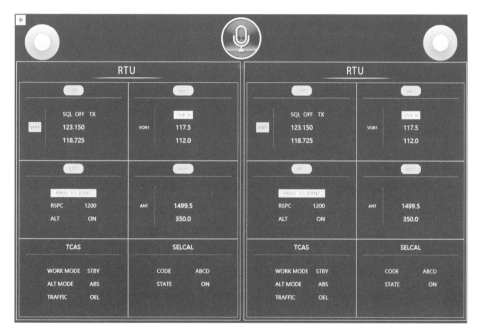

图6-15　语音控制台

7

空地数据链

在 20 世纪 80 年代末 90 年代初,出现了 ACARS 和 FMS 之间的数据链接口。通过该接口可以将地面发送给机载 ACARS 管理单元的飞行计划和气象信息转发给 FMS。在飞行过程中航空公司就可以更新 FMS 中的数据,使得驾驶员可以评估新的气象条件或者变更飞行计划。

为了减少驾驶员和管制员的负荷,提高空地信息交互的完整性,将基于 ACARS 的数据通信应用到管制领域,目前主要应用在洋区和偏远地区的航路数据链运行中,支持缩小水平间隔的实施。国内在兰州管制区和乌鲁木齐管制区 L888、Y1 和 Y2 航路的部分区域应用 CPDLC 和 ADS - C 服务,实施基于性能的通信和监视功能。

随着空域流量的日益剧增,空中交通管理的复杂度也随之增加,为了提升空域运行效能,增加空地之间的信息交互,基于航迹运行的概念应运而生。基于航迹运行的重要特点是航空公司和地面管制都以飞机航迹为中心,充分利用机载设备预测的精确航迹,通过航迹规划、航迹共享、航迹协商和航迹执行实现飞行航班全生命周期的协同管控,同时增强了管制区域内和管制区域之间的协同。空地协同离不开空地数据链通信,同时也促进了民用飞机空地通信网络的发展。

民用飞机空地通信网络包含各种不同类型的数据链系统和局部网络,如图 7 - 1 所示,包括卫星移动通信网络(SATCOM)、全球卫星导航通信网络(GPS)、机载通信系统(Avionics)、卫星通信地面站、甚高频(VHF)通信地面站、高频(HF)通信地面站、地面通信服务网络以及空中交通服务地面站(ATS unit,ATSU)。

目前 ICAO 批准的航空通信数据链有两种模式: 一种是 FAA 提出的 ACARS,另一种是欧洲航空安全组织(European Organization for the Safety of Air Navigation,EUROCONTROL)定义的 ATN。FAA 发展的航空数据通信链路 ACARS 首先建立在通用 ACARS 通信协议和通信信息格式的基础上,形成了支持航空公司空地独立通信数据链的 ACARS 系统,建立了相应的

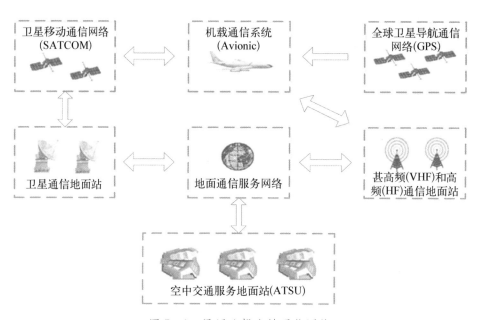

图 7-1 民用飞机空地通信网络

ARINC 和 RTCA 标准。根据空中交通管理发展的需求,在 ACARS 系统的基础上,建立了 CPDLC,大幅度提升了驾驶员与空管系统的信息交互能力。同时,根据空域运行监视的需求,特别是洋区和偏僻地区的非雷达监视区,建立了 ADS-C,有效提升了空域约束飞行符合性监视能力,形成了未来空中航行系统(FANS),如 FANS 1/A 和 FANS1/A+。

EUROCONTROL 根据航空通信发展模式,建立了 ATN 数据通信实施规则,支持当时的通信数据链 Link 2000+,并在此基础上,根据空域交通和监视发展的需求,建立了欧洲新一代航空通信网络 ATN B1 和 ATN B2。目前 FANS 系统(FANS 1/A+)与 ATN B2 集成的数据链正在研制过程中,建立基于 VHF、SATCOM 和 HF 数据链子网组织与管理的通信供应服务管理网络,支持 ATS 应用组织管理模式。如图 7-2 所示为面向 FANS 1/A+ 与 ATN B2 的数据链通信网络。

飞机、空管系统和航空公司通过空地通信数据链和地面通信网络,建立信

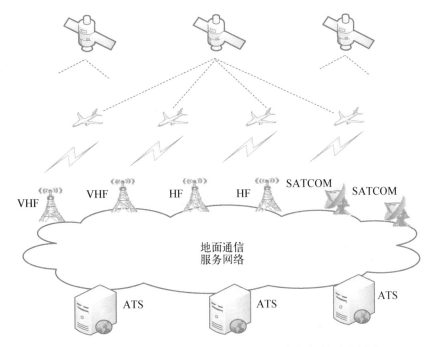

图 7 - 2　面向 FANS 1/A＋ 与 ATN B2 的数据链通信网络

息相互交联和共享的决策环境或平台,即依据当前飞行状态,针对飞行计划需求,根据空域交通和气象环境,实现基于信息交互的飞行决策与管理。如图 7 - 3 所示为飞机、空管系统和航空公司之间的通信交联模式。

　　民机不同数据链应用可分别由 ACARS 或 ATN 协议支持。ACARS 协议和 ATN 协议分别完成在不同网络中的两种通信组网功能,为上层应用(如航空操作通信、航空管理通信、CPDLC、ATS 等)提供服务。不同的国家或联盟对本地区当前或一段时期内数据链的应用及实现做了不同的规划,以规范本地区一段时间内所有飞机数据链应用;不同航空公司根据自己业务的不同对数据链应用及消息实现有不同的要求。FAA 发布的咨询通告 AC 20 - 140B 对符合适航要求的民用飞机数据链应用及相应的子网支持做出了规定,ATN B1 应符合 DO - 280B 标准;FANS 1/A＋ 应符合 DO - 258A 标准;ATN B2 应符合 DO - 350A 标准。

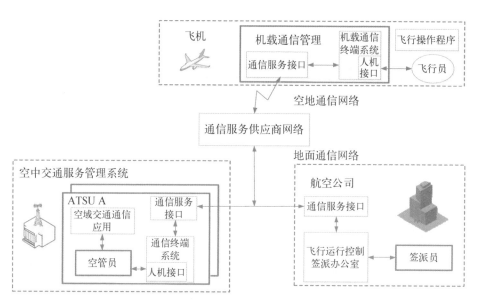

图7-3 飞机、空管系统和航空公司之间的通信交联模式

　　飞机作为一个节点,参与空地飞行信息交互、协同、组织和共享,能够实现提升民机运行的能力、效率和有效性的需求。FMS作为核心机载设备,能够提供与地面交互的接口,与AOC中心之间实现飞行计划、性能参数、气象等信息的交互,与地面管制之间实现航迹的共享和协商。未来,随着应用需求的提升,可能会出现基于ADS-B的空空协同。根据航空电子架构的选择,FMS除了完成空地协同应用外,还可以作为ACARS/ATN终端系统,提供ACARS/ATN协议管理,提供上下行数据链消息显示。

7.1　飞行管理系统终端系统

　　ARINC 660为实现CNS/ATM功能定义了合理的航空体系结构。民用飞机通过FMS、CMU、机组接口的有效组织实现与地面的数据链交互。有三个架构影响FMS和ARINC 758 CMU在ATN数据链环境中承担的作用,如下所示。

（1）FMS 作为 ATN 和终端应用系统，CMU 作为 ATN 路由器的架构应用了 ARINC 656 FMC/CMU 接口，如图 7-4 所示。

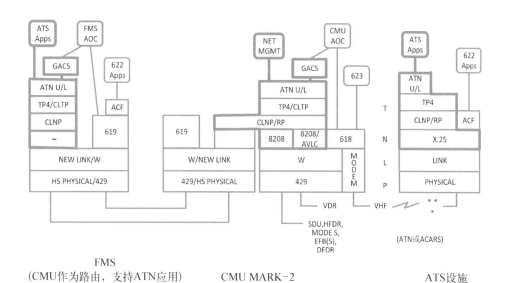

图 7-4　FMS 作为 ATN 和终端应用系统，
CMU 作为 ATN 路由器的架构

（2）FMS 作为终端应用系统，CMU 作为 ATN 终端系统的架构，使用 ARINC 656 远程堆栈接口到 FMS 的网关，如图 7-5 所示。

（3）CMU 作为 ATN 和终端应用系统（如单终端系统）的架构，FMS 根据需要支持 ARINC 656 接口，如图 7-6 所示。

目前典型民用飞机（如 A380、波音 787）能够同时支持基于 ACARS 和 ATN 协议的数据链应用，通常采用双协议栈的处理方式，如图 7-7 所示。ACARS 协议包括应用层、传输层、网络层、数据链路层和物理层共五层。ATN 协议包括应用层、表示层、会话层、传输层、网络层、数据链路层和物理层共七层。

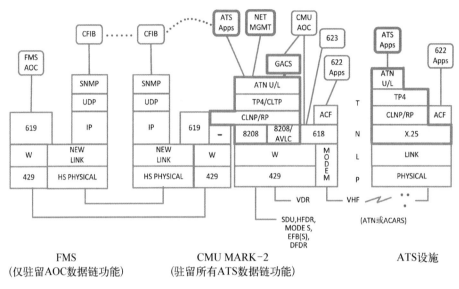

图 7-5　FMS 作为终端应用系统,CMU 作为 ATN 终端系统的架构

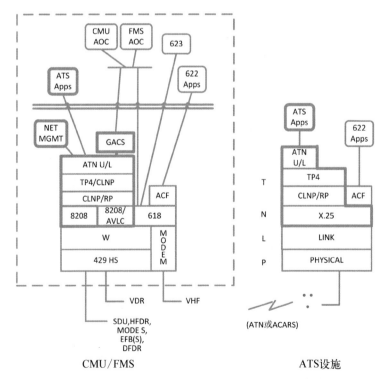

图 7-6　CMU 作为 ATN 和终端应用系统(如单终端系统)的架构

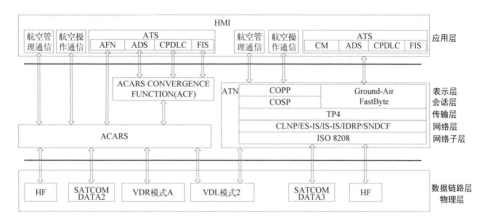

图 7-7　典型民机的双协议栈处理方式

7.2　飞行管理系统终端应用

　　根据飞机与空管系统、飞机与航空公司之间交互需求、交互内容的不同,可以将民机数据链应用进行不同类别的划分,如图 7-8 所示为民机不同数据链应用之间的关系。民用飞机数据链应用由 ATS、航空操作通信和航空管理通信组成。航空操作通信应用实现航空公司与飞机之间航班运行消息的通信,其功能主要包括 OOOI 消息处理、连接登机门信息、飞机统计信息产生、自由电文消息等。航空管理通信应用实现航空公司与飞机之间航班管理消息的通信,主要包括机组调度、乘客服务等与乘客相关的管理事务通信。ATS 应用是空中交通管制部门与飞机之间的通信,主要包括起飞前放行(pre-departure clearance,PDC)服务、数字自动终端信息服务(digital-automatic terminal information service,D-ATIS)、CPDLC 与 ADS-C 服务等。ATS 由 ATC 和 FIS 组成。FIS 应用由地面站向飞机自动重复发送基本的航路信息,是一种无连接、非确认的服务,广播的信息包括气象、自由电文、特殊使用的空域信息、航空情报(NOTAM)和其他一些可用信息,使得飞机及时了解航路气象状况和空

域限制条件,为更加灵活而安全的飞行提供保障。ATC 数据链应用通过自动
ADS、CPDLC、CM 或空中交通服务设施通告(ATS facilities notification,
AFN)等数据链应用实现空中交通控制和管理,促进安全、秩序和效率的空中
交通服务。ATC 消息是世界范围内格式统一的消息,作为 ATS 应用之一,可
以定义为面向字符或面向比特。

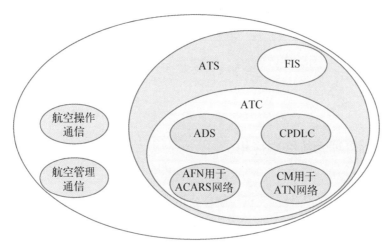

图 7 - 8　民机不同数据链应用之间的关系

1) 航空操作通信

航空操作通信应用于航空公司与飞机之间的通信,航空公司与航空公司之
间通常不一样,个性化的消息通常采用 FMS 的航空公司可更改信息(airline
modifiable information, AMI)数据库进行配置和定义。

为了减少人工输入的工作量和差错,FMS 提供与航空公司操作中心的数
据链接口,该接口允许通过上行链路加载原本需要从 MCDU 输入的参数。这
包括由航空公司签派部门确定的用户飞行计划、在各高度上的风剖面、需自动
报告位置的航路点、性能初始化数据、导航数据库修正、NOTAM。

同样,该接口应提供 MCDU 数据显示的下行链路,包括飞行计划需求和航
路点报告。

飞机与航空公司之间的 AOC 应用通过 ACARS 消息交互,FMS 应提供便利的端到端检查手段,以检查通过 ACARS 所收到的消息。ARINC 702A-5 附录 7 提供了基于 ACARS 协议的数据链消息定义。

2) AFN

AFN 是面向 ACARS 网络的应用,该应用驻留在机载和地面端系统中,提供端系统之间的地址通告和交换。

3) CM

CM 是面向 ATN 网络的应用。该应用同样驻留在机载和地面端系统中,实现飞机与地面之间的地址信息交换。CM 主要包括 2 个功能:数据链起始通信(data link initial communication,DLIC)初始化和 DLIC 协商。如图 7-9 所示为 DLIC 初始化和 DLIC 协商运行示意。

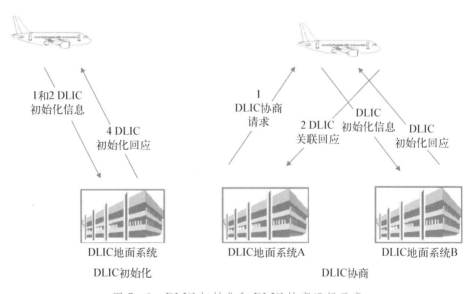

图 7-9　DLIC 初始化和 DLIC 协商运行示意

4) CPDLC

随着国际 SATCOM 技术的发展,CPDLC 作为管制员与驾驶员之间通过使用数据链方式进行空中交通管制对话的一种通信手段,已被国际航空公司和航行管制系统广泛使用。航空交通管制员与驾驶员进行空地数据链通信可以避免使用语音通信手段时,因通信距离、通信质量、通信频道拥挤造成的通信不畅或误听、误解语音含义带来的安全隐患;同时可以大幅度降低飞行机组和管制员的工作负荷,增强空域活动的安全裕度,减少飞行间隔;数据链设备经型号批准的飞机在经批准运行区域的使用可以加大运行空域的交通流量,提高运行效益。

CPDLC 为 ATC 服务工作提供空地数据通信,包括 ATC 程序采取的一系列口头术语相应的指令许可、相关信息和请示等基本数据。可为管制员提供发布高度层指令、穿越限制指令、水平间距指令、更改航路和指令、速度指令、无线电频率指令、请示各种信息的功能;可为驾驶员提供回答和询问信息,宣布或取消紧急情况的功能;还可为驾驶员提供向 ATSU 请求条件许可(下游)和信息的能力;自由文本功能使双方在信息交流中不需要遵守正规格式;还有一个辅助功能是使一个地面系统可以通过数据链将 CPDLC 传送给另一个地面系统。

CPDLC 基本交换支持两种类型的空地交互:

(1) 驾驶员发起的交互。

a. CPDLC 下行链路消息,不需要回应,如图 7 - 10(a)所示。

b. CPDLC 下行链路消息,需要回应,如图 7 - 10(b)所示。

(2) ATSU 系统/管制员发起的交互。

a. CPDLC 上行链路消息,不需要回应,如图 7 - 10(c)所示。

b. CPDLC 上行链路消息,需要回应,如图 7 - 10(d)所示。

5) ADS - C

ADS 是一种监视技术,由飞机将机上导航和定位系统输出的数据通过数据链自动发送,这些数据至少包括飞机识别号(呼号)、四维位置和所需附加数据。ADS 可根据需要,使管制员及时得到装有 ADS 设备的飞机位置数据和其他信息,对非雷达空域的飞机进行跟踪。

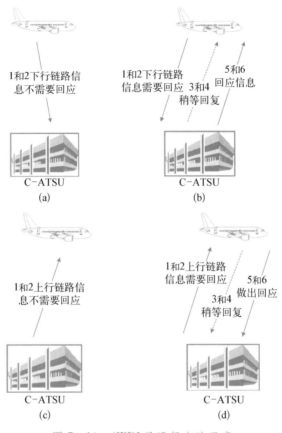

图 7 - 10　CPDLC 运行方法示意

(a) CPDLC 下行链路消息,不需要回应　　(b) CPDLC 下行链路消息,需要回应
(c) CPDLC 上行链路消息,不需要回应　　(d) CPDLC 上行链路消息,需要回应

　　ADS-C 应用支持下列服务:四维航迹数据链(4DTRAD),信息交换和报告以及位置报告。ADS-C 应用提供自动的报告,从飞机发给 ATSU。

　　ATSU 有能力请求飞机系统以三种方式提供 ADS-C 报告给 ATSU 系统:

　　(1) 要求的合约,如图 7-11(a)所示。

　　(2) 周期的合约,如图 7-11(b)所示。

　　(3) 事件触发的合约,如图 7-11(c)所示。

　　飞机系统有能力支持同时与至少 4 个 ATSU 进行协商,与每个 ATSU 同时可有一个要求的、一个事件的和一个周期的协商。

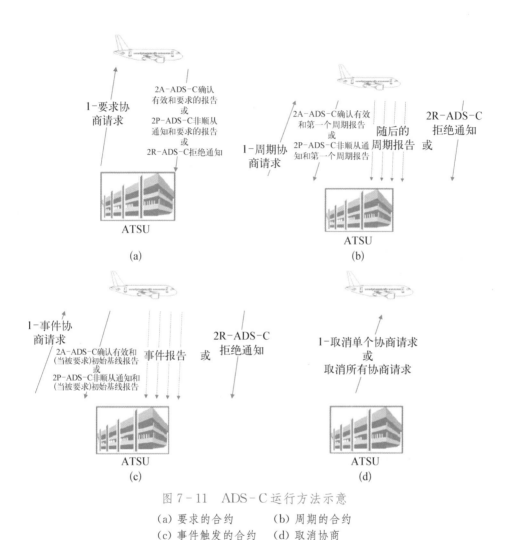

图 7-11　ADS-C 运行方法示意

(a) 要求的合约　　　(b) 周期的合约
(c) 事件触发的合约　(d) 取消协商

ADS-C 取消协商为分两种方式：一种是单个协商的取消；另外一种是所有协商的取消，如图 7-11(d) 所示。

6）FIS

FIS 是提供规定区域内航行安全、正常和高效所必需的航行资料和数据的服务。通过数字化 FIS(digital-FIS，D-FIS)应用实现多种情报服务，具体包括终端自动信息广播服务 ATIS、机场气象报告服务、终端气象服务、风切变咨询服务、航行通告服务、跑道视程服务、机场预报服务、重要气象信息服务、临时地图服务等。

7.3　数据链在初始四维运行中的应用

随着全球航空运输业快速发展,无法在有限空域中有效地缩减飞机间距离,导致了空域的拥堵,航空运输业的快速发展与空域资源有限的矛盾日益突出。全球各地推出了各种举措以解决该矛盾,制订了相应的 ATM 现代化计划:ICAO 推出了全球空中航行计划,美国推出了下一代空中运输系统(NextGen)升级计划,欧洲提出了 SESAR。全球空中航行计划、NextGen 和 SESAR 都把四维航迹运行视为下一代空中交通管理的基础,将其作为解决航班延误问题、提高飞机飞行效率的重要技术和手段。四维航迹运行技术作为新一代飞行任务需求,是对全飞行过程的组织、管理和监控,通过空地一体化共享、协同、协商机制,实现飞行效益最大化的一项综合性技术。

SESAR 运行概念分为 3 个阶段:基于时间的运行、TBO 和基于性能的运行。为了确保全球协调一致和互用性,ICAO 推出了 ASBU。从组块 1(2018年)开始,提高交通同步和初始 TBO 能力,要求 FMS 支持初始四维航迹运行的能力;从组块 3(2028 年)开始,逐渐过渡到基于全面四维航迹的运行,要求 FMS 具有支持全面四维航迹运行的能力。

继 2012 年进行首次 i4D 航迹飞行测试之后,空客公司的 A320 测试飞机于 2014 年进行了第二次 i4D 飞行测试。此次最新航迹飞行测试的起点为法国图卢兹,飞行路线为图卢兹—哥本哈根—斯德哥尔摩,去程采用的是霍尼韦尔公司的 FMS,回程采用的是泰雷兹集团的 FMS。第二次飞行测试进一步证实了空中与地面之间共享航迹信息可以提高飞行操纵的安全性和效率。

我国空域资源尤为紧张,传统的运行能力已不足以满足空中交通快速增长的需要。目前,我国空管部分、航空公司、机场和空中交通运输服务商、航空电子设备制造商都在积极探索四维航迹运行的相关技术和保障能力,提升空中交通运行效率和运行安全水平。空客公司与中国合作开展 i4D 演示验证项目,于 2017 年实现空客公司提供的 i4D 集成飞行模拟机与中方研制的 i4D 管制模拟机的互联互通与模拟验证,并于 2018 年使用一架由南方航空公司订购的、从天津总装厂下线的 A320 飞机,在中国空域内进行实际 i4D 飞行演示验证。

i4D 技术的核心是通过数字化、自动化的技术手段,实现飞机机载系统与地面管制自动化系统的协同运行,包括四维航迹信息的动态共享、同步与协商。四维航迹运行开始于空域使用者和空中交通服务商协商得到的基本四维航迹,考虑了用户利益、空域和机场能力的约束。在得到各方认可后,该基本四维航迹可作为实际飞行运行的基础。在实际飞行运行时,机载 FMS 依据该基本四维航迹,结合飞机性能特性和气象条件优化预测得到飞机即将飞行的精确四维航迹,并通过数据链将构建的精确四维航迹发送给地面 ATC 系统。地面 ATC 系统可以尽早检测到飞机计划航迹之间的冲突,然后通过数据链与飞机进行四维航迹协商,以获得一个避免冲突的综合飞机和地面管制限制的最佳飞行剖面。最后,机载 FMS 通过四维飞行引导对速度进行精确控制以实现四维航迹的自动飞行,整个飞行过程受到地面和空中的监控。

i4D 运行对 FMS 提出了新的要求,具体如下:FMS 应支持四维航迹预测、四维飞行引导、空地协商的数据链通信。FMS 应具有良好的人机交互能力,支持 RTA 指令的显示、响应和处理。

图 7-12 所示为四维航迹运行的典型场景。

(1) 步骤 1:在 TOD 之前,飞行机组准备下降,登录 FIS 获取最新的数据

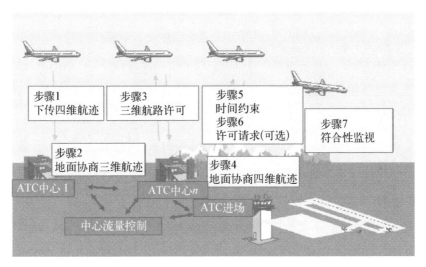

图 7-12　四维航迹运行的典型场景

参数(如在用的跑道、QNH、气象警告、NOTAM 等),并请求获取进场剖面上最新的风和温度信息。FMS 根据飞行计划信息和气象信息生成四维航迹,并通过数据链(如 ADS-C)将该四维航迹下传至地面系统。

(2) 步骤 2:地面系统间涉及航线增加垂直约束的地地协调。这一步骤的目标是确保地面系统对飞行的航线和剖面有一致认识,作为初始协调的基础航迹。在这个阶段解决地面系统之间计划航迹的差异,目的是为飞机提出所有地面系统都能实现的航迹。

(3) 步骤 3:航线增加垂直约束的空地协调。在这个阶段地面系统将一致认可的三维航线上传给飞机。机组分析该地面建议航迹,选择接受或者拒绝这个航线。如果拒绝,则协商终止,航班需要调整。在这种情况下空地之间通过语音通信和战术控制指令解决航迹差异。在绝大多数情况下,预期地面系统建议的航迹变化是最小的,并且能被机组接受。在这种情况下机组接受航迹,并且下传经过认可的航线中选择的航路点的最小/最大 ETA(ETA min/max)。ETA 能使地面系统协商出一个飞机可以实现的约束值。

(4) 步骤 4:从飞机下传 ETA 开始,地面系统协商航路点和附加的约束。

约束来源于多种工具(如 AMAN、增强战术流量管理系统等),可能有不同的运行目的(如在到达机场排序、为了降低交通复杂度进行航路中排序)。对于复杂终端区域(terminal area,TMA)的到达,约束航路点是在 TOD 前的航路点,航路点作为汇合和排序的开始或者飞机开始仪表进近程序(如 IAF 或者 FAF)或者在目的地。AMAN 工具确定并且使用约束航路点。至于计划的时间表,由于当前的 FMS 不能同时支持多个许可的时间约束,因此 i4D 航迹运行服务地面部分仅能建议一个许可的时间约束(CTA),这个时间约束能最大限度地受益于全网络。

(5)步骤 5:地面系统与飞机协商时间约束。CTA 被发送给机组,机组将 CTA 加载到 FMS 中,用 RTA 功能评估其可行性。因为时间约束基于飞机的 ETA,ETA 是基于同步的三维航迹计算的(步骤 3),所以绝大多数情况机组会接受约束。万一时间约束不被接受,地面将尝试协商更新时间约束或者终止服务。

(6)步骤 6(可选):根据不同运行的需要,机组可以请求一个全航线许可,指出优先的航线和约束。

(7)步骤 7:航班继续按一致认可的四维航迹运行。飞机可以在 FMS 的精确引导(接通 VNAV)下按协商的下降剖面飞行,在理想情况下它连续进近至跑道,基于最优发动机和飞机控制面设置,并且实现 CTA。当机组收到最后进近指令时,飞行机组根据情况使用 FLS、GLS 以及 ILS 等进近方式执行连续的最后进近。当飞机着陆后,ATC 通过语音和数据链(CPDLC)给出滑行路线,飞行机组根据滑行许可,在 FMS 的场面引导辅助下完成滑行直至到达停机坪。

图 7-13 所示为四维航迹运行场景的顺序,它描述了典型四维航迹运行的活动顺序以及交互关系。

i4D 运行离不开四维轨迹数据链服务(4DTRAD)的支撑。4DTRAD 服务使得空中和地面系统之间的轨迹数据能够协商和同步,包括四维许可和期望信

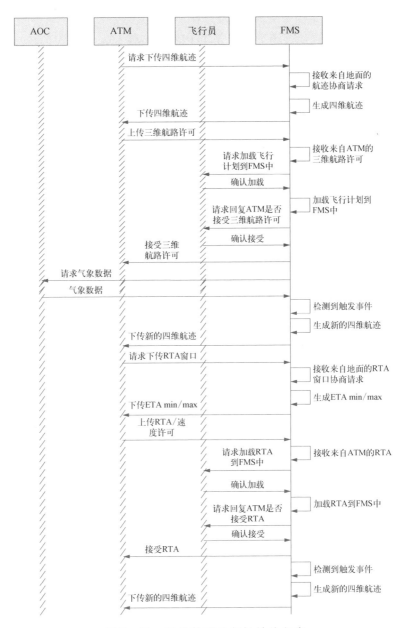

图 7-13　四维航迹运行场景的顺序

息的交互,如横向的、纵向的、垂直的和速度或时间。4DTRAD 服务由 CM 应用、CPDLC 应用和 ADS‐C 应用支撑。

通过对四维航迹运行场景的分析,可以看到步骤 1、3、5、7 中涉及空地之间的数据链交互,具体的活动/信息流如表 7‐1 和图 7‐14 所示。

表 7‐1　i4D‐4DTRAD 具体的活动/信息流

飞　机　角　色	活动/信息流
步骤 1: 4DTRAD 服务随着飞机四维航迹下传开始	接收来自 ADS‐C 的协商 FMS 生成数据,ADS‐C EPP 被发送
步骤 3: 三维航迹的上传 FMS 请求风和温度的更新 包含气象数据的四维航迹和 ETA min/max 的下传	ATC 上传链路 FMS 发送新的航空操作通信获得更精确的气象数据 ADS‐C EPP 发送 FMS 生成数据,ADS‐C ETA min/max
步骤 5: CTA 或速度许可的上传 加载到 FMS 中,管理 CTA 或速度许可	ATC 上传链路 加载到 FMS 中,FMS 更新,通过水平和垂直引导,确保带有增强精度和容差的 RTA
步骤 7: 由机上 FMS 监视 CTA,并通知机组 通过飞机四维航迹下传,地面监视	FMS 监视 CTA/速度许可的执行 发送数据到显示和告警系统 ADS‐C EPP 发送

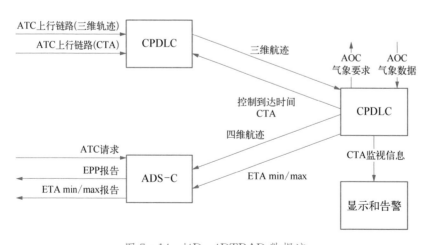

图 7‐14　i4D‐4DTRAD 数据流

i4D 运行对 FMS 提出了新的要求，具体如表 7-2 所示。

表 7-2　i4D-4DTRAD 对 FMS 提出的新要求

飞　机　能　力	通信管理	飞行管理	机组信息功能	飞行数据记录
ATC 上传信息，初始化 4DTRAD	√			√
来自地面的 ADS-C 协商请求	√	√		
在 FMS 中生成四维航迹		√		
ADS-C EPP 四维航迹下传链路	√	√		√
ATC 上传三维航迹（FPL）	√			√
加载 FPL 到 FMS 中		√		
FMS 发送 AOC 请求，获得更加精确的气象数据	√	√		
通过 ACARS 上传 AOC 风更新数据	√	√		
下传四维航迹（ADS-C EPP）	√	√		√
用于 RTA 窗口的 ADS-C 请求	√	√		
FMS 中生成 ETA min/max	√	√		
ADS-C 气象报告	√	√		
ATC 上传 CTA/速度许可	√			√
加载 CTA/速度许可到 FMS 中		√		
管理增强的 RTA/速度许可		√		
监视 CTA/速度许可符合性		√		
监视信息发送到显示和告警系统		√	√	
四维航迹的下传（ADS-C EPP）	√	√		√

表 7-3 列出了典型 i4D 运行场景中用到的 CPDLC 指令。FMS 可以通过加载指令更新飞行计划、时间约束等。

表 7-3 典型 i4D 运行场景中用到的 CPDLC 指令

命令号	描 述	中 文 说 明	是否可加载
UM0	UNABLE	不能	否
UM1	STANDBY	等待	否
UM2	REQUEST DEFERRED	请求延期	否
UM3	ROGER	收到	否
UM4	AFFIRM	确认	否
UM5	NEGATIVE	拒绝	否
UM19	MAINTAIN (BLOCK [level single] TO) [level single]	保持（块[水平高度]到)[水平高度]	是
UM20	CLIMB TO (BLOCK [level single] TO) [level single]	爬升（块[水平高度]到)[水平高度]	是
UM160	NEXT DATA AUTHORITY ([facility designation])	下一个数据权威[设备指定]	否
UM227	LOGICAL ACKNOWLEDGEMENT	逻辑确认	否
UM271	CURRENT ATC UNIT [unit nameR]	当前 ATC 单元[单元名称]	是
UM47R	CROSS [position ATW] AT OR ABOVE [level single]	在[水平高度]或以上横过[位置]	是
UM51R	CROSS [position ATW] AT TIME [RTA timesec]	在[时间]或以上横过[位置]	是
UM64R	OFFSET [specified distanced] [direction side] OF ROUTE	偏差[指定距离][方向]的航路	是
UM74R	PROCEED DIRECT TO [positionR]	开始直飞[位置]	是

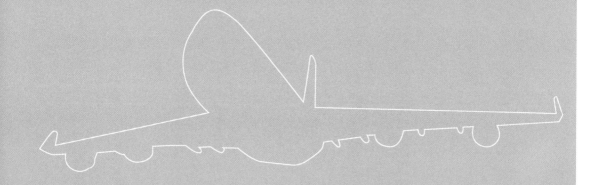

8

场面引导

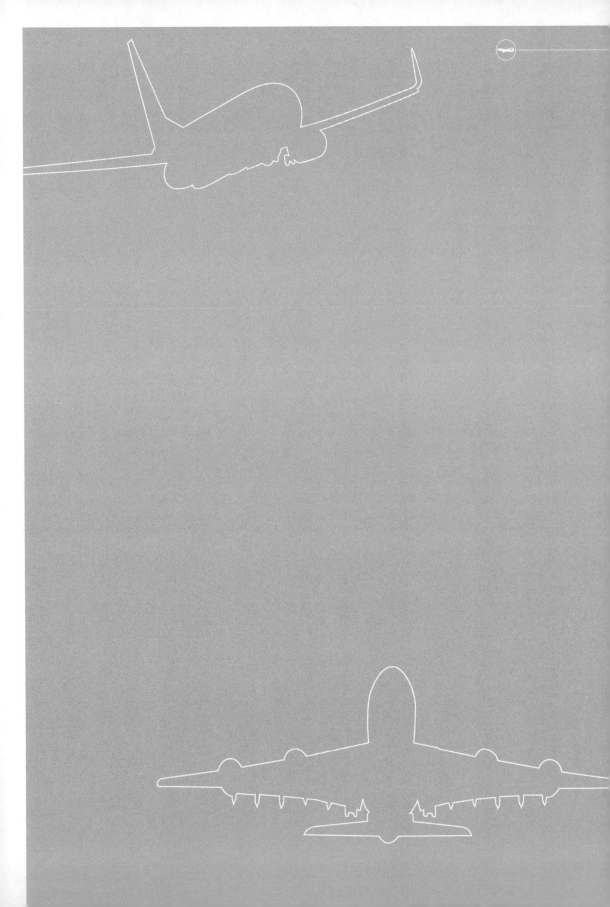

场面引导可以改善机场地面交通管理的效率和安全性,相应减少对环境的影响。同时场面引导还是实现航迹一体化的重要组成部分,可以将 TBO 扩展到地面部分(地面 TBO)。场面引导可以通过新的航空电子系统、全集成前视系统、电子飞行包或作为 FMS 的一个软件配置项实现。由于场面引导需要与地面 ATC 进行数据链通信,还需要飞机位置、航向、速度信息,而 FMS 不仅基于性能计算空中的四维航迹,而且接收来自 ATC 的数据链信息,同时 FMS 与飞机的整个飞行计划(包括进离场程序)息息相关,因此通过 FMS 实现场面引导是推荐的方式之一。

8.1 机场场面引导活动

飞机在机场场面上的引导主要针对所有进、离场航空器的滑跑过程。进场航空器降落在机场跑道上以后,接收来自塔台的调度信息,根据塔台调度人员提供的调度方案从相应的跑道出口进入滑行道,按照调度方案选择特定的滑行路径进行滑行,直至到达预分配的停机位。离场航空器的滑跑过程相反,在停机位接收到塔台的推出指令后从停机位推出,然后根据塔台调度人员提供的调度方案选择特定的滑行路径滑行至起飞跑道,在跑道端排队,等待起飞许可。无论是进场航空器还是离场航空器,在机场场面上移动时,都不能与任何地面障碍物或地面车辆发生冲突或碰撞,更不能在两架飞机之间发生冲突或碰撞,且在运行过程中不能偏离管制指定的路径。

在实际的场面运行中,飞机在场面上的引导是一项复杂活动,需要许多方配合完成,包括驾驶员、空中交通管制员、停机坪管制员、机场车辆驾驶员、建筑和维护人员、意外处理和安保人员、民用和货运航空公司运行人员、通用和商务航空运行人员等。只有协同工作,才能确保在机场进行安全有效的飞行运行。在一些大型机场,由机场方负责场面活动的管理,甚至包括飞机的滑行。

驾驶员控制飞机在机场地面上的活动时参考纸质机场布局航图,通过人工标志、符号和灯光等视觉辅助物进行导航。在机场地面上,空中交通管制员和驾驶员之间通过无线电通信获取跟踪的路径。通常管制员通过符合严格协议的清晰术语发出滑行指令给驾驶员,使通过无线电频道交互的声音通信不会引起误解。随后驾驶员记录该路径(通常为手写),重新诵读给管制员进行确认,然后跟随符号和标志到目的地,同时回避机场场面交通冲突和障碍物。ATC 必须记住所有飞机的可行滑行路径,同时记录所有活动飞机的位置,这样才能有序调度,避免引起冲突。如果存在潜在的滑行冲突,则需要通过无线电频率发出限制冲突飞机移动的短时间等待指令。为了保持飞机在机场场面运行的安全间隔,驾驶员主要通过"观察-避让"的方式执行监视。类似地,ATC 也依据视觉上的提示执行监视任务。飞机在场面活动期间,驾驶员和管制员需要频繁使用无线电通信功能确认相关交通的位置,这对于管制员和驾驶员都是不小的工作压力。

这些传统的程序在机场交通量较低且能见度较好的情况下运行效果比较好。但是这种方式有很明显的缺陷,即驾驶员与空管员之间通过无线电通信可能存在歧义或误解的情况,从而导致在没有许可的情况下进行起飞和着陆,甚至在不熟悉的机场中误入其他滑行道或跑道的情况发生。在机场能见度低的情况下,驾驶员更是无法通过目视判断与地面上其他飞机或车辆的相对距离,也无法准确感知自己在机场中的相对位置,这都将降低机场的运行效率和安全性。

未来的机场场面管理将由地面监视和计算设备统一规划机场跑道的进入次序和每架飞机的滑行路径,每条滑行路径都包括对于时间的要求。空管员对滑行路径进行确认后通过数据链的方式发送给驾驶员,驾驶员可以在驾驶舱的机场移动地图上看到滑行路径,并且获得更加精准的、基于时间和速度的滑行引导信息。所有在机场地面上移动的飞机和车辆的轨迹都会实时分享给驾驶员和空管员,极大提升了他们对机场场面情形的态势感知,大大减小了驾驶员与管制人员的工作压力,避免其疲劳工作。同时飞机在机场场面上滑行效率的提升使航空公司因飞机滑行时间和排队时间造成的不必要燃油消耗成本降低,也使机场动态容量得到提升,安全性也得到更好的保障。降低天气对场面运行的影响,地面系统和机载系统都会提供冲突预警,及时提醒空管员和驾驶员潜在事故的发生。这一系列新技术的应用和运行程序的改善都将全面提升机场场面运行的效率和安全性,减少对环境的影响,并降低航空公司和机场运营的相关成本。

进行场面引导对于机场、航空公司以及空管都具有重大意义。飞机在场面活动中需要与多方数据交联,通过 FMS 进行数据的综合协调处理更有利于场面冲突探测与告警等复杂功能的实现;利用 FMS 实现场面引导与告警是未来的主要趋势;利用 FMS 实现空中航迹与地面航迹一体化,为未来更先进的场面联合调度的实现提供了可能。

8.2　机场场面引导功能发展阶段

对于飞机机载系统来说,机场场面引导功能的发展具有阶段性,即在已有功能的基础上,不断扩展新的功能。现阶段主要由机场地图显示功能、基于机场地图的路径指引功能、机场场面交通态势感知功能(air traffic situational awareness surface, ATSA SURF)和具有指示和告警的机场场面交通感知功能(ATSA surface with indications and alerts, ATSA SURF - IA)组成,关系如图 8 - 1 所示。

图 8 - 1　机场场面引导功能关系

8.2.1　机场地图显示功能

机场地图显示功能显示机场地图,并可叠加飞机的运行位置、航向等信息,同时驾驶员可根据需求对地图的显示进行操作。

简单的机场地图是将飞机自身的位置叠加在地理参考的电子机场航图上。机场的特性与纸质航图上的一致。这种地图一般是非交互性的,也没有可用的操作功能,即使具有交互功能,也是非常有限的。例如可能会有缩放功能,但是不具备诸如防拥等更复杂的功能。

复杂的机场地图是基于数据库构建的,该数据库中包含描述机场特征的位置数据。该数据库的信息来源于对机场的详细测绘,结合特征信息可绘制成地图。机场通用显示元素包括本机位置、跑道、跑道标签、滑行道、滑行道标签、非移动的区域和建筑物。

驾驶员可以通过显示系统提供的操作控制界面进行选择机场、改变地图量程、平移地图、切换地图方向和手动防拥等操作,在不同阶段都可获得清晰的期望信息,从而在场面上移动时做出正确的判断。

地图量程的切换根据不同情况可提供手动与自动两种切换方式。如果提供两种方式,那么在实现时要小心处理自动切换的逻辑设计。需要向驾驶员显示当前选择的量程,一般显示在量程弧上,也可以显示在画面的四角处。常用的量程档位支持 0.5、1、2、5 n mile。DO-322 中推荐显示量程的最小值至少应为 1 n mile 或更小;DO-317 中推荐显示量程的最小值至少应为 0.5 n mile 或更小。量程调节可为驾驶员提供从概览到细察的不同应用场景。

一项在波音 777 和波音 747 飞机上主副驾驶使用机场地图的试验表明:最常使用的显示量程是 0.5 n mile 和 1 n mile;负责操纵飞机的驾驶员通常使用 0.5 n mile 的量程,而不负责操纵飞机的驾驶员使用 1 n mile 的量程以获得更广的全局视野。

如图 8-2 所示,在画面右上角采用量程标签。

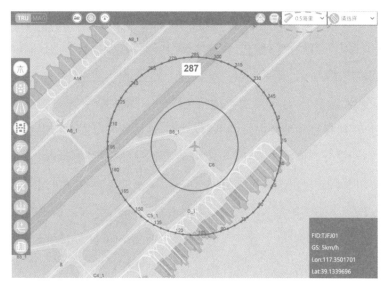

图 8-2 机场移动地图显示画面

地图量程的切换提供了地图缩放功能。当放大至低倍地图量程（如小于 0.25 n mile 量程）时，如果提供了叠加显示场面上其他飞机交通信息的功能，则此时驾驶员会丧失对邻近飞机的情景意识。在研制时需要考虑如何提醒驾驶员避免长时间陷入这种局面。

当选择高倍地图量程时，地图显示为一个大区域。如果机场地图数据库中所有的信息都在上面显示，那么许多小物体和相关标签将叠加在一起呈现在显示器上，驾驶员无法从杂乱的画面中获得准确、清晰的信息。因此机场移动地图和 ND 一样需要提供画面元素选择或抑制的控制，防止出现画面信息拥挤的现象。

如果防拥功能灵活性太大，则选项过多可能导致驾驶员低头工作时间过长。在防拥功能激活时，还需将防拥状态告知驾驶员，避免驾驶员看不见以为不存在的情况。此外需要通过手册等方式，建议驾驶员在何种情况下不要抑制显示影响安全的元素。

有的机场移动地图提供了自动切换量程和自动防拥功能。这就需要设计师了解用户的操作使用场景,分析他们的操作习惯,还要从安全运行的角度考虑,以提供真正的自动控制便利,并且能够很好地定义自动、手动控制模式变化时的功能响应逻辑。

在比较大的机场,如果既想看清楚场面的一些细节,又想看到整个路线的情况,则可用机场移动地图提供的平移功能。这样驾驶员在进行大范围的场面移动前,在不失分辨率的情况下,可掌握需要经过的全路线情况。DO－257A要求在使用平移或量程选择功能时,应在显示的画面上提供本机当前位置的指示。并建议应当提供最多两次离散控制动作使设备恢复至以本机为中心显示的状态。可以通过左右上下键移动地图,对于使用CCD(座舱鼠标)的系统,不仅可以通过CCD的滚轮移动地图,而且可以提供点中画面上任意位置作为计划模式下显示中心的功能。使用CCD还可以参照手机应用程序中的导航地图功能,例如在机场地图上用光标控制装置做标记。

机场移动地图与ND类似,可根据驾驶员的需要选择不同的地图方位。选择磁北或真北朝上,称为计划模式,一般用于空中或地面预览机场地图或者滑行路径。选择航迹或机头方向朝上,称为地图模式,一般在着陆时或者在地面上滑行时使用。地图模式还可以分为全罗盘和半罗盘两种模式。地图模式的中心是飞机当前位置,当地图模式切换到计划模式时,计划模式的中心也是飞机当前位置。但是在计划模式下,可以平移机场地图画面。当飞机在画面外时,建议在画面相应的角上标出飞机位置的方向。如飞机在画面中心的东面,就在靠近画面右边线的中部画上一个向右的短箭头,提醒驾驶员当前飞机相对画面所处方位。

使用机场地图数据库、飞机的当前位置以及飞行计划信息,可以实现更多计算和提醒功能,如下所示:

(1) 跑道接近提示。基于机场地图数据库,通过变化跑道的颜色或者标签,提示驾驶员飞机正在滑行接近的跑道,或者正对准下降的跑道,避免飞机飞向或滑向错误的跑道,或错把滑行道当成跑道。

（2）冲出跑道警告/冲出跑道保护。根据机场地图数据库中的跑道信息、飞机的当前状态（位置、构型、速度）、风速风向、操作情况，计算着陆距离。当发现跑道太短时，发出冲出跑道警告。在地面上，可触发警戒，提醒人工刹车。如果与刹车系统交联，则可以自动触发最大刹车。

（3）退出跑道所需的刹车控制。驾驶员在机场移动地图上选择退出跑道的出口，场面引导功能就可以计算出如何控制刹车，使飞机滑行至退出口时能达到所需的速度。

8.2.2　基于机场地图的路径指引功能

在机场地图显示功能的基础上，可以提供场面滑行路径的指引功能。同时，该功能还可扩展为滑行路径所选的滑行道与机型不匹配、飞机位置偏离计划的滑行路径、实际目标跑道与 FMS 飞行计划中所选的跑道不一致等情况下的场面指引告警功能。

飞机在机场上不是随意滑行的，与公路交通一样，机场上规划了滑行道路，称为滑行道。滑行道名称通常由一个或两个字母与一个任意的数字组成，如"A1"。

机场场面引导功能可通过手动输入和数据链上传的方式获取滑行路径。手动输入时，管制员通过语音向飞行机组发出滑行路径指令，驾驶员可通过键盘手动输入文本，或者在画面显示的滑行路径名称列表上进行勾选后编成一串滑行指令。通过数据链上传时，管制员在管制席位终端上操作，为飞机选定滑行路径，通过 CPDLC 上传，可显示在 FMS 的数据链消息页面上。如果 FMS 提供加载功能，那么驾驶员按下"LOAD"键后，滑行路径就可以送到机场场面引导功能。

FMS 的滑行路径计算模块先根据语义提取滑行路径中各滑行道的标识符，再根据滑行道标识符从机场地图数据库中查询到该滑行道的各段信息，然后计算前一段滑行道和后一段滑行道的交叉点，所有交叉点连起来就是一条滑行路径，可叠加显示在机场移动地图上。注意转弯处的路径应按照圆弧段处理。

FMS 接收来自通信系统的滑行许可,每个滑行许可可包含某些交叉口等待线的 RTA,为了帮助驾驶员遵循 RTA 要求准确操作滑行,FMS 可以配备一个滑行速度算法,计算出精确的满足 RTA 所需的直线滑行速度。通过机场地图数据库的相应滑行道数据,计算滑行道的距离和转弯情况。利用滑行速度算法考虑剩余的滑行距离、距离 RTA 的剩余时间和转弯的次数,从而动态地计算滑行速度,为驾驶员提供实时的滑行速度指导,帮助驾驶员遵循四维滑行路径精准滑行。同时 FMS 为显示系统提供飞行计划,帮助显示系统判断当前需要显示的机场;FMS 发送四维滑行路径给显示系统,使显示系统能够在地图上绘制滑行路径,从而向驾驶员提供本机相对滑行路径的态势感知。

8.2.3　机场场面交通态势感知功能

FMS 发送本机位置、本机航向、本机地速、空中地面信号、机场标识符、本机的滑行路径、滑行偏差、滑行告警/提示和跑道错选告警/提示等信息,并接收机场场面 ADS - B、广播式空中交通信息服务(traffic information service-broadcast,TIS - B)等信息,形成本机的交通态势,并将该交通态势叠加在场面地图显示功能上,以增强机组对运行环境的感知能力。同时,该功能可与基于场面地图的路径指引功能叠加显示,如图 8 - 3 所示。

ATSA SURF 至少要向驾驶员显示以下交通信息:

(1) 航班号:当驾驶员激活交通航班号的显示控制时,在交通符号的左侧显示航班号,包括航班号字符和矩形边框,其颜色和交通符号颜色保持一致。航班号字体和大小固定,不随显示量程改变而改变,文字方向始终竖直显示。

(2) 相对高度:当交通在空中时,显示此交通的相对高度。相对高度是本机和此飞机的高度之差。当此飞机比本机高时显示为正,比本机低时显示为负。相对高度的显示应至少包括两位数字,以 100 ft 的格式显示,如"＋10"代

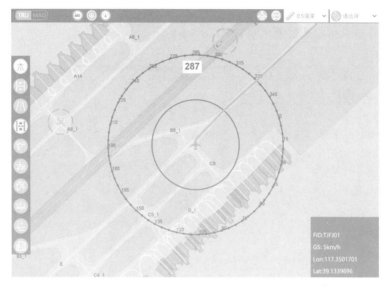

图 8 - 3　机场场面交通态势感知画面

表在本机 1 000 ft 之上;"-01"代表在本机 100 ft 之下;与本机高度一样的飞机应显示"00"。相对高度的显示颜色与交通符号颜色保持一致。

（3）交通符号：交通符号表示交通在机场中的实时位置,交通符号应叠加在机场移动地图上显示,以指示其相对于机场的位置。交通符号为箭头形状,箭头指向指示其航向,箭头前端对应飞机位置。当此交通在空中或地面上时,航班号和其边框会采用不同的颜色和样式来区分是空中还是地面上的状态。

（4）垂直运动趋势：当交通在空中时,显示此交通的垂直运动趋势。垂直运动趋势的显示应为交通符号右侧的垂直箭头,箭头向上指示此交通正在上升,箭头向下指示此交通正在下降。

8.2.4　具有指示和告警的机场场面交通感知功能

ATSA SURF - IA 在机场场面态势感知与显示功能之上叠加交通预测与告警功能。通过接收场面各用户的 ADS - B、TIS - B 等信息,获取各用户的运行意图,结合本机的运行计划,分析是否存在场面运行的交通冲突,并在可能发生冲突时显示相应的告警信息,如图8-4所示。

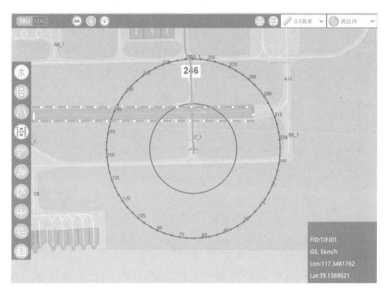

图8-4 机场场面交通冲突告警画面

根据DO-323要求,ATSA SURF-IA需要显示相关的冲突指示和告警,包括以下四种不同情况的指示和告警。

1) 交通指示

在正常状态下,本机与其他飞机不会立刻发生碰撞,但是一个潜在的高速碰撞风险将有可能在跑道上发生,这时ATSA SURF-IA将显示交通指示,以提示驾驶员及时调整当前操作。

交通指示显示符号在交通符号周围应显示虚线圆形,颜色与交通符号保持一致。在交通符号左侧应显示航班号和此交通当前地速,以矩形为文本背景,矩形颜色与交通符号保持一致。在告警文本提示区应显示白色文本提示"TI TRAFFIC 航班号"。

2) 跑道状态指示

在正常状态下,若本机进入跑道并试图在跑道上起飞或降落,则将有潜在

的、与其他飞机高速碰撞的风险,这时机场场面引导将显示跑道状态指示
(runway status indication,RSI),以提示驾驶员密切监控场面状态。

正常状态意味着碰撞不会立刻发生,还没有到产生告警的紧急程度。若驾
驶员无视指示继续操作,则随着事态发展,指示(indication)将会变成警戒级告
警(caution),最后变为警告级告警(warning)。

RSI 与交通指示的区别如下:当驾驶员看到 RSI 时应该密切监控场面状
态,但不需要对当前行为做出变更;当驾驶员看到交通指示时应该及时对当前
行为做出变更,以防止潜在的冲突发生。

RSI 显示符号在交通符号周围应显示实线圆形,颜色与交通符号保持一
致。在交通符号左侧应显示航班号和此交通当前地速,以矩形为文本背景,矩
形颜色与交通符号保持一致。与 RSI 相关的跑道应显示蓝色边框线。在告警
文本提示区应显示白色文本提示"RSI TRAFFIC 航班号"。

3) 警戒级告警

当本机和其他飞机正在迅速会聚,存在碰撞风险时产生警戒级告警,此时
需要驾驶员立刻意识到风险,并随后做出相应的路径调整。

若警戒级告警显示由交通指示发展而成,则在交通符号周围应显示琥珀
色虚线圆形;若此告警由 RSI 发展而成,则在交通符号周围应显示琥珀色实
线圆形,相关跑道应显示琥珀色边框线。在交通符号左侧应显示航班号和此
交通当前地速,以琥珀色矩形为文本背景。在告警文本提示区应显示琥珀色
文本提示"CAUTION! TRAFFIC 航班号"。交通信息列表栏中的相应交通
信息应显示为琥珀色,且最接近本机的、引起警戒级告警的交通应自动被
选择。

4) 警告级告警

当本机和其他飞机正在迅速接近,存在碰撞风险时产生警告级告警,此时
需要驾驶员立刻调整路径以规避风险。

若警告级告警显示由交通指示发展而成,则在交通符号周围应显示红色虚

线圆形；若此告警由 RSI 发展而成，则在交通符号周围应显示红色实线圆形，相关跑道应显示红色边框线。在交通符号左侧应显示航班号和此交通当前地速，以红色矩形为文本背景。在告警文本提示区应显示红色文本提示"WARNING! TRAFFIC 航班号"。交通信息列表栏中的相应交通信息应显示为红色，且最接近本机的、引起警告级告警的交通应自动被选择，其显示优先权大于警戒级告警。

对于交通符号的显示优先级如下：

(1) 引起警告级告警的交通。

(2) 引起警戒级告警的交通。

(3) 引起 RSI 的交通。

(4) 引起交通指示的交通。

(5) 其他交通。

a. 本机进近冲突（跑道入侵）。本机在进近过程中遇到跑道被占用的情况，当距离对方飞机 3 n mile 以内时，本机飞行机组会收到 RSI 消息；当距离 1.4 n mile，而对方飞机还没有起飞时，本机收到警戒级告警消息，机组准备复飞。当距离 0.6 n mile，而对方飞机仍然没有起飞时，本机收到警告级告警消息，机组执行复飞程序并告知 ATC。

b. 本机滑行穿越跑道和他机起飞冲突（滑行冲突）。一种情况是本机准备滑行穿越跑道，其中地图缩放设置为 0.25 n mile，驾驶员在地图上观察滑行道和跑道以确认自己的移动。此时能见度低于 1 200 ft，另一架飞机正在滑入并占用跑道，本机距离跑道中心线 1 000 ft，机组查看地图知道跑道上有飞机，将地图的缩放调至 1 n mile，机组可以发现在占用跑道的飞机。本机继续在滑行道上滑行，跑道上的飞机开始起飞，本机机组在座舱内看不到对方飞机。机组检查地图时出现一个 RSI 消息提示跑道上有高速移动的飞机，因此本机在进入跑道前停止滑行。在此场景的另一种情况中，本机驾驶员没有注意到地图上 RSI 提示跑道有飞机正在起飞，因此本机继续滑行，在刚滑过跑道停止线时，视觉和声音告警会提醒机组成员,然后机组刹车,最终没有进入跑道。

　　c. 本机起飞和他机滑行穿越跑道冲突(跑道入侵)。一种情况是本机在能见度低于 1 200 ft 的跑道上准备起飞,他机以 20 节的速度滑行穿过跑道,在本机上没有机场场面交通冲突告警提示。当本机仍在跑道上时,他机以 10 节的速度穿过停止线并且准备穿越跑道,且该机在本机驾驶员目视范围以外,RSI 消息会出现以提示驾驶员起飞之前确认跑道状态,驾驶员继续等待。ATC 通知驾驶员起飞,然而驾驶员根据跑道状况继续等待,随后 ATC 取消起飞许可。在此场景的另一种情况中,本机起飞并加速到 40 节以上,他机正在滑行穿过跑道,在他机穿过跑道停止线的时候本机机组收到告警信息,然后驾驶员立即取消起飞。

　　d. 本机降落和他机滑行穿越跑道冲突(跑道入侵)。一种情况是本机已落地,扰流板打开,反推启动,能见度小于 1 200 ft,此时另一架飞机穿过了滑行道停止线并准备进入跑道,本机收到警戒级告警表明与冲突飞机的距离,驾驶员立即采取最大刹车减速。在此场景的另一种情况中,本机降落后以 40 节的速度在跑道上滑行,他机在本机前方穿过停止线并向着跑道滑行,本机机组在 15 s 前收到声音告警,然后减速离开跑道。

　　e. 本机在跑道上滑行和他机进近冲突(滑行冲突)。一种情况是本机未经许可转入跑道滑行,距离跑道 3 n mile 的他机准备降落,驾驶员观察地图注意到有飞机即将在这条跑道上降落,随后机组驶离跑道并通知 ATC。在此场景的另一种情况中,如果驾驶员没有注意到地图上提示降落的飞机,则当他机离跑道还有 35 s 时,本机收到警告级告警信息,此时本机驾驶员意识到自己未经 ATC 的许可进入了跑道,驾驶员决定加速滑行并从最近的交叉口脱离跑道。本机加速滑行后,当他机离跑道还有 15 s 时,本机收到警告级告警信息,本机继续加速以便更快地脱离跑道,同时他机驾驶员通知空管进入复飞程序。

　　除了上述介绍的功能外,机场场面引导的功能仍在不断完善与发展中。例如，可以根据实际需要增加 PFD/MFD 以及平视显示器上的滑行引导与告警功能，与飞机自动控制系统交联，以提供滑行自动刹车和场面自动滑行功能。随着视频识别技术、人工智能、大数据等新技术的不断应用，为场面引导功能的发展提供了更多的可能，场面引导功能将会更加完善与智能。

9

展望

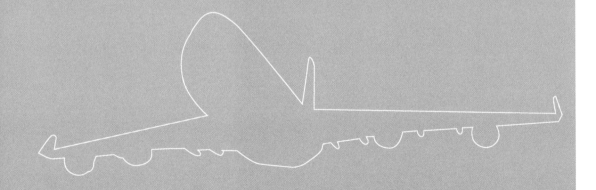

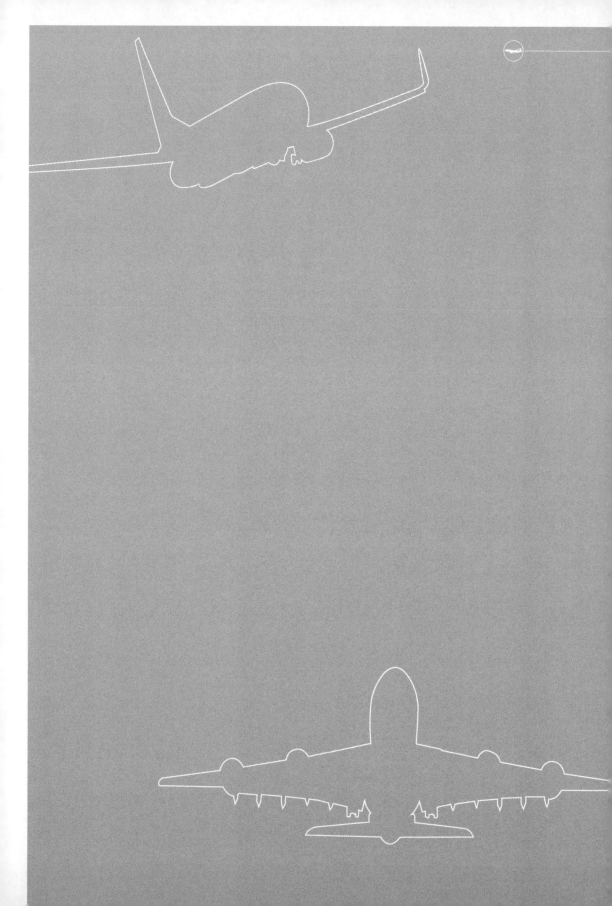

随着民用航空技术的发展,航空运行由传统 ATC 体系逐步演化为 CNS/ATM 架构体系。为了适应这一变化,美国、欧洲分别提出了 NextGen、SESAR 两大面向新航行体系的计划,计划中都明确提出了机载系统配合空中交通管理体系升级的要求。目前,虽然 TBO 依然在论证之中,但是可以预期,i4D 运行将在不久的将来成为常态,而完整四维(full - 4D)运行也将逐步完善,并为整个航行体系带来重大改变。

FMS 作为飞机的"大脑",其功能的升级对飞机适应未来航行体系有着至关重要的作用。性能优化、信息共享、协同决策等是未来 FMS 功能优化的主要方向。短期来看,在逐步推进的新航行体系下,未来的 FMS 将会随着机载系统功能优化和航空运行机制优化而持续改进;长期来看,FMS 将会越来越强调智能与互联。

9.1　机载系统功能优化

机载系统功能优化通过精确估计飞机气动性能、发动机性能,并与其他机载系统(如发动机、自动飞行系统)进行综合,提高飞机航迹跟踪精度、改善各子系统的运行状态、优化垂直飞行剖面。典型的机载系统功能优化的例子如下。

(1) 接近慢车下降:接近慢车下降是 GE 航空提出的针对 FMS 航迹预测功能的优化算法。传统的 FMS 构建下降航迹基于慢车推力,即假定飞机下降时将发动机油门置于慢车状态。然而,在下降过程中若因为性能估计误差或气象估计误差导致实际飞行速度大于预期速度,则由于发动机推力值已经是慢车状态,不可能进一步减小,因此只能通过打开空气刹车增加阻力。接近慢车下降技术在构建下降剖面时使用略大于慢车推力的推力值,因此在引导飞机下降时,油门也处于略大于慢车的状态。当出现前述情形时,发动机可以进一步减小推力至慢车的状态,从而减少空气刹车的使用。

(2) FMS/发动机控制综合:通过在 FMS 与发动机之间共享数据,FMS/发动机控制综合一方面利用飞行数据动态修正每个发动机的性能数据,实现发动机性能的自适应估计,提升发动机性能估计的准确性,使发动机始终在最优状态下工作;另一方面综合飞机的飞行意图与发动机性能,利用最优控制理论优化爬升剖面,从而实现爬升性能的优化。

9.2　航空运行机制优化

在新航行体系下,机载端与地面端、机载端与机载端之间的交互与协商将显著地改善管制员和驾驶员的交通态势感知,一些全新的运行机制能够得以应用,从而达到缩小运行间隔、减少管制干预、提高运行效率和安全的目的。典型的运行机制优化例子如下:

(1) TBO 是未来航行体系的核心。TBO 在 ATM、航空公司和机载 FMS 等角色之间信息充分共享的基础上,采用先进的 CNS 技术,保证飞机运行轨迹的可预测性、可重复性、可控制性和最优性,并以四维航迹为基础,提升整个民航运输系统的运行效率,即基于四维航迹的流量管理、空域规划、冲突探测与解脱和自由路径选择等。

(2) 机载间隔管理是一种由驾驶员和机载系统进行飞机之间间隔管理的全新技术。在现行空中交通管制体系下,飞机间隔由管制员负责监督和控制,必要时对飞行速度和航向进行战术干预,保证安全间隔。随着 ADS－B out/in 技术的应用,驾驶员和机载设备的交通态势感知能力得到提升,根据间隔管理策略,使用 FMS 提供速度引导、转弯坡度引导等功能协助机组控制飞机,实现与周围飞机之间自动的安全间隔控制,提升飞机的运行品质。

9.3　智能与互联

随着物联网技术、人工智能技术以及 5G 通信技术的快速发展,民用飞机也进入了互联时代。因此"互联式飞机"的概念也随之推出。现阶段,霍尼韦尔、GE 和柯林斯等公司先后开展了关于互联式飞机的研究,并提出了互联式 FMS 等应用技术的概念。互联式 FMS 实现了 FMS 与电子飞行包(electronic flight bag, EFB)的互联,飞行计划由原来驾驶员手动输入变为由 EFB 同步到 FMS,不仅可以减轻驾驶员的工作负荷,而且也减少了其输入错误带来的风险。

在未来 TBO 机制下,在数据共享、协同决策的基础上,FMS 可以在决策支持工具的帮助下,根据飞行计划、驾驶员意图和空域状态等信息为驾驶员提供更多的智能推荐。例如智能飞行路线推荐:在设定起飞、着陆机场后,FMS 通过数据链获取机场和航路的交通及气象信息,从而为驾驶员推荐适当的跑道与进、离场程序。待驾驶员确认后,与 ATM 协商推出时间与无冲突四维航迹,并控制飞机沿四维航迹飞行;在飞行途中若因恶劣天气等原因导致部分空域不可用,则自动推荐绕飞航线供驾驶员选择;若飞机由于管制干预而偏离原飞行计划,则实时推荐归航路线。

附录 A 民用飞机飞行管理系统供应商介绍

纵观整个民机的发展历程,FMS一直伴随着民机制造技术的不断进步而发展,从早期简单的二维导航到今天高精度的四维航迹运行,FMS的功能不断强大,已经成为民机的核心系统,无论是干线飞机、支线飞机还是通航飞机都要装备FMS,只是功能有所差别。

波音和空客是最早将FMS装备在飞机上的主制造商,从早期的波音737、A300到现在的波音787梦想客机、A350 XWB,都装备了FMS,但产品型号和功能以及供应商都有所不同,FMS的能力在不断提升,波音和空客也是最早从FMS应用中受益的主制造商。现在中国商飞、庞巴迪、巴航工业、俄罗斯OAK所研制的民用飞机也都装备了FMS。

经过多年的技术发展,FMS相关技术已由航空电子一级供应商所掌握和垄断,其中最具有代表性的就是霍尼韦尔、GE航空和泰雷兹公司,它们的产品几乎覆盖了所有的干线客机,新研制的干线客机也采用上述三家公司的产品。各机型所使用的FMS一览如表A-1所示。

表 A-1 各机型所使用的 FMS 一览

机 型	霍 尼 韦 尔	GE	泰 雷 兹
C919		FMS	
A300	Honeywell AIMS 1		
A320	Honeywell Pegasus P1, Honeywell Pegasus P1-A		Thales FMS1,Thales FMS2 REV2+,Thales FMS2 R1-A
A330	Honeywell Pegasus P3		Thales FMS2 REV2+, Thales FMS2 R1-A
A340	Honeywell Pegasus P3		Thales FMS2 REV2+, Thales FMS2 R1-A
A350 XWB	Honeywell AIMS 2		FMS NG

(续表)

机　型	霍 尼 韦 尔	GE	泰　雷　兹
A380	Honeywell		
波音 737	600/700/800/900 Honeywell AIMS 1, Honeywell AIMS 2	FMS（GE U10.6, U10.7, U10.8)	
波音 737 MAX		FMS (TrueCourse™)	
波音 747	FMS（Honeywell NextGen,波音 747 - 8 ,波音 747 - 400)	FMS（波音 747 - 200,波音 747 - 300)	
波音 757	FMS（Honeywell 200K FMC, Honeywell 700K FMC, Honeywell 1 Meg Non - PIP, Honeywell 2 Meg Non - PIP)		
波音 767	Honeywell Pegasus 2009	FMS(波音 767)	
波音 777	Honeywell AIMS 1, Honeywell AIMS 2		
波音 787	Honeywell NG		
MC - 21	Honeywell AIMS 2		
SSJ - 100	Honeywell AIMS 2		

从上表可以看出,主要的干线飞机大多数采用了霍尼韦尔、GE 航空、泰雷兹三家供应商的 FMS。柯林斯公司的 FMS 主要应用于支线飞机上。其中,霍尼韦尔与 GE 航空又各有所长:霍尼韦尔的产品大量用于宽体飞机,而 GE 航空的产品更多地安装于短窄体飞机。

A.1　GE 航空

GE 航空是世界领先的民用、军用、公务和通用飞机喷气及涡桨发动机、部件和集成系统制造商,更是 FMS 领域公认的领头羊之一,深耕 FMS 领域超过 30 年,其 FMS 总运行时间超两亿飞行小时。

TrueCourse™系列产品是目前 GE 航空的明星产品,通过合理的软件架构与模块化,TrueCourse™能够有效地减少开发时间和功能修改费用,降低适航认证难度,提高

329

可复用性、质量、可移植能力和定制能力。GE航空着眼于整体系统优化，持续为客户提供高效、创新、清洁的航空电子解决方案。通过优化下降剖面，TrueCourse™能够增加空域容量、减少燃油消耗与二氧化碳排放、降低噪声，并节省6%～12%的燃油。此外，GE航空还致力于推动PBN、TBO等FMS前沿技术的发展，保证FMS的功能满足NextGen、SESAR、ICAO对未来航行系统提出的需求。

客户的认可是GE FMS取得成功的最显而易见的证明。GE航空的FMS占据了波音737飞机的大量份额，它和泰雷兹联合开发的FMS也广泛应用于A320、A330和A340飞机上。

为了增强FMS的性能，GE航空提出了一系列全新的技术与理念。

（1）接近慢车下降（near idle descent，NID）。传统的FMS使用慢车推力构建下降剖面，并引导飞机沿该剖面运行。若因为性能估计差异或风扰动等因素导致实际飞行速度高于预期速度，则只能使用空气刹车增加阻力。接近慢车下降使用略微高于慢车推力的推力值构建下降剖面，因此在出现前述速度误差时，能够进一步降低推力至慢车推力，从而减少空气刹车的使用，降低直接运行成本，减小噪声。

（2）FMS/发动机控制综合（FMS/engine control integration，FMS/ECI）。GE航空开展了相关研究，使FMS利用发动机数据优化飞机性能，并使全权限数字发动机控制（full authority digital engine control，FADEC）利用飞机性能、轨迹意图、环境数据等优化发动机性能，研究获得了若干个能够有效地降低直接运行成本的模型与技术。其一是自适应发动机模型，利用飞行数据动态修正每个发动机的性能数据，提升发动机性能估计的准备性，使发动机始终工作于最优状态；其二是优化爬升性能，利用最优控制理论优化爬升剖面以节省燃油；其三是优化高压涡轮叶尖间隙，这项技术通过检测驾驶员在巡航阶段的加速意图，使得FADEC能够优化高压涡轮叶尖间隙的控制。

A.2　泰雷兹

法国泰雷兹集团源于1879年的法国Thomson集团，是集开发、设计、生产航空和信息技术服务产品为一体的专业级电子高科技公司。

在航空电子系统方面，泰雷兹拥有最广泛的航空电子设备，为民用飞机和直升机提供机载电子设备、航空套装、飞行控制系统、导航通信监视系统。如今，泰雷兹已成为全球领先的飞机制造商(包括空客、ATR、波音、庞巴迪、湾流和苏霍伊)的第一梯队合作伙伴。在与我国的合作中,泰雷兹为我国日益增长的民用飞机市场供应航空电子设备和 FMS,并和中国国际航空公司、上海航空公司、东方航空公司展开合作;提供用于波音 787 飞机的泰雷兹系列机载娱乐系统。在空管运行方面,泰雷兹为我国空管提供全面的、技术领先的导航方案,运用传统的和基于卫星的空中导航设备,服务遍布全球 170 多个国家。为了提供独一无二的整体监视能力,泰雷兹结合雷达和非雷达技术,向客户提供最能满足其需求的监视方案。此外,泰雷兹为北京、上海、广州提供了空管自动化系统,管理着中国约 60% 的空中交通。在 FMS 研制方面,泰雷兹和 GE 航空联合研制了用于空客的 FMS。具体应用的机型有 A318、A319、A320、A321、A330 和 A340 等。泰雷兹还研制了用于军用飞机的 FMS,用于 C130、C295 和 A400M 等飞机。

A.3　霍尼韦尔

美国霍尼韦尔航空航天分部在飞机电气系统、机舱环控系统、发动机系统、照明系统均有较高市场份额。特别是在航空电子系统领域中,惯性基准系统、通信与导航系统、飞行控制系统的技术水平在世界民机市场处于绝对领先地位。而这些技术恰恰与现代高度综合化的 FMS 紧密结合。

霍尼韦尔于 1995 年推出了第一代集成模块化航空电子平台飞机信息管理系统 AIMS-1,为大型民机主制造商提供了驾驶舱航空电子系统的整体解决方案。其设计理念为"基于任务控制",最初应用于波音 777 飞机的驾驶舱设计。在这个设计方案里, FMS 扮演了整个驾驶舱航空电子系统"任务控制"职责的核心角色。这个理念在波音 777 飞机平台上的应用,形成了当时革命性的基于任务管理的飞行操作流程,并且整套系统凸显了良好的可靠性,使得这套驾驶舱整体解决方案后来被应用到更多的机型上, FMS 也集成了更多功能。

完整的 AIMS-1 飞机信息管理系统包括驾驶舱显示系统、FMS、推力管理系统(自动油门)、飞机状态监控系统、数据通信管理系统(数据链)、驾驶舱通信系统、中央维护系统、飞行数据获取系统。

这套集成模块化航空电子系统于 2003 年发展到第二代 AIMS-2。据官方数据,该系统保证装机 15 年无须拆卸维修,证明了其强大的可靠性。

1) FMZ - 2000 及其升级版

FMZ - 2000 系列 FMS 作为主制造商与驾驶员的最佳选择已逾 20 年,然而这套系统的性能依旧远超现代空域系统的要求。目前搭载该型号设备的现役飞机超过 3 000 架。

FMZ - 2000 具备从起飞、离场、爬升、巡航、进近到降落的全阶段导航功能。数据库提供终端区和航路区的内容,涵盖了离场、航路、进场的完整阶段。

FMS 的功能确保了机组人员能够编辑航线以节省时间和燃油,还可配置降落在适合该飞机的任意跑道上。FMZ - 2000 采用的 VNAV 具有温度补偿功能。通过补偿计算在极端天气条件下的高度值差异,使得飞机能够在高于机场温度限制等级下起降。

FMZ - 2000 通过一键控制,可实现去除进近程序中不用的航路点并且绘制跑道中线延长线。这精简了空中交通管理终端区的航向控制过渡段。

这一系统还提供额外的导航数据库程序、目视盘旋程序、TACAN 进近引导、到同一机场的多个区域导航进近的终端区和航路等待程序。

FMZ - 2000 作为 CDU,与之对应的有 NZ - 2010 FMC 或 IC - 810 集成模块化航空电子系统。

FMZ - 2000 的重要特性如下:

(1) 更低的决断高度,以在美国和欧洲创造更多选择。

(2) 指定机型的起飞着陆特性数据库可灵活加载。

(3) SmartPerf 软件集成了飞机性能数据和飞机构型参数,具有性能管理学习能力。

(4) 配置在 Primus 座舱系统的 FMZ - 2000 Elite 版拥有高度保持航段的自动排序、直接爬升与阶梯爬升的优化组合方式、更快的数据传输时间、图形化的终端区程序显示的功能。

2) Primus Epic 系列飞行管理系统

Primus Epic FMS 是目前已通过适航认证,并已装机投入喷气式公务机运营的先进FMS。该系统集成了霍尼韦尔最新的图形综合导航(integrated navigation,INAV)的"指向并点击"功能。使得驾驶员可在地图位置上点击,以获得可相对于该位置执行的任务菜单。这款 FMS 是业界第一款具有连续显示空域交通状态(包括地形、空域状态、航路、机场、导航台信息)能力的产品。该系统设计能够降低机组工作强度、提升飞行安全、兼容更多机场以及满足空中交通管理要求的变化。同时,该产品的技术成果将指引着霍尼韦尔公司开发下一代 FMS,以适应空中管理体系的变革。

3) 下一代飞行管理系统产品

霍尼韦尔的下一代 FMS(NG FMS)采用最新的软件产品线,基于相同的 FMS 核心功能代码,针对不同机型的特点进行定制化配置,满足特定机型的特殊需求,同时符合高安全性、高可靠性、高效性要求。NG FMS 支持 ARINC 661 人机接口标准,支持下一代空管体系的 PBN 运行。

表 A-2 说明了霍尼韦尔在市场上的产品,包括下一代 FMS 的特性对比以及通过认证的装机情况。

表 A-2　霍尼韦尔 FMS 产品特性对比表

特　　性	FMZ-2000 的 6.0 及以下版本	FMZ-2000 的 6.1 以上版本	NG FMS	Primus Epic® FMS	Primus Apex® FMS
PBN			√		
信标性能垂直导航		√	√	√	√
温度补偿		√	√	√	√
最终进近航向指引		√	√	√	√
航路等待进程		√	√	√	√
外部设备可读的飞行计划存储格式	√	√	√	√	√
适配模块化结构			√		
经济速度模式与慢车下降路径的任务优化			√		
优化高度、优化升降梯度的任务优化		√	√	√	√
为未来空中交通管理(ATM)而优化的基于第一法则的航迹预测			√		

特　　性	FMZ - 2000 的 6.0 及以下版本	FMZ - 2000 的 6.1 以上版本	NG FMS	Primus Epic® FMS	Primus Apex® FMS
智能性能功能：预测时间、油耗、高度	√	√		√	√
空地数据链扩展包 ADS‐C、CPDLC、AOC		√	√	√	
搜寻与营救模式				√	
综合多个飞行计划的飞行计划编制功能		√	√	√	√
已认证平台	波音 400	庞巴迪 Challenger 605	波音 747/‐8/400	阿古斯特 AW139	中航工业 Y12F
	波音 727	CL601‐3A/3R，GEX/XRS/5000	E170/E175/E190/E195，世袭 1000	赛斯纳 Citation Sovereign	Dornier Seastar
	赛斯纳 Citation Ⅱ/Ⅲ/Ⅴ/Ⅹ/Bravo/Encore/Excel/XLS	英国宇航 700/800/1000	湾流 G650	E170/E190/E195	皮拉图斯 PC‐12
	庞巴迪 Challenger CL‐601	赛斯纳 Citation Ⅲ‐Ⅵ‐Ⅶ，X，C560XL/XLS，C560/EN/EX，CJ3，XLS，Encore＋，C550B，C650，Sovereign	达索猎鹰 8X	猎鹰 F7X/F900/F2000	SyberJet‐SJ30

（续表）

特　　性	FMZ－2000的 6.0 及以下版本	FMZ－2000的 6.1以上版本	NG FMS	Primus Epic® FMS	Primus Apex® FMS
已认证平台	多尼尔 328 100/200/300	达索猎鹰 900/900B/900EX		湾流 450/550	维京双水獭
	E135/E145/E650	巴航莱格赛 600/650，135/140/145/650		豪客地平线	
	猎鹰 2000/900/900C/900EX/50EX	湾流 300/400/Ⅳ/Ⅴ			
	湾流 300/400/500/Ⅱ/Ⅱ/Ⅳ/Ⅴ	多尼尔 DO328 /100/200/300			
	豪客 800/800XP/1000				
	洛克希德 L382G C130/P3				
	SAAB 2000				
	Sino Swearingen SJ30				

附录 B　飞行管理系统主要交联系统简介

B.1　导航系统

确定运动载体的位置和姿态，引导运动载体到达目的地的指示和控制过程称为导航。导航的任务是为运动载体提供 6 个自由度的导航参数，包括三维位置和三维角度，这 6 个参数决定了一个物体在空间中的位置和状态。能够提供导航参数，实现导航任务的设备或装置称为导航系统。

导航可以通过多种技术途径实现。对于航空导航，早期的飞机依靠磁罗盘、无线电罗盘、陀螺地平仪、速度表和时钟等导航仪表确定飞机的路径、航向和速度，并在可能的条件下利用目视地形和明显建筑物监视飞行路径的正确性，寻找目的地。20 世纪 30 年代，无线电导航系统出现；60 年代以后，惯性基准系统和卫星导航系统相继问世。这些导航系统能够为飞机提供连续的导航信息，目前已成为航空导航的核心设备。

B.1.1　惯性基准系统

惯性基准系统以牛顿力学理论为基础，利用惯性传感器，即陀螺仪和加速度计测量运动载体在惯性空间中的线运动和角运动，通过积分和推算方法获得载体的姿态角、载体速度和载体位置等导航参数。惯性基准系统在整个计算过程中，不与外界任何信息，如光、电、磁等发生联系，是一种完全自主的导航系统。惯性基准系统的这一独特优点使其成为航天、航空和航海领域占据重要和突出地位的核心导航设备。

根据导航平台结构的不同，惯性基准系统分为平台（式）惯性基准系统和捷联（式）惯性基准系统。平台惯性基准系统具有陀螺仪构建的惯性物理平台，能够跟踪指定的坐标系，为加速度计提供测量的参考基准。而捷联惯性基准系统以数字平台代替惯性平台，没有实际的物理平台，陀螺仪和加速度计直接安装在载体上，通过陀螺仪的输出信息得到姿态转移矩阵，实现类似平台惯性基准系统中惯性平台的功能。

惯性基准系统可应用的陀螺仪种类较多，有机械转子陀螺仪、静电陀螺仪、激光陀螺仪、光纤陀螺仪以及微机电陀螺仪。20 世纪 50 年代，基于转子陀螺仪的平台惯性基准系统开始实际应用于航海和航空；70 年代前后，捷联惯性基准系统日益受到重视并得到广泛应用；80 年代以后，随着环形激光陀螺的出现和计算机技术的快速发展，捷联惯性基准系统发展迅速，成为军用和民用领域使用最为广泛的惯性基准系统。1962 年起美国开始研制环形激光陀螺，其中霍尼韦尔公司起步最早，成果最为显著。1975 年，霍尼韦尔公司研制的激光陀螺惯性基准系统在 A7C 飞机上试飞成功，精度为 2.2 n mile/h。1978 年，该公司研制的激光陀螺惯性基准系统精度得到进一步提升，在波音 727 飞机上试飞成功，精度达 1 n mile/h。1982 年，该公司研制的激光陀螺惯性基准系统在波音 747 飞机上试飞成功，精度高达 0.26 n mile/h。自 1982 年起，霍尼韦尔公司的 GG1342 激光陀螺投入批量生产，已成功应用在波音 737、波音 757 和波音 767 等机型上。

为了阻尼惯性基准系统高度通道发散，20 世纪 80 年代早期开发的大气数据惯性基准系统（ADIRS）将大气数据计算和惯性基准计算集为一体，并在空客、波音等机型上成功应用。ADIRS 一般由以下部件组成：大气数据模块（air data module，ADM）、总温探头、迎角探头、惯性系统显示组件（inertial system display unit，ISDU）、模式选择组件（mode select unit，MSU）、大气数据惯性基准组件（air data inertial reference unit，ADIRU）和惯性基准系统主告警组件。图 B-1 所示为波音 737 飞机机载 ADIRS 的系统组成。

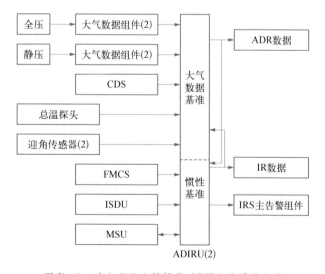

图 B-1　波音 737 飞机机载 ADIRS 的系统组成

ADIRS 有两个主要功能：大气数据基准（air data reference，ADR）和惯性基准（inertial reference，IR）。

ADR 功能用于计算空速和气压高度。IR 功能用于计算姿态、当前位置、地速和航向。ADIRS 向机组和飞机系统提供下列类型的数据：经度、纬度、地速、航迹角、航向、偏流角、FPA、惯性垂直速度、东西速度、南北速度等。

B.1.2　卫星导航系统

卫星导航系统利用围绕地球运行的人造地球卫星进行导航定位。人造地球卫星向地球表面发射经过编码和调制的无线电信号，编码中载有卫星信号时间和星座中各个卫星在空间的位置、状态等星历信息。安装在载体上的卫星导航接收机可以接收卫星信号，并计算出自身的位置和速度等导航信息。

卫星导航系统最早由美国于 20 世纪 70 年代开始研发，俄罗斯紧随其后。为摆脱对美国卫星导航系统的依赖，欧洲和中国也在 2000 年左右开始建立自己的卫星导航系统。全球导航卫星系统（GNSS）是所有在轨工作的卫星导航定位系统的总称，具体包括美国的全球定位系统（GPS）、俄罗斯的全球导航卫星系统（GLONASS）、中国的北斗卫星导航系统、美国的广域增强系统（WAAS）、欧洲的同步卫星导航覆盖系统（EGNOS）和 Galileo 卫星导航定位系统、日本的准顶天卫星系统（QZSS）、印度的区域导航卫星系统（IRNSS）等。

ICAO 将 GNSS 作为标准导航设备纳入民用航空器导航中。无论何种卫星导航系统，导航卫星均位于离地上万公里的中高轨道上，用户依靠接收机接收其发送的无线电信号进行导航定位。导航卫星发送的测量信号需要穿越电离层和对流层，引入电离层延迟误差、对流层延迟误差、空间信号干扰、多路径效应等，最终影响卫星导航的服务质量。ICAO 使用导航的精度、完好性、连续性和可用性等指标衡量卫星导航系统的服务质量。这些指标的好坏会直接决定卫星导航系统能否用于民用航空的导航和安全飞行。

GPS 是迄今为止发展最为成熟、应用最为广泛的卫星导航系统，它提供两种服务：标准定位服务和精密定位服务。标准定位服务对全世界所有用户均是可用的，这种服务提供的预测精度为在水平面内 3 m（2 倍的距离均方根值）；在垂直平面内 5 m（95%）。

精密定位服务主要应用于军事和所选定的政府部门用户,提供的预测精度为在三维空间内 5.9 m(95%)双频下。

　　图 B-2 所示为波音 737 飞机机载 GPS 接收机与外部设备的交联关系。GPS 接收机通过天线接收射频信号,然后进行滤波、混频、模数转换。GPS 接收机内置的微处理器进行数据处理,然后把位置、速度、时间和系统完好性等数据输出到系统处理器。系统处理器按照 ARINC 743A 将数据传输给飞机上的其他系统,如 FMS、IRS 等。GPS 接收机有多种不同的工作方式,各种工作方式之间自动转换。这些工作方式包括自测方式、初始化方式、捕获方式、导航方式、高度辅助方式、方向/速度辅助方式和失效方式。

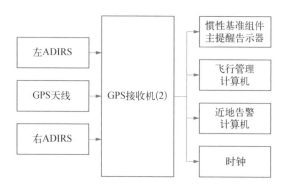

图 B-2　波音 737 飞机机载 GPS 接收机与外部设备的交联关系

B.1.3　无线电导航系统

　　无线电导航系统是借助运动载体上的电子设备接收无线电信号,进行距离测量和角度测量,通过几何式定位、定向方式获得相应的导航参数,进而确定运动载体位置的一种导航系统。20 世纪 30 年代,各种无线电导航系统相继问世。主要分为两类:一类是测距系统,如 DME 测距导航系统、罗兰双曲线导航系统、奥米加双曲线导航系统;另一类是测角系统,如 VOR 和 ILS。VOR、DME 和 ILS 系统是民用航空领域常用的无线电导航系统。

B.1.3.1　VOR 系统

　　VOR 系统由机载 VOR 接收机和地面 VOR 台组成。VOR 导航台在 112～118MHz 频段工作,抗干扰能力强。它的工作原理如下:地面 VOR 台发射一个用

30 Hz 参考频率调制的全向信号(称为基准信号),以及一个以 30 r/s 旋转的各方位相位不同的信号。机上 VOR 接收机接收这两种信号,并将两个 30 Hz 频率的相位进行比较,得到飞机相对地面台的方位。

图 B-3 所示为波音 737 飞机机载 VOR 接收机与外部设备的交联关系。机长和副驾驶通过使用导航控制面板实现对 VOR 的人工调谐。来自 VOR/LOC 天线的无线电频率信号经过电源分配器到达 VOR 接收机。VOR 接收机使用无线电频率信号计算导航台的方位并解码莫尔斯码站台标识符和站台音频信号。VOR 接收机向遥控磁指示器(remote magnetic indicator,RMI)、显示电子组件(display electronic unit,DEU)、遥控电子组件(remote electronic unit,REU)、飞行控制计算机(FCC)和飞行管理计算机系统(FMCS)发送相关信号。其中 FMCS 从 DME 询问器接收 VOR 方位、频率等数据,并将该数据用于无线电位置更新。

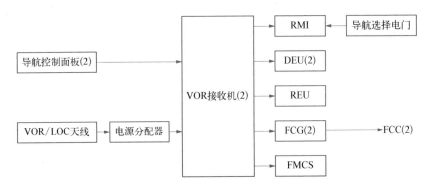

图 B-3 波音 737 飞机机载 VOR 接收机与外部设备的交联关系

B.1.3.2　DME 系统

DME 系统由机载 DME 询问器和地面 DME 应答器组成。工作时,机载 DME 询问器发出特高频率无线电脉冲波,地面 DME 应答机接收后延迟一段固定的时间再发射应答脉冲,机上设备接收后测出发射时间与接收时间的时间差,从中减去固定的延迟时间,就能得出飞机和该地面台之间的斜距。

图 B-4 所示为波音 737 飞机机载 DME 询问器与外部设备的交联关系。DME 询问器获得来自导航控制面板的人工调谐输入和来自 FMCS 的自动调谐输入。DME 询问器向以下设备发送数据:FCC、FMCS、飞行数据获取组件(flight data acquisition unit,

FDAU）、REU 和 DEU。其中 FMCS 从 DME 询问器接收 DME 斜距、频率、标识等数据，并将该数据用于无线电位置更新。由于 DME 和 ATC、TCAS 在同一频段工作，因此在 DME 工作时，需要通过同轴三通向 ATC 和 TCAS 发送抑制脉冲。

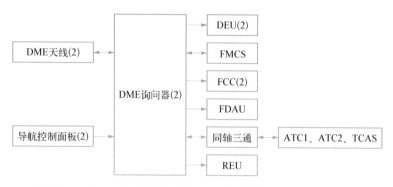

图 B-4　波音 737 飞机机载 DME 询问器与外部设备的交联关系

B.1.3.3　ILS 系统

ILS 系统由机载 ILS 接收机和地面 ILS 发射机组成，用于飞机的着陆引导。ILS 发射机安装在跑道附近，在跑道上方建立一个接近 110 MHz 的水平引导信号和接近 330 MHz 的垂直引导信号。两个经过调制的信号在空间形成一条零交叉点直线，把飞机从距跑道 15 n mile 的位置引导至跑道上空 50 ft 以内。

图 B-5 所示为波音 737 飞机机载 ILS 接收机与外部设备的交联关系。ILS 接收机与下列设备有交联：导航控制面板、FDAU、备用姿态指示器、近地告警计算机（ground proximity warning computer，GPWC）、FMC、DEU 和 FCC。其中 FMC 从 ILS 接收机接收 LOC 偏差、垂直 GS 偏差等数据，并将该数据用于无线电位置更新。

B.2　自动飞行控制系统

AFCS 可在飞机的整个飞行阶段中使用，通过自动驾驶仪分系统实现姿态控制与轨迹控制，通过自动油门分系统实现速度和推力控制，通过飞行指引仪提供指引指令，从而实现多功能自动飞行。传统的 AFCS 包含 FCC、MCP、输出设备、偏航阻尼系统和自动油门系统。

FCC 产生控制飞机作动器的指令，它包括如下分系统：

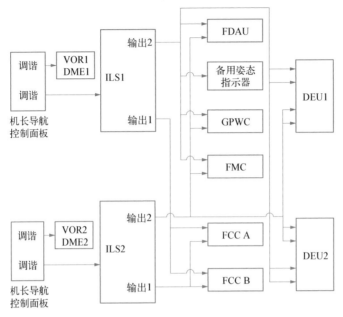

图 B-5　波音 737 飞机机载 ILS 接收机与外部设备的交联关系

（1）自动驾驶仪：可自动控制飞机飞行，减轻驾驶员的工作负荷，还可实现飞机的自动着陆。

（2）飞行指引仪：在 PFD 上显示由计算机提供的飞行指引指令，以使驾驶员按照飞行指引杆的指引驾驶飞机或监控飞机的姿态。

（3）自动配平系统：改善飞机在整个飞行过程中的动态稳定性。

MCP 是自动驾驶仪和自动油门的人机接口，用于向 FCC 输入驾驶员的控制指令，如飞行方式、速度、高度、垂直升降率、航向等目标值。

输出设备用于将计算机产生的控制信号加到飞行控制系统（通过飞机作动器控制飞机各操纵面），将飞行目标速度、高度、航向值、自动驾驶仪的工作状态等显示在飞机的下视显示器上：PFD 展示目标速度、目标高度和飞行指引信息；FMA 展示自动驾驶仪的工作状态；ND 展示目标航向或航迹。

偏航阻尼系统用于自动调整水平安定面，在所有飞行阶段都保持飞机的俯仰稳定性。偏航阻尼系统与自动配平系统合称为增稳系统，可改善飞机的稳定性，提高安全性和舒适性。

　　自动油门系统用于自动控制发动机的输出功率,实现最佳飞行,并减轻驾驶员的负担。

　　20 世纪 80 年代 AFCS 的结构如图 B-6 所示。

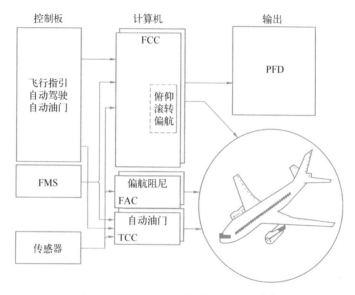

图 B-6　20 世纪 80 年代 AFCS 的结构

B.2.1　自动驾驶仪

　　自动驾驶仪的主要功能如下:自动保持飞机沿三个轴的稳定(姿态保持);按照驾驶员的指令,自动操纵飞机达到指定的航向、高度、升降速度、俯仰角等;按照驾驶员的设定,控制飞机按指定的航向、预定的高度等飞行;在 FMS 的控制下,执行飞行计划,按预定的航线飞行;接受 MCP 指令,在 MCP 接管时响应其水平和垂直方向不同模式状态的控制;与 ILS 相耦合,实现飞机的自动着陆。

　　自动驾驶仪在飞机上所处的完整控制回路如图 B-7 所示,其中自动驾驶仪控制器用实线矩形框做了标记,自动驾驶仪是一种典型的闭环控制系统,它的控制回路包括内回路和外回路两个回路,内回路用于控制飞机的姿态,外回路用于飞机跟踪 FMS 的飞行计划。

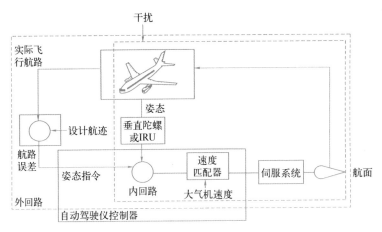

图 B-7　自动驾驶仪在飞机上所处的完整控制回路

　　飞行控制面板主要用于为自动驾驶仪提供指令,显示控制系统的接通和断开、工作方式的选择以及数据链通告显示等。图 B-8～图 B-11、表 B-1～表 B-4 给出了几种典型的飞行控制面板,主要包含飞机指引仪衔接电门;A、B 两个独立通道的自动驾驶衔接电门;自动着陆多通道衔接的进近电门;自动驾驶的人工脱开电门;速度、高度、航向、升降速度指令调整旋钮等。

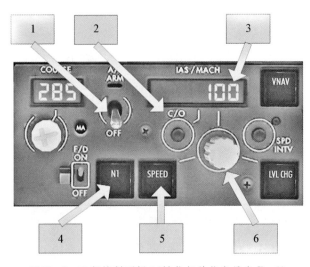

图 B-8　飞行控制面板 1(键位相关信息见表 B-1)

表 B-1   飞行控制面板 1 键位

	键 位 名 称	键 位 功 能
1	自动油门预位电门	预位自动油门待机
2	转换电门	指示空速和马赫数之间切换
3	指示空速/马赫数显示	显示目标速度
4	N1 电门	自动油门 N1 方式
5	速度电门	自动油门速度方式
6	指示空速/马赫数选择器	显示速度的单位

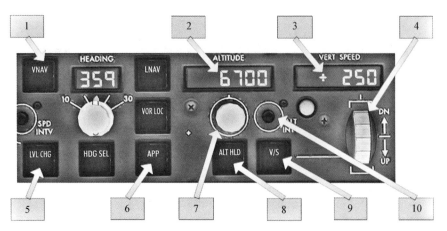

图 B-9   飞行控制面板 2(键位相关信息见表 B-2)

表 B-2   飞行控制面板 2 键位

	键 位 名 称	键 位 功 能
1	垂直导航电门	垂直方向的 FMS 引导通道
2	高度显示窗	显示目标高度
3	垂直速度显示	显示垂直速度值
4	垂直速度拇指轮	调整垂直速度滚轮
5	高度层改变电门	调整巡航高度
6	进近电门	接通仪表进近/综合导航进近的引导通道

键 位 名 称	键 位 功 能
7 高度选择器	调整目标高度
8 高度保持电门	沿当前高度平飞
9 垂直速度电门	沿设置的垂直速度爬升或下降
10 高度干预电门	删除一个 FMS 高度限制

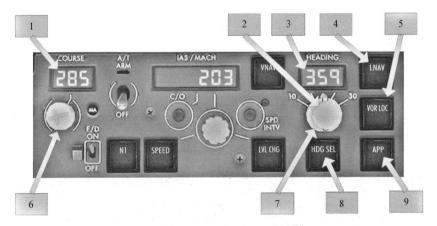

图 B-10　飞行控制面板 3(键位相关信息见表 B-3)

表 B-3　飞行控制面板 3 键位

键 位 名 称	键 位 功 能
1 航道显示	显示当前的航道
2 航向选择器	调整当前的航向
3 航向显示	显示目标航向
4 水平导航电门	水平方向的 FMS 引导通道
5 VOR 航向道电门	精密进近沿 VOR/LOC 无线电导航引导通道
6 航道选择器	调整航道号
7 坡度角选择器	滚转坡度角档位选择(10°、15°、20°、25°、30°)
8 航向选择电门	沿当前航向直飞
9 进近电门	接通仪表进近/综合导航进近的引导通道

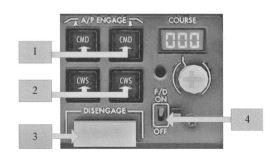

图 B-11　飞行控制面板 4(键位相关信息见表 B-4)

表 B-4　飞行控制面板 4 键位

	键 位 名 称	键 位 功 能
1	指令接通电门(A 或 B)	双通道的控制开关,在进近时同时接通 A,B 通道
2	驾驶盘操纵接通电门(A 或 B)	接通后,由驾驶盘控制俯仰和滚转
3	自动驾驶仪脱开杆	断开自动驾驶仪,由驾驶盘及油门杆控制飞机
4	飞行指引仪电门	打开飞行指引功能

干线飞机自动驾驶仪通常分两个通道进行控制,纵向通道用于稳定和控制飞机的俯仰姿态、高度、速度、升降速度等;横侧向通道用于稳定和控制飞机的航向角、倾斜角、偏航距离等。通常自动驾驶仪包括的控制模式如下所示,其中 VNAV 和 LNAV 是 FMS 接管状态下的飞行引导方式。纵向通道包括高度保持(ALTITUDE HOLD)、升降速度(垂直速度)(V/S)、高度层改变(LEVEL CHANGE)、高度截获(ALTITUDE ACQUIRE)、垂直导航(VNAV)、下滑道(GS)、复飞(GO AROUND)。横测向通道包括航向保持(HEADING HOLD)、航迹(TRACK)、水平导航(LNAV)、甚高频全向无线电(VOR)、航向道(LOC)、复飞(RWY TRACK)。

B.2.2　自动油门

自动油门是 AFCS 的一个分系统,它可以在从起飞到降落的过程中实现对发动机推力的全程自动控制。自动油门的功能是自动控制发动机的推力达到所需要的值——提供自动推力控制以及发动机推力极限指令。

自动油门一般包含推力方式和速度方式两种工作方式,其中推力方式通过控制发动机的转子转速 N1 或 EPR 实现对推力的控制;速度方式根据 FMS 计算的或驾驶员设定的速度目标值,实现对推力的控制,进而控制飞机的速度。

在应用电传操纵的飞机上,FMS 将数字目标推力信号直接传送给发动机的 FADEC 计算机,直接控制发动机的推力输出,它没有伺服机构、不驱动油门杆的随动,如图 B-12 所示。

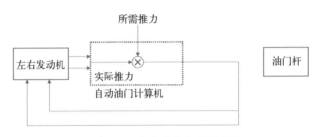

图 B-12　先进的推力控制系统

自动油门在整个飞行过程中的工作情况如图 B-13 所示。在起飞阶段,自动油门采用推力方式工作,所需的起飞推力由推力计算机计算;达到起飞推力时,采用推力保持方式工作,即关断任何到达油门的指令,阻止油门的移动。在爬升和下降阶段,既可以采用速度方式工作(自动驾驶仪不控制速度时),又可以采用推力方式工作(自动驾驶仪控制速度时),取决于自动驾驶仪的俯仰方式。在巡航和进近阶段,自动油门用于控制飞行速度。在着陆阶段,自动油门进入拉平回收方式,着陆后,自动油门杆移动到慢车止动,进入落地状态。

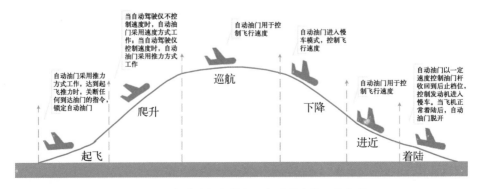

图 B-13　自动油门在整个飞行过程中的工作情况

B.3　显示控制系统

B.3.1　显示控制系统概述

驾驶舱显示控制系统是驾驶员与飞机之间相互作用的接口,由显示和控制两部分组成,其中,显示是驾驶员的信息输入接口,它把多种飞行参数转换为视觉信息,显示在显示器上,驾驶员读取这些信息,可以做出正确的判断和决策。控制是驾驶员的信息输出接口,它接受驾驶员操作指令,使得驾驶员可以获取所需要的信息。

驾驶舱显示器主要分成 3 种类型。

(1) PFD:显示关于维持飞机安全性和控制飞行能力的信息。

(2) ND:显示飞机相对于其环境的位置信息,将飞机由起始点安全地引导至目的地。

(3) EICAS:显示飞机系统的信息,以确保在按飞行计划飞行期间持续、安全地运行。

大部分现代驾驶舱拥有 6 个显示屏:机长和副驾驶各使用一台 PFD 和 ND,以及 2 台 EICAS 显示器。随着飞机座舱向高度综合化的方向发展,HDD 逐渐向大型显示器过渡,大型显示器能够使得 PFD 和 ND 联合置于单个显示屏上。

此外,平视显示器(head up display, HUD)也引入一些民用运输机中,提供 HDD 上全部的飞行性参数。对于民航驾驶员而言,HUD 最重要的特征在于其显示叠加于外部世界图像上航迹线矢量的能力。航迹线矢量是对飞行航向的一种瞬时和直觉化显示。使用航迹线矢量及 HUD 上的其他提示信息,驾驶员能够精确地手动控制飞机。

图 B-14 所示为典型的民机驾驶舱显示控制系统。

图 B-14　典型民机驾驶舱显示控制系统

为了完成 FMS 的飞行计划、导航和引导等功能，FMS 必须与显示系统交联，它为显示系统提供各类信息，辅助驾驶员进行导航、监视飞行状态。与 FMS 交联的显示子系统主要包含 PFD、ND、EICAS、HUD。

FMS 与显示系统的交联关系如图 B-15 所示。

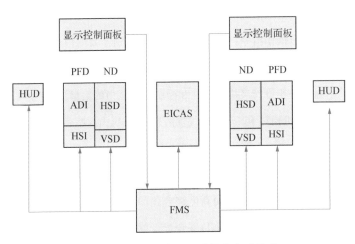

图 B-15 FMS 与显示系统的交联关系

B.3.2 PFD

PFD 一般显示飞机高度、姿态和空速，如图 B-16 所示。通常 FMS 仅为 PFD 提供目标速度和目标高度，以及特定的模式通告信息，对于 PFD 上的其他信息一般由 IRS 和 ADC 直接提供。

FMA 显示在 PFD 的顶端，从左至右为自动油门方式通告、俯仰方式通告和滚转方式通告。FMS 在工作期间，一般可以给出以下有效的 FMS 飞行方式通告。

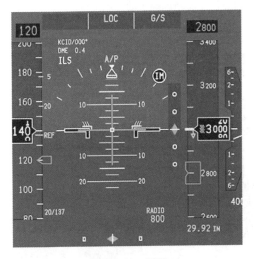

图 B-16 PFD

（1）自动油门方式通告：FMC 速度、N1、收油门和预位。

（2）俯仰方式通告：VNAV 路径、VNAV 速度。

（3）滚转方式通告：LNAV。

空速/马赫数指示可以显示 FMS 提供的目标速度。

当 LNAV 接通时，FMS 输出的引导指令可以用于 PFD 中的飞行指引杆指令计算。

对于 RNP 运行，通常在 PFD 中显示 RNP 刻度，此时 FMS 还提供 ANP 信息用于显示和告警。

当前一些先进航空电子制造商正在研发基于合成视景技术的 PFD，通过合成视景系统（synthenic vision system，SVS）的各元素（如场面引导、滑行地图、空中隧道/航迹/航路、速度矢量、指令指引提示），允许驾驶员快速并精确地认识自身位置与相关地形、最佳飞行路径/计划、人工建筑和障碍物之间的关系。

在集成 SVS 的 PFD 中，FMS 需要为 PFD 提供三维飞行计划，从而使得 PFD 可以在三维空间中提供当前和预期导航路径的显示（预期的路径通常以空中高速通道的形式提供）。合成视景 PFD 如图 B-17 所示。

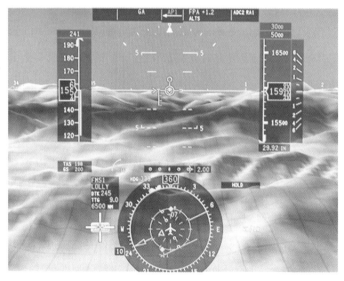

图 B-17　合成视景 PFD

B.3.3　ND

ND 提供沿飞行计划的飞行进程显示，一般分成地图（MAP）模式和计划（PLAN）模式。显示方式可以为显示部分罗盘的扩展模式和显示全罗盘的中心模式。

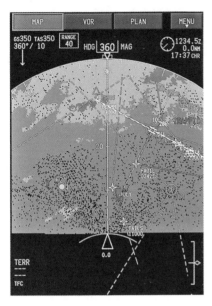

图 B-18 扩展的地图模式

扩展的地图模式显示在选定距离内计划的一部分,如图 B-18 所示。扩展的地图模式显示部分方位刻度,飞机符号在底部。该显示的取向是航迹在 12 点钟位置。显示器表示飞行计划的各部分,处在各航路点之间的航迹,还显示有关的无线电导航设备。

中心地图方式显示 360°方位刻度,飞机符号在中心位置。与扩展的地图模式一样,显示是航迹取向的,还显示飞行计划航迹的各部分及量程范围内选择的导航台。

计划模式一般用于 3 种目的:观察在 FMS 中存储的飞行计划;修改、变更 FMS 存储的飞行计划;建立新的飞行计划。

FMS 通过仪表输出总线以交叉的方式向电子飞行仪表(electronic flight instrument, EFI)输出地图背景数据、位置更新和其他动态数据。FMS 应该定义要显示的数据的类型及相应的位置和旋转参数。EFI 控制符号的颜色、大小、亮度、闪烁和相关参数,并把接收到的 FMC 的地图位置数据转换成显示器坐标系下的值。

FMS 从其导航数据库和飞行计划缓冲中抽取地图背景必需的信息。发送给 EFI 的位置数据应该是经纬度坐标系下的。发送的数据类型应该响应 EFI 控制面板上的模式符号选项和所选择的显示量程。数据的次序应该与要显示的数据的优先级一致。

对于地图背景数据,FMS 所传输的数据信息至少必须包括当前地图显示区域需要的,以及地图数据更新期间由于飞机移动和旋转而需要的内容,主要包含如下几个方面。

(1) 飞行计划数据:主飞行计划、第二飞行计划、飞行计划变化、航路点、航路点数据、偏置、高度截获、飞行计划事件、RTA 符号。

(2) 选择的参考点。

(3) 跑道数据(在某些阶段可以没有,但是不能因为数据流截短而不显示)。

(4) 起飞和目的地机场。

（5）调谐的导航台。

（6）导航数据（可以是动态的而不是背景的）。

（7）非飞行计划导航台。

（8）一般参考点（位置排列）。

对于动态显示数据，应包括飞机位置、航迹（真）、航迹（磁）。

FMS 可以提供用于 ND 的大量其他数据项，包括风（侧风、逆风或大小、方向）、到下一个航路点的时间和距离、地速、引导到下降路径时的垂直偏差、反映当前速度和转弯方向的趋势向量。

FMS 接收显示系统对 ND 的控制信息，包括显示模式、比例尺或符号选项选择的修改信息，FMS 通常要在一秒内响应、更新并发送数据。典型的显示系统控制面板如图 B-19 所示。

图 B-19　典型的显示系统控制面板

1）机场移动地图显示

一些先进的 ND 上提供了机场地图功能，它以合适的图标表示跑道、滑行道、廊桥和建筑物。FMS 可以为机场地图功能提供飞机的位置。对于高级的场面引导功能，FMS 还可以提供滑行路径，叠加在移动地图上。机场地图显示如图 B-20 所示。

2）VSD

VSD 提供了飞机相对于飞机垂直剖面的显示关系，使得驾驶员可以看见垂直路径，并且连续监视飞机相对于该路径的偏离，如图 B-21 所示。

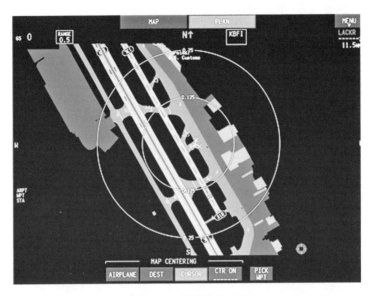

图 B-20　机场地图显示

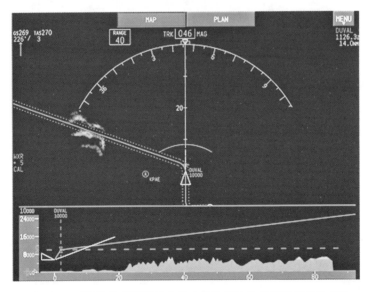

图 B-21　FMS 提供预测的水平飞行计划和垂直剖面信息给 ND

B.3.4　EICAS

EICAS 显示由 FMS 计算获得的有效 N_1 限制方式,如图 B-22 所示。基准 N_1 角标表示有效方式的 N_1 限制。N_1 限制方式控制 N_1 限制用于自动油门的操作。

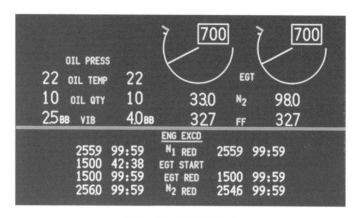

图 B-22　EICAS 显示

B.3.5　HUD

HUD 与 PFD 显示的绝大多数符号类似,提供了 HDD 上全部的飞行参数(空速、姿态、高度、航向等)。与 PFD 类似,FMS 仅为 HUD 提供目标速度和目标高度,以及特定模式通告,其余主要信息一般都直接来自 IRS 和 ADC。典型 HUD 如图 B-23 所示。

图 B-23　典型 HUD

附录 C　航空运输业高速发展对运行环境的演变需求

全球航空运输业自 20 世纪 70 年代以来，以数倍于世界经济发展的速度快速发展。但是，空管系统受限于传统辅助导航设施，无法在有限空域下有效地缩减航空器间距离，导致了空域拥堵。此外，各国 ATC 采用的系统与标准不尽相同，使得邻近 FIR 彼此间缺乏一致的协调性，增加了安全隐患。随着民航运输业的快速发展，还造成了对环境的影响，如噪声、环境污染和燃油消耗。

20 世纪 80 年代，未来空中航行计划系统的概念被提出，我国也称之为新航行系统。随着各种可用的通信、导航和监视技术的日臻成熟，人们越来越注重由新系统产生的效益，同时认识到在实现全球安全、有效的航空运输目标中，ATM 是使 CNS 互相关联、综合利用的关键。ATM 的运行水平成为体现先进 CNS 系统技术的焦点。基于这一发展新航行系统的思想，在 1993—1994 年间，ICAO 将 FANS 更名为 CNS/ATM 系统。CNS/ATM 系统在航空中的应用对全球航空运输的安全性、有效性、灵活性带来了巨大的变革。新航行系统是一个全球一体化的系统，是不断滚动发展的系统，它主要依赖卫星技术、数据链和计算机网络等新技术。新航行系统的实施使民用航空进入了新发展时代。

在此形势下，各国、各地区纷纷启动了各自的空中交通管理现代化计划。美国组成了联合计划发展办公室，推出了下一代航空运输系统（NextGen）。欧洲委员会和欧洲航行安全组织联合启动了 SESAR，发布并协调欧洲空中交通管理总体规划的实施。我国也提出了中国民航空中交通管理现代化战略（civil aviation ATM modernization strategy，CAAMS）。

ICAO 作为促进国际民用航空的全球性论坛，为统一协调全球 CNS/ATM 系统，发布了《CNS/ATM 系统全球空中航行计划》（Doc 9750），推出了 ASBU 的方案，用各种新兴技术实现全球民用航空系统的可持续增长，加强全球民用航空的安全，增加全球民用航空系统的运量，提高其效率，并且将民用航空活动对环境产生的不利影响减至最小。

NextGen、SESAR 和 ICAO GANP 的规划都是为了提供适应快速增长的航空运输量的空中交通管理系统。这个改进的系统既要能增加空域容量，又要能提高航空安全或者至少保持航空安全水平，并且减少对环境的影响。除了以上共同点，NextGen 还要求能够保持美国的全球航空领先地位，并且还能确保国家防卫和国家安全。SESAR 作为欧盟联合推出的计划，更注重参与计划的各利益攸关方的利益，所以将成本效益、服务能力和质量也作为追求的绩效目标。ICAO 推出的 ASBU 从绩效改进领域分析所需的升级模块和相关技术，并且从实施标准和进度方面进行协调。各计划的航空电子路线图所关注的技术能力都紧紧围绕提高运输量、提高运行效率、提高航空安全和环境保护。

C.1　ICAO 的 ASBU 计划

美国基于安全、容量的需求及保持美国的领先地位等因素，于 2003 年签署了《世纪航空再授权法案》，由美国交通部、国防部、商业部、国土安全部、FAA、NASA 和白宫科技政策办公室七大政府机构组成了联合计划发展办公室，并于 2005 年推出了 NextGen，预期能满足 2025 年美国空中运输的空域航行要求。

2004 年欧洲启动了 SESAR，它是单一欧洲天空的技术支柱。2007 年成立了 SESAR 联合执行体（SJU），它通过协调和关注欧洲地区所有空中交通管理技术研究和系统革新，负责该空中交通管理系统的现代化实施。2009 年和 2012 年，SJU 分别发布了第一版和第二版欧洲空中交通管理总体规划。总体规划概述了必要的业务和技术需求，涵盖了所有相关方面如空域使用者、航行服务提供商、军事和网络管理员等，以便共同达到单一欧洲天空的效能目标，提升整体运行容量，降低限制，建立安全、快捷、无缝的"门对门"航行运行环境。

ICAO 为成员国关于如何通过协调各种新兴技术解决空中交通稳定全球增长问题，发布了单独版本的《CNS/ATM 系统全球空中航行计划》（Doc 9750），这项全球空中航行计划是一项 15 年滚动前进的战略方法，其中运用了现有各种技术并根据国家/业界商定的运行目标对未来发展做出的估计，并且按照 3 年一个周期更新。ICAO 的 GANP 是一项总体框架，其中包括协助 ICAO 地区、次地区和各国制定它们地区和国家航空安全计划的主要民用航空政策原则。GANP 的目标是增加全球民用航空系统的运量和提高其效率，同时提高或至少维持航空安全水平。为了统一协调全球 CNS/ATM 系统，ICAO 在第四版 GANP 中推出了 ASBU 的方案，从 2013 年开始，每 5 年递增一次，一直持续到 2028 年及以后年份。它包括 ASBU 框架、模块和相关技术路线图，其中包括通信、监视、导航、信息管理和航空电子技术等各个方面的技术推进计划。

2016 年修订了第五版《全球航行计划（GANP）（Doc 9750）》，用于指导 2016—2030 年间整个航空运输部门取得相互补充的进展。图 C-1 所示为 GANP 第五版规划的 2016—2030 年 ASBU 推进的阶段性示意。ASBU 旨在供各个地区、次地区和国家采用，希望在各个地区和全世界采用相关组块或个别模块时，帮助它们达到一致性和互用性。GANP 以及 ICAO 其他高级别计划将帮助 ICAO 地区、次地区和各国确立它们未来 15 年的空中航行优先工作。ICAO 提出了四个绩效改进领域：机场运行、全球客户运行系统和数据、最佳容量和灵活飞行以及高效飞行路径。图 C-1 中有四个组块，每个领域在各组块中都有不同数量的模块。每个模块有个编号，字母 B 后面的数字表示所属组块序列，英文缩写表示技术名称，文字描述表示该模块的主要内容。

组块 0 体现了已经发展和在今日世界许多地区实施的各种技术和能力为特性的模块。组块 1 包含了 ATM 系统的新概念和功能，即协作环境的飞行和流量信息（FF-ICE）、TBO、广域信息管理（system wide information management，SWIM）系统以及将遥控飞机集成到非分离空域中。人为因素将对 FF-ICE 和 TBO 等概念的最终实施产生重大影响。机载和地面系统的更紧密集成将要求对人为因素影响进行全面的端到端考虑。从 2019 年开始可以提供组块 1 中的模块，只要它满足以下任一条件：

（1）一个尚未试用的概念通过操作改进能够易于理解了。

（2）在模拟环境中已成功试用了运营改进。

（3）在受控的操作环境中已成功尝试了操作改进。

（4）运营改进已获批准并准备推出。

组块 2 中的模块计划于 2025 年可用，并且必须满足以下条件之一：

（1）表明从组块 1 先前的模块那里获得了进展。

（2）支持 2025 年的运营环境要求。

组块 2 中的模块计划于 2025 年可用，并且必须满足以下条件之一：

（1）表明从组块 2 先前的模块那里获得了进展。

（2）支持 2031 年的运营环境要求。

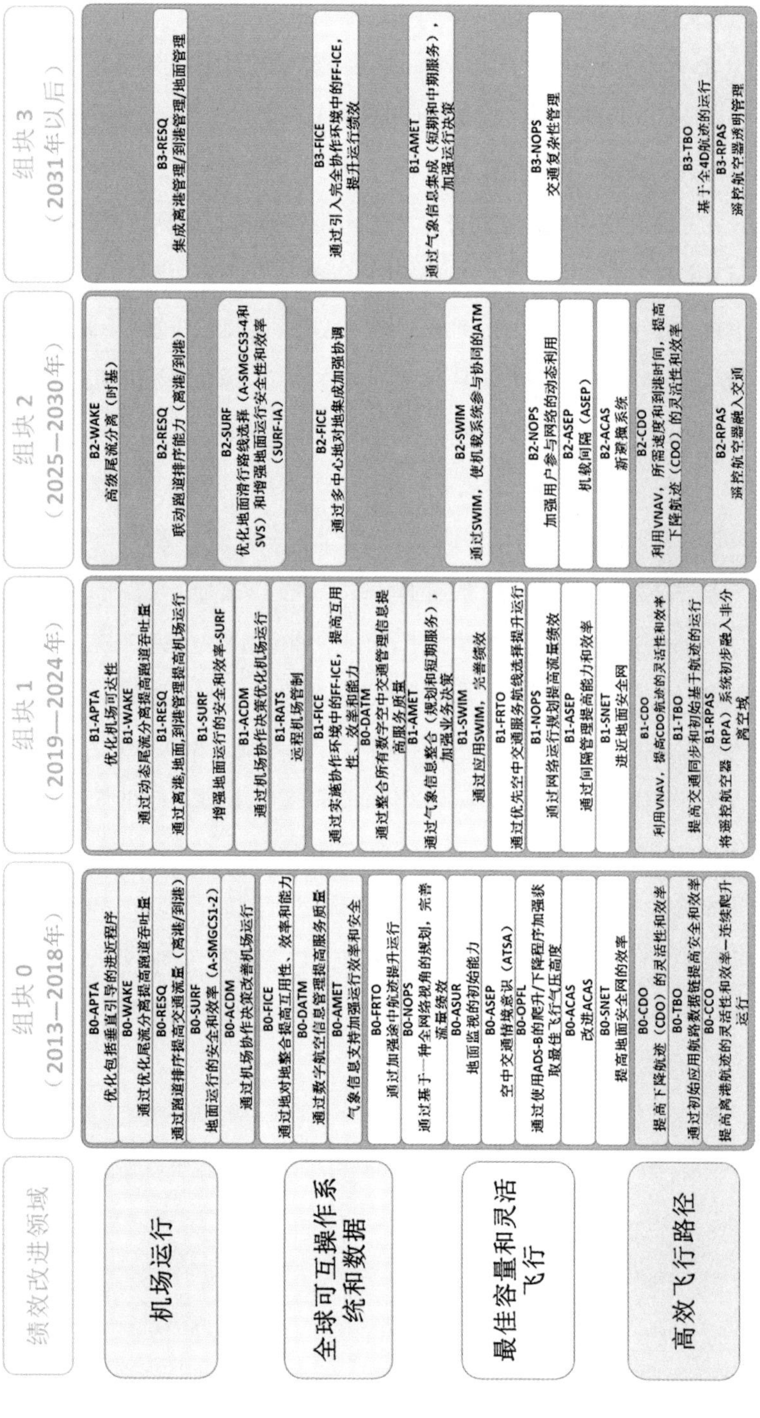

绩效改进领域	组块 0（2013—2018 年）	组块 1（2019—2024 年）	组块 2（2025—2030 年）	组块 3（2031 年以后）
机场运行	B0-APTA 优化包括垂直引导的进近程序；B0-WAKE 优化尾流流分离高跑道吞吐量；B0-RSEQ 通过跑道排序提升高交通流量（离港/到港）；B0-SURF 通过高级地面交通监视提升安全和机场运行；B0-ACDM 地面运行的安全和效率（A-SMGCS1-2）；B0-FICE 通过机场协作改善机场运行	B1-APTA 优化机场可达性；B1-WAKE 通过动态尾流分离高跑道吞吐量；B1-RSEQ 通过高级地面交通管理提升高机场运行；B1-SURF 增强地面运行的安全和效率-SURF；B1-ACDM 通过机场协作决策优化机场运行	B2-WAKE 高效尾流分离（时基）；B2-RSEQ 联动跑道排序能力（离港/到港）；B2-SURF 优化地面滑行路径选择（A-SMGCS3-4 和 SVS）和增强地面运行安全性的协同（SURF-IA）	B3-RESQ 集成高港管理到地港管理/地面管理
全球可互操作系统和数据	B0-FICE 效率和能力；B0-DATM 通过数字化航空信息管理提升高服务效率和安全；B0-AMET 气象信息支持加强运行效率和安全	B1-FICE 通过交通操作环境中协作 FF-ICE，提高互用性、效率和能力；B0-DATM；B1-AMET 通过整合所有数字气象信息管理提升高服务质量；B1-RATS 远程机场管制	B2-FICE 通过多中心地对地采集加强协调	B3-FICE 通过引入完全协作环境中的 FF-ICE，提升运行绩效；B3-AMET 通过气象信息集成（短期和中期服务），加速运行决策
最佳容量和灵活飞行	B0-FRTO；B0-NOPS 通过加强途中航迹掉引导运行；B0-ASUR 通过某于一种全网络地视的掉场，完善流量管理；B0-ASEP 地面监视的初始能力；B0-SNET 空中交通情景意识（ATSA）；B0-ACAS 改进 ACAS；B0-CDO 提高地面安全网的效率	B1-FRTO 通过优化空中交通服务航线选择提升高运行；B1-NOPS 通过网络运行计划提升高流量绩效；B1-ASEP 通过间隔管理提升高能力和效率；B1-SNET 进近地面安全网；B1-SWIM 通过应用 SWIM，完善绩效	B2-SWIM 通过 SWIM，使机载系统参与协同到 ATM；B2-NOPS 加强用户参与网络的动态利用；B2-ASEP 机级间隔（ASEP）；B2-ACAS 新避撞系统	B3-NOPS 交通复杂性管理
高效飞行路径	B0-CDO 利用 VNAV，提高 CDO 航迹的灵活性和效率；B0-TBO 提高交通同步和初始基于航迹的运行；B0-CCO 提高离港航迹的灵活性和效率—连续爬升运行	B1-CDO 利用 VNAV，提高 CDO 航迹的灵活性和效率；B1-TBO 提高交通同步和初始基于 CDO 航迹的运行；B1-RPAS 将遥控航空器（RPA）系统初始接入非分离空域	B2-CDO 利用 VNAV，所需速度到到港时间，提高下降航迹（CDO）的灵活性和效率；B2-RPAS 遥控航空器融入交通	B3-TBO 某于 4D 航迹的运行；B3-RPAS 遥控航空器透明管理

图 C-1　2016—2030 年 ASBU 推进的阶段性示意

（3）代表全球 ATM 运营概念中设想的最终状态。

GANP 在现阶段，ICAO 将其工作重点放在 PBN、CDO、连续爬升运行（continuous climb operations，CCO）和空中交通流量管理（air traffic flow management，ATFM）的开发和实施上，包括跑道排序功能。

目前正在开发 PBN 高级功能和可选功能，包括终端区按时到达时间控制、改善的垂直导航运行和改善的等待性能。这些高级功能和可选功能将提高 PBN 在充满挑战的环境中的可用性，从而可以更安全地抵达更多机场并提高航线效率。此外，将在更多地方，特别是山区，开发 RNP AR 离场，并通过允许平行跑道起飞帮助提高容量。

CDO 呈现优化的剖面下降，它使航空器以最小推力设置从巡航高度下降到最后进近机场。除了这种方式取得的大量燃油节省之外，CDO 还可以减少机场、航空器噪声，这对地方社区大有裨益。除了来自较低推力这方面的一般效益之外，PBN 功能还可确保运用横向航路以避开对噪声更加敏感的地区。

CCO 并不需要具体的空中或地面技术，而是一种由适当空域和程序设计协助的航空器运行技术。在优化的飞行高度运行是改善燃油效率和减少碳排放的主要动力，因为大部分燃油都在爬升阶段消耗。使航空器不受干扰地到达和维持优化飞行高度有助于取得最佳飞行燃油效率和减少排放。CCO 能降低噪声、燃油消耗和排放，同时能增加飞行稳定性和对管制员和驾驶员双方航路的可预测性。

在繁忙的空域，如果无法得到 PBN 的支持，确保到港和离港交通之间的战略间隔，则不可能实施 CCO。现在，许多主要机场都采用了 PBN 程序，在许多情况下，优化的设计已大大减少了对环境的影响（避免噪声和减少排放）。如果空域设计还支持 CDO 和 CCO，则可以实现更大的环境效益。

根据 ASBU 推进计划，ICAO 在 GANP 中给出了航空电子系统相关技术路线图，本附录 C.5 将简要介绍与 FMS 相关的 GANP 导航技术和航空电子系统技术路线图。

C.2　NextGen 发展计划

美国空中运输业面临着极大的压力。到 2025 年各类飞机的航行需求将有非常大的增长，很明显当前的空中运输系统无法满足未来的增长要求。许多传统系统无法实时处理和提供飞行信息。当前的处理和程序不能提供满足增长要求的灵活性能力。新的安保需求将影响人员和货物的运输效率。此外,增长的航空运输还引起了对飞机噪声、空气质量和气候影响以及交通拥挤方面的高度重视。必须使用新的技术以满足日益增长的容量和效率的要求,同时还要保证安全性,减少对环境的影响。针对这些考虑因素,JPDO 开发了 NextGen 的运行概念(NextGen ConOps)。NextGen ConOps 是到 2025 年的一个指导规划,旨在提供一个基线,形成一个关于 2025 年 NextGen 目标、目的、概念、能力和用于实现 NextGen 规划的变革。

NextGen ConOps 提出了 NextGen 的 6 个目标:保持美国在全球航空业中的领先地位;扩大空域交通容量;确保航空安全;保护环境;确保国家防卫;保证国家安全。为了达成这些目标,NextGen ConOps 又提出了 8 个必要的关键 NextGen 概念:网络中心运行(基于网络的信息访问);基于性能的运行和服务;气象信息用于决策;层次化的适应性安保系统;位置、导航和时间服务(大范围的精密导航);飞机 TBO;等效目视运行;高密度进、离场运行。

JPDO 将实现 NextGen 分为三个阶段:第一阶段近期、第二阶段中期和第三阶段远期。这三个阶段的目标和内容如表 C-1 所示。

表 C-1　NextGen 实施三个阶段

	近　期 FAA Flight Plan 2009—2013 年	中　期 NextGen Implementation Plan 2012—2018 年	远　期 NextGen Integrated Work Plan 2015—2025 年
目标/ 领域	增加空域容量;提升安全性;国际领先;优秀的组织	机场运行领域:运行发展计划(OEP)机场;OEP 大都会区 空中交通运行领域:启动 TBO 运行;增加在高密度机场的进、离场;提高在终端区环境的灵活性;改善协调的 ATM;减少气象影响;提升安保和安全能力;提升环境能力;改造设施 飞机和运营商需求领域:航空电子	远期的 JPDO 指导原则和关键能力:基于网络的信息访问;基于性能的运行和服务;气象信息用于决策;层次化的适应性安保;大范围的精密导航;飞机 TBO;等效目视运行;高密度进、离场运行;用户聚焦;全球协调;综合环境保护能力;主动型安全风险管理 远期的 JPDO 目标:扩大容量;保护环境;确保安全;保证国家安全;确保国家防卫;保持美国在全球航空业中的领先地位

	近 期 FAA Flight Plan 2009—2013 年	中 期 NextGen Implementation Plan 2012—2018 年	远 期 NextGen Integrated Work Plan 2015—2025 年
进度	开发 2006—2011 年 实施 2010—2015 年	开发 2012—2017 年 实施 2014—2019 年	开发 2018—2021 年 实施 2020—2025 年
内容	完成到中期阶段所需的研究和开发；开展远期阶段所需的研究和开发；开发和实现已知的和新的程序、设施和技术；开发中期阶段过渡到远期阶段所需的计划；完成中期阶段的设施和系统工程	飞机完成中期设备装备、升级到 NextGen 目标；交付跨领域的 NextGen 服务和能力；完成"难度大"的设施——机场、跑道、终端和安保；支持过渡到 NextGen 及远期持续运行的管理和运行模式开发	全面综合和运行 NextGen 航空运输系统；获得航空运输系统变革带来的服务管理和运行收益

FAA 开展研究和开发支持政策、规划、规章、取证、标准开发和国家空域系统（National Airspace System，NAS）现代化。为了在近期、中期和远期目标之间进行均衡，FAA 定义了三个研究和开发原则。

1）提高航空安全

（1）提高对飞机设计、结构和子系统的理解。

（2）提高对人机接口的了解，增强适应性的和弥补性的飞机、管制和技术性操作，增强人的能力。

（3）提高对影响人在航空环境中心理和能力的因素的理解，提供民机航空运行中增强人的安全、保护和救生措施的指导和工具。

（4）改善广域信息访问，在航空团体中共享航空安全数据和分析工具。

（5）建立提高气象服务信息的需求和规章，以安全地实现 NextGen 运行能力提升。

（6）改善气象探测和预报的精准度。

（7）提供优化的技术、规章措施和处理方式，监控、协调、规范化空地运行。

（8）提高飞机安全性和风险管理。

（9）增强空间人员安全性、保护和救生措施的指导和工具。

（10）在设计机场时，确保跑道入侵、偏离或野生动物碰撞等不会在审定机场有致命的事故。

2）提高运行效率

（1）改善飞机间隔处理。

（2）改善 ATC 的人机接口。

（3）使用简便的程序、运行方法和先进技术系统降低工作符合，提高 NAS 效率。

（4）建立帮助改善气象信息质量和提升气象信息数据量的需求和规章。

（5）改善气象探测和预报的精准度。

（6）已有机场设备的保护和使用。

3）减少对环境的影响

（1）减少重要团体的噪声。

（2）减少航空排放。

（3）提高能源使用效率。

（4）建立使得美国境内的所有机场都是环境友好的机场的需求和规章。

（5）建立数据和方法用于支持通航飞机备用燃油取证。

从表 C - 1 中可以看出，航空电子是第二阶段飞机领域的重要内容。飞机要完成中期设备装备和升级至远期 NextGen 的要求，为机场运行、空中交通管理运行中的新技术和新系统实施提供支持和配合。一般，从初始的概念开发到飞机装备，新的航空电子系统的开发时间周期为 15～20 年，所以 JPDO 从 2007 年开始起草 NextGen 航空电子路线图，支持实现 NextGen 的目标。2008 年发布了 1.0 版路线图，2011 年发布了 NextGen 航空电子路线图 2.0 版，它从以下 6 个方面描述支持 NextGen 能力的远期 NextGen 航空电子特性。

1）航路和程序

在远期，NAS 中 RNAV 和 RNP 航路、终端、进近程序（RNP、LPV 和 GBAS）将占主导地位。这些程序结合 ADS - B 技术可以允许减少间隔标准和授权间隔保证。

2）协商的航迹

RNP 程序原来是预先发布的和确定的。但在飞机的导航能力与空地数据链综合后，RNAV 和 RNP 运行可以适用于动态定义航路程序。数据链在飞机、ANSP 和运营商之间的动态航迹交换使得航迹协调更有效，支持 TBO。TBO 受到飞机 FMS 的垂直导航能力和 RTA 能力的影响。

3）授权的间隔管理

授权的间隔管理有三种组合，从不同层面反映了航空电子的能力和综合程度。

（1）第一种组合：ADS-B IN+提升的显示能力。

（2）第二种组合：ADS-B IN+PBN+先进的座舱显示能力。

（3）第三种组合：ADS-B IN+座舱显示系统，机载尾流预测保护系统。

4）低能见度到达、离场和进近

在能见度低的极限条件下，进近和离场程序都要受到保持严格的 IFR 间隔标准的要求限制。现在主要靠 ILS，将来局域增强系统（local area augmentation system，LAAS）、WAAS/LPV、ADS-B 在程序中的使用将减弱当前限制条件。用以提高机场可达率的关键航空电子技术包括 HUD、增强型空中景象系统（enhanced flight vision system，EFVS）、SVS 以及 GBAS 精密进近。

5）场面运行

（1）为增强安全性，避免和减少灾难性事故，需要以下的能力：显示本机相对场面的位置和机场移动地图；标识出飞机正在进近的跑道标识符；没有排队许可时接近跑道告警；最后进近时跑道被侵占告警；跑道长度不足告警；跑道出口指示。

（2）在高密度流量和低能见度情况下，以下机载能力可以减少对昂贵地面设施的依赖：数据链许可、刹车辅助系统。

（3）以下机载能力可以提升滑行效率：显示机场地图数据库和精确的飞机位置、ADS-B、TIS-B 和多点定位。

6）ATM 效率

先进的航空电子系统可以改善 ATM 过程，增强服务能力，减少费用。关键的飞机能力如数据链通信和增强的气象传感器，与地基决策支持工具组合使用，提高飞机-ANSP 的信息交互、访问和吞吐能力。这个能力可以直接和间接地有益于飞机，也有益于提升全空域的效率。

当前已进入 NextGen 发展和实施的第二阶段,即中期阶段。通过第一阶段的卫星技术、新程序和新 ATM 工具的开发、部署和使用,使航空交通管理有了一个巨大的跨越,获得了很大的收益。从 ATM 角度来说,大量 PBN 程序的运行以及结合大都会计划,为繁忙机场增加了终端区程序;有的进场程序结合了优化的下降剖面,增加了终端区空域容量,缩短了飞行路径,节省了燃油,降低了排放。到 2014 年,美国完成了 ADS-B 地面设施的改造,有些航空公司机队安装了 ADS-B Out 和 ADS-B In。ADS-B 功能可以帮助在雷达没有覆盖的地区跟踪管理飞机的航迹,使得飞机在因天气情况绕飞时选择 ADS-B 地面站覆盖的较短的路线,而不是非要绕道大陆。基于 ADS-B 的 TIS-B 和 FIS-B 的应用可以允许飞机在洋面空域穿越其他飞机的高度时减小间隔,选择更优的高度飞行,节省燃油。根据统计发现飞机装备 ADS-B 还可降低事故率。SWIM 是 NextGen 数据传输的主干网。从 2010 年开始,某些航空公司的运营中心可以通过 SWIM 获取气象和其他飞行信息,使得航空公司签派人员与空管人员基于相同的气象信息进行航路的计划和协调。2013 年,FAA 开展了飞机访问 SWIM 获取信息的演示项目以及终端区雷达进近管制(TRACON),通过 SWIM 终端数据分发系统向其覆盖区域内的某家航空公司发送数据的试点。基于 SWIM 的应用尚需进一步开展试用和推广。FAA 在 2014 年提出了下一步要计划的能力推进清单:PBN、多跑道运行、场面运行和数据通信。按照 NextGen 的计划部署,第二阶段是 NextGen 全面实施阶段,到远期则是 NextGen 空中交通运输管理的全面综合和运行,使各利益攸关方获得航空运输系统变革带来的服务管理方面和运营方面的收益。

C.3　欧洲 SESAR 发展计划

面对现在到 2035 年空中交通运输量的增长,需要升级基于陈旧的技术和程序的欧洲 ATM 系统,这就是成立 SESAR 的由来。作为欧盟发起的最大设施变革项目之一,SESAR 项目的角色就是定义、开发和部署那些用于提高 ATM 性能的技术和设施,建立欧洲智能航空运输系统。2005 年欧洲委员会设定的单一欧洲天空在 2020 年甚至更长远的高级别目标如下:空域容量提升 3 倍,飞行安全提升 10 倍,降低空域使用者 50% 的运行成本,降低每一次航班对环境影响的 10%。

为实现单一欧洲天空远期目标,SESAR 制定的欧洲空中交通管理总体规划基于系统绩效展开,以应对不断恶化的环境、成本效益、安全及服务能力和质量 4 个关键性能领域(key performance area, KPA)的挑战。相对于 ICAO 的全球计划而言,这 4 个KPA 是更广泛的 ICAO KPA 中的一部分。

SESAR 提出了由 6 个关键特性阐述的战略方向,并通过基础部署、基于时间的运营、基于航迹的运营和基于绩效的运营这些概念性步骤逐步升级演进欧洲空中交通管理系统,达到这 4 个 KPA 的绩效要求。6 个关键特性为从空域到四维航迹管理、交通同步、网络协调管理和动态/容量平衡、SWIM、机场一体化和吞吐量以及冲突管理和自动化。

欧洲空中交通管理总体规划 2.0 版的更新还包括提升和确保在全球级别的互操作性,即与 NextGen 和 ICAO 航空组块升级概念相关联。图 C-2 描述了这 6 个关键特征在升级阶段的基本运营变更内容,以及与 ICAO 航空系统组块升级计划的对应关系。基本部署阶段对应 ICAO 的航空升级组块 0 阶段,即至 2018 年。基于时间的运营阶段至 2025 年,大致对应航空升级组块 1 阶段(至 2023 年)。基于航迹的运营和基于绩效的运营为 2025 年以后,大致对应航空升级组块 2 阶段(至 2028 年)和航空升级组块 3 阶段(2028 年以后)。

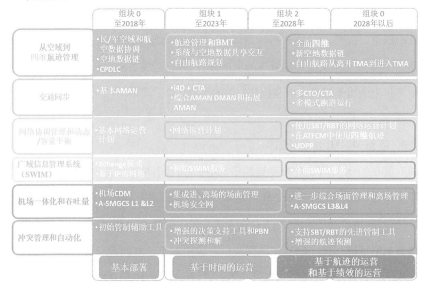

图 C-2　运营变更内容与 SESAR 关键特性的对应关系

　　基本部署基线由运营变更组成,这些运营变更在其研发阶段后期经过成功验证。实际部署的决定取决于各自的利益攸关方计划。基本部署阶段包含的运营和技术变更是运营的先决条件和基于时间的运营阶段所需的重要支持,如自由航路选择(直飞)和CPDLC。下面列出的 6 个技术变更是基础部署基线的重要变更,虽然不是基于时间的运营阶段变更的前身或者对其有帮助,但这些变更为绩效做出了重要的贡献:连续下降进近(continuous descent approach,CDA)、连续爬升离场、APV、PBN——优化 RNP 航路结构、短期冲突告警、基本动态扇区划分。

　　基于时间的运营阶段是 SESAR 概念的基础,侧重于飞行效率、可预见性和环境问题。该步骤的目标是形成一个同步的欧洲空中交通管理系统,合作伙伴可以了解商业和运营状况,并且通过协作优化网络。在这一步中启动了机场进港优先权;广泛使用数据链;通过使用飞行航迹(地面系统提供)和可控进港时间(为交通排序和管理队列)开展初期的基于航迹的运营。

　　基于航迹的运营阶段专注于进一步提高系统升级后的飞行效率、可预见性和环境问题,并增加了系统容量。该步骤目标是建立一个基于航迹的空中交通管理系统,合作伙伴通过网络中共同的四维航迹信息和用户自定义优先级,优化商业和任务航迹。基于航迹的运营使用 SWIM 实现基于四维的商业和任务航迹管理,并且通过空中和地面航迹交换实现战术规划及无冲突航路段。

　　基于绩效的运营阶段将实现满足 SESAR 目标概念所需的高绩效。目标是实现欧洲高绩效、一体化、以网络为中心、协作、无缝的空中和地面空中交通管理系统。基于绩效的运营通过 SWIM 以及使用用户驱动优先级流程(user-driven priority process,UDPP)的协同规划网络运营实现。

　　各阶段的运营变更为以下 4 类运营环境中的一项或多项提供了绩效优势:机场、航路、终端区和网络。运营变更则是通过技术系统、程序、人为因素和制度(包括标准和规章)的变更而实现的。

　　2012 年发布的欧洲空中交通管理总体规划第二版的 4.2.1 节与空域使用者(包括军方、通用航空公司、商业航空公司和定期航班航空公司)的技术变更有关。在基础部署和基于时间阶段,与空域使用者相关的技术变更有 ABAS 能力、ADS - B OUT 能力(符合 DO‐260B/ED‐102A)、飞机安全网络、空中交通态势感知能力、ASAS能力、备份导航能力、数据链系统和服务、增强混合视景、支持 i4D 运行的 FMS 能力、支持水平导航和进近的 FMS 升级、支持基于 SBAS 的垂直导航和进近的 FMS 升级、使用 GPS L1 的初始 GBAS CAT II/III、NADP、机载滑行数据链(D‐TAXI)管理、机载态势感知和地面告警、优化的刹车、航空信息数据共享、空域管理系统、增强的 AOC/WOC 系统、飞行计划和所需数据、地面通信和信息设施。

在基于航迹的运营和基于绩效的运营这两个阶段,与空域使用者相关的运营变更包括空地数据链过渡到空地 SWIM 服务、机载防撞系统适应‐新的间隔模式、机载机尾涡流探测、机载间隔管理、自动上传地面系统告警、自动巡航爬升、自动防止跑道入侵、用于低能见度情况下等效目视的组合视景、数字空地语音、双 GNSS 和 GBAS CAT Ⅱ/Ⅲ、全面四维、地面生成的飞机调速管理、高性能空地数据链、提供 ADS‐B 的容量、多星座导航、多个控制过点时间、机载预测离场跑道占用时间、躲避航迹选择、机载二维和三维精确航道管理、机载跑道摩擦测量、机尾涡流自由进近。

随着欧洲空中交通管理总体规划的实施,飞机制造商也在迭代航空电子路线图。2016 年空客公司的 ATM 航空电子路线图从通信、导航和监视关注飞机航空电子系统和设备的发展路线。从图 C‐3 中可以了解到它的终点是数据通信方面的管制与驾驶员交互和四维航迹共享、导航方面的四维航迹运行、基于 GNSS 的卫星着陆和多星座导航和监视方面的基于 ADS‐B 的空地座舱交通态势态感知。

图 C‐3 空客公司的 ATM 航空电子路线图

C.4　中国民航空中交通管理现代化战略

国民经济的发展极大地促进了我国民用航空运输业的发展。为了能够满足航空运输对空域使用和安全运行的要求,近十年来我国空管发展建设取得了长足进步,加大基础设施的建设,开辟新航路,发布了中国民航 PBN 实施路线图,提高了管制水平,增加了空域容量和流量。但受外部空域环境等保障资源的制约,空管系统长期处于被动应对大容量、高密度、全天候运行压力的状态。为了满足航空运输持续快速发展的需求,积极应对在空域资源、运行效率、基础设施、新技术等方面面临的诸多困难、问题和挑战,2015 年在《中国民用航空局空中交通管理局战略发展纲要(2016—2030 年)》中提出了中国民航空中交通管理现代化战略(CAAMS)绩效型组织战略(performance based organization strategy, PBOS)。

CAAMS 发展目标包括安全、容量、效率、服务 4 个方面,各部分具体指标如下:到 2030 年,在安全方面,杜绝由空管原因造成的航空器事故,空管原因事故征候百万架次率比 2015 年安全指标降低 90%,即提高 10 倍;空管差错百万架次率比 2015 年下降 20%;在容量方面,航班运行保障能力达到 2015 年的 3 倍;在效率方面,由空管原因导致的航班平均延误时间小于 5 min,2020 年航班正点率达到 85% 以上;在服务方面,为运输航空提供全面、经济、可预测的空中航行服务,支持航班运行每吨每公里碳排放减少 10%,为通用航空提供灵活、便捷的信息服务。

CAAMS 是中国民航根据 ICAO 有关规定和标准及 ASBU 计划,充分借鉴 NextGen、SESAR 及其他先进国家的空管理念与做法,根据中国空管实际情况提出的。它包含以下 7 个运行概念:空域组织与管理、协同流量管理、繁忙机场运行、基于航迹的运行、多模式间隔管理、军民航联合运行、基于性能的服务。

CAAMS 从运行服务能力和基础服务能力方面提出了需要大力提升的 16 项关键服务能力,以支撑上述运行概念的各项内容的改进,同时制定了这 16 项服务能力提升计划在未来十年的实施路线。这 16 项关键服务能力为空域组织、空域管理、交通流量管理系统、繁忙机场 CDM、军民联合 ATM、四维航迹管理、数字协同 ATS、交通复杂度管理、军民航 ATM 联合、信息协同环境、基于性能的 CNS、航空气象服务、航空信息管理、通用航空信息服务、安全管理系统、灾害恢复系统。

按照 2015 年发布的中国民航 ASBU 发展与实施策略，卫星导航、PBN、ADS－B 等技术在中国得到了初步应用。民航局积极推进 RNP AR 的应用，自拉萨贡嘎机场于 2005 年建立中国民航首个 RNP AR 程序以来，目前已有 21 个机场具备 RNP AR 运行能力。随着 RNP AR 运行的逐步深入开展，为解决不同航空公司设计的 RNP AR 飞行程序的路径、航路点命名各不相同等问题，民航局于 2012 年在四川九寨沟黄龙机场开启公共 RNP AR 飞行程序试点，将 RNP AR 程序设计成"水平航迹、航段最低超障安全高度、航段控制点、决策点"等四统一的公共程序。2017 年 6 月，拉萨贡嘎机场正式推出"更多统一、全面共享、充分公开、便于普及"的机场公共 RNP AR 程序，正式开启了 RNP AR 飞行程序从公司客户化到机场公共化的新纪元。

民航局空管局于 2017 年 10 月专门成立了 TBO 工作组，负责开展 TBO 概念的研究与论证，组织和实施中国 TBO 相关试验验证工作，并针对空管新概念、新技术提出中国的实施指南和实施路线图。2019 年 3 月 20 日，中国民航开展了亚太地区首次 i4D 试验飞行。

作为卫星导航系统的一部分，《中国民航基于性能导航实施路线图》已将 GBAS 列为"可以为 RNAV 和 RNP 提供有效的服务"的导航系统，并提出"在部分机场建设 GBAS 系统，实现 GLS 进近"的近期目标和"适时使用 GLS 进近取代 ILS 进近"的远期目标。2016 年 4 月，在上海浦东机场开展了中国民航首次 GLS 演示验证。2019 年 4 月，在天津滨海国际机场完成了首次 GBAS 国产地面设备的验证飞行。

中国民航正在按照规划开展和推进 SWIM、ATN 和 GBAS 相关项目或研究，在繁忙机场部署进、离场管理（AMAN/DMAN）和先进场面引导与控制（A－SMGCS）等系统，选取有条件的机场实验 CCO 和 CDO，在"十三五"期间实现全国所有航路航线和终端区 PBN 运行。

C.5　CNS/ATM 运行对飞机（航空电子）能力的要求

如表 C－2 所示，第五版 GANP 附录 5 用十张路线图描绘通信、导航、监视、信息管理和航空电子系统各领域的技术发展规划。

表 C - 2　技术路线图分布

领　域	组　成	路线图序号
通　信	空地数据链通信	1
	地地通信	2
	空地语音通信	
导　航	专用技术	3
	PBN	4
监　视	基于地面设备的监视	5
	卫星监视	
	空空监视	6
信息管理	SWIM	7
	飞行和飞行流量	
	AIS/AIM	
	气　象	
	时　间	
航空电子系统	通　信	8
	监　视	
	导　航	9
	机载安全网	10
	机载系统	

　　图 C - 4 所示为 ICAO ASBU 导航专用技术路线,图 C - 5 所示为 ICAO ASBU PBN 路线。PBN 的实施将使区域导航运行成为常态。在特定星座信号丢失的情况下,恢复为另一个星座可以允许保持相同的 PBN 水平。如果在某个地区 GNSS 普遍中断,则改用传统的无线电导航辅助设备和程序可能会导致容量或飞行效率下降。DME 是最适合支持区域导航操作的常规无线电导航辅助工具,目前 DME 正为此目的在多传感器航空电子中使用。DME 安装及其覆盖范围将需要优化。同样,在 GNSS 中断的情况下,仍被广泛使用的 ILS 将在可用的情况下提供替代方法和着陆能力。现阶段美国已大量实

施基于 SBAS 的 LPV 进近,基于 GBAS 的进近也可到 CAT Ⅰ。到组块 1,基于 GBAS
的进近可达 CAT Ⅱ和 CAT Ⅲ,先进 RNP、固定半径航段过渡(fixed radius transition,
FRT)和 RNP AR 离场程序也将得到应用。

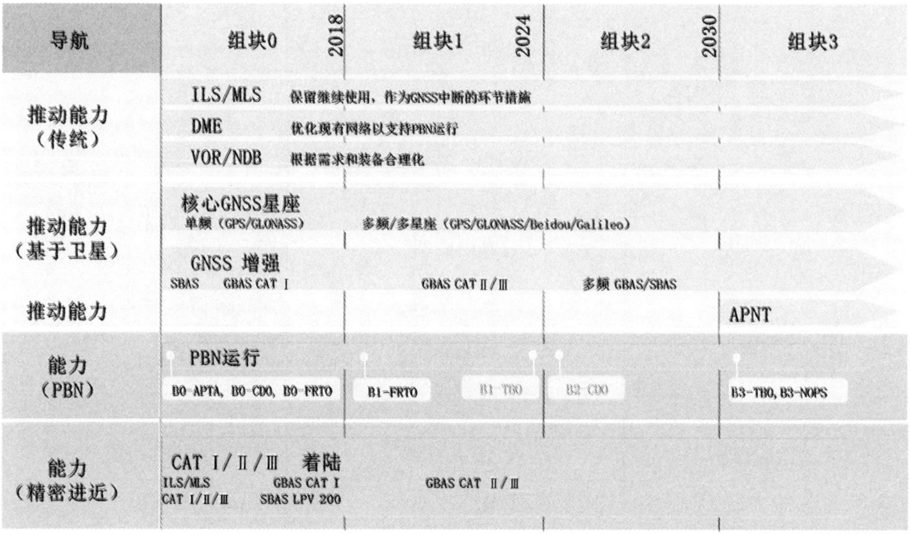

导航	组块0	2018	组块1	2024	组块2	2030	组块3
推动能力 (传统)	ILS/MLS 保留继续使用,作为GNSS中断的环节措施 DME 优化现有网络以支持PBN运行 VOR/NDB 根据需求和装备合理化						
推动能力 (基于卫星)	核心GNSS星座 单频(GPS/GLONASS)		多频/多星座(GPS/GLONASS/Beidou/Galileo)				
推动能力	GNSS 增强 SBAS GBAS CAT I		GBAS CAT Ⅱ/Ⅲ		多频 GBAS/SBAS		APNT
能力 (PBN)	PBN运行 B0-APTA, B0-CDO, B0-FRTO		B1-FRTO	B1-TBO	B2-CDO		B3-TBO, B3-NOPS
能力 (精密进近)	CAT Ⅰ/Ⅱ/Ⅲ 着陆 ILS/MLS GBAS CAT I CAT Ⅰ/Ⅱ/Ⅲ SBAS LPV 200		GBAS CAT Ⅱ/Ⅲ				

图 C-4 ICAO ASBU 导航专用技术路线

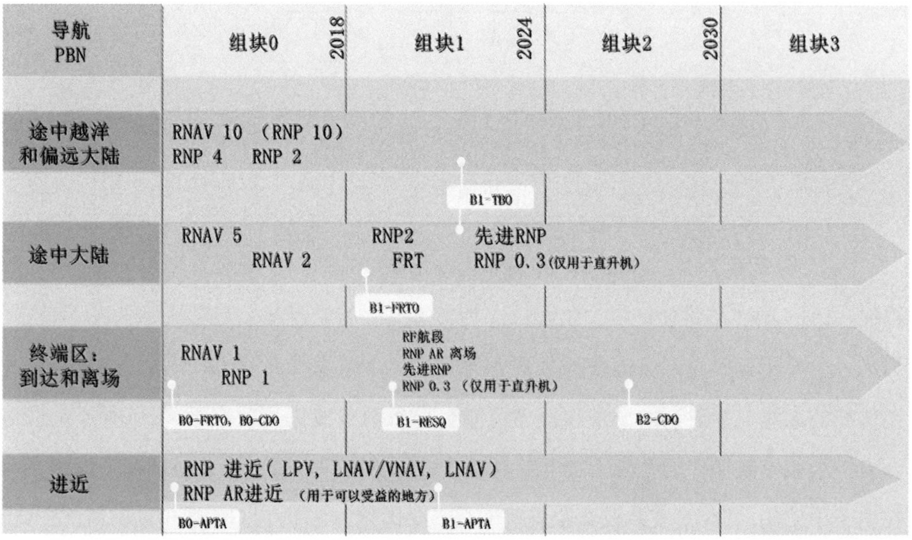

导航 PBN	组块0	2018	组块1	2024	组块2	2030	组块3
途中越洋 和偏远大陆	RNAV 10 (RNP 10) RNP 4 RNP 2		B1-TBO				
途中大陆	RNAV 5 RNAV 2		RNP2 先进RNP FRT RNP 0.3(仅用于直升机) B1-FRTO				
终端区: 到达和离场	RNAV 1 RNP 1 B0-FRTO, B0-CDO		RP航段 RNP AR 离场 先进RNP RNP 0.3 (仅用于直升机) B1-RESQ		B2-CDO		
进近	RNP 进近(LPV, LNAV/VNAV, LNAV) RNP AR进近 (用于可以受益的地方) B0-APTA		B1-APTA				

图 C-5 ICAO ASBU PBN 路线

图 C-6 所示为 ICAO ASBU 的航空电子通信和监视技术路线。通信方面组块 0 引入了通过 ATN 支持 DLIC、ATC 通信管理(ATC communication management，ACM)、ATC 麦克风检查(ATC microphone check，AMC)和 ATC 许可和信息(ATC clearances and information，ACL)服务的 FANS-2/B，从而提供比 FANS-1/A 更好的通信性能。但原有基于 ACARS 的 FANS-1/A 系统将继续使用，因为装备这种设备的航空器数量很多，并且它也支持通信和导航整合。

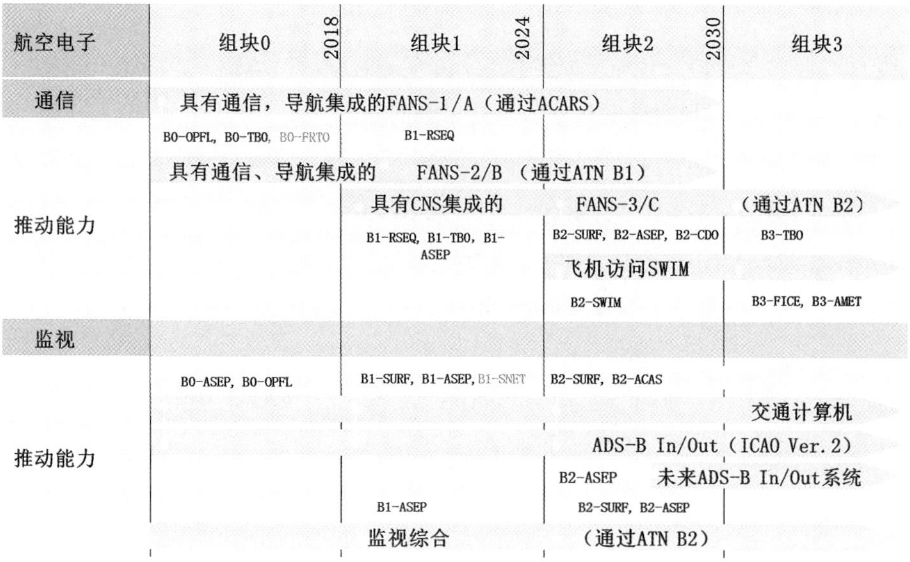

航空电子	组块0	2018	组块1	2024	组块2	2030	组块3
通信	具有通信，导航集成的FANS-1/A（通过ACARS）						
	B0-OPFL, B0-TB0, B0-FRTO		B1-RSEQ				
	具有通信、导航集成的				FANS-2/B （通过ATN B1）		
推动能力			具有CNS集成的		FANS-3/C		（通过ATN B2）
			B1-RSEQ, B1-TB0, B1-ASEP		B2-SURF, B2-ASEP, B2-CDO		B3-TB0
					飞机访问SWIM		
					B2-SWIM		B3-FICE, B3-AMET
监视							
	B0-ASEP, B0-OPFL		B1-SURF, B1-ASEP, B1-SNET		B2-SURF, B2-ACAS		
							交通计算机
推动能力							ADS-B In/Out（ICAO Ver.2）
					B2-ASEP	未来ADS-B In/Out系统	
			B1-ASEP		B2-SURF, B2-ASEP		
			监视综合		（通过ATN B2）		

图 C-6　ICAO ASBU 的航空电子通信和监视技术路线

组块 1 基于 ATN B2 的 FANS-3/C 与 CNS 整合，将可通过 FANS 设备与导航设备(FMS)之间的一个链接提供通信与监视功能集成，即支持在 FMS 中便捷加载通过数据链传送的复杂空中交通管制许可。组块 2 将使用空地数据链路通信路线中描述的各种方式提供航空器对 SWIM 的访问。

在监视方面，组块 0 航空器将有一个交通计算机驻留交通防撞系统，并可能具有新的空中交通情境意识功能和 ASAS。组块 1 将通过 FANS 设备与交通计算机之间的连接提供基于 ATN B2 的监视集成，即支持(在交通计算机内)便捷加载通过数据链传送的 ASAS 操作。

图 C-7 所示为 ICAO GANP 中的航空电子导航技术路线。对于组块 0，FMS 要支持 PBN，即提供基于多传感器（GNSS、DME 等）的区域导航，符合 RNAV-X 和 RNP-X 运行要求。惯性基准系统将继续与其他导航源一起被使用。FMS 对来自各导航源的导航数据进行融合，增强导航性能。组块 1 和组块 2 将在多传感器导航中集成多星座和多频率能力。现在，基于全球导航卫星系统的各种服务依赖于单一卫星群，即 GPS，提供单一频率的服务。其他卫星群，即全球导航卫星系统（GLONASS）、伽利略和北斗系统的民航应用正在开发之中，最终所有星座都将在多个频带运行。GLONASS 性能对看得见的卫星数量很敏感。多星座 GLONASS 将会大大增加这一数量，提高服务的可用性和连续性。此外，越过三十个可互操作测距源的可用性将会支持 ABAS 的发展，而这种机载加强系统能够为垂直引导进场提供最小外部增强信号。第二频率的可用性将使航空电子设备能够实时计算延误时间，有效消除重大错误源。多个独立卫星系统的可用性将为降低由于核心卫星系统的重大系统故障而导致的服务损失风险提供冗余，也可避免在一些国家依赖不在其可控范围之内的单一 GLONASS 的问题。

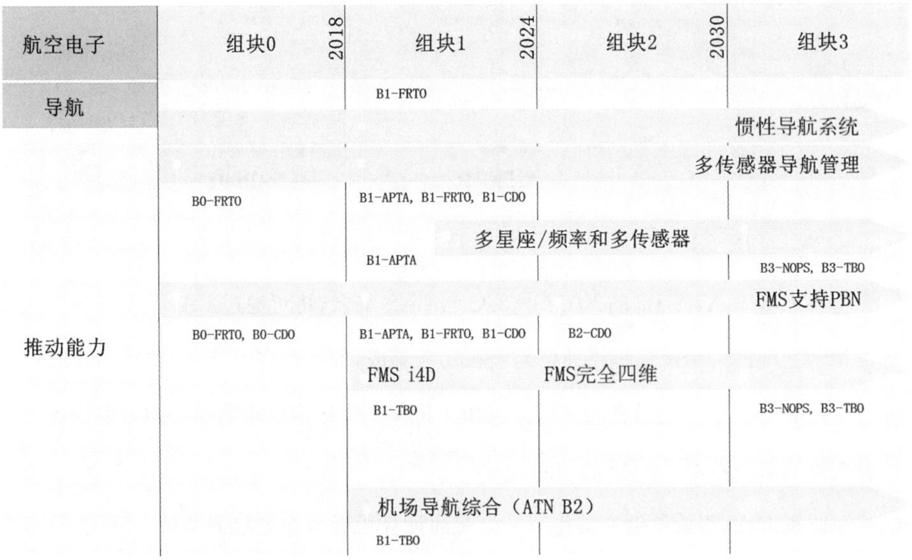

航空电子	组块0	2018	组块1	2024	组块2	2030	组块3
导航			B1-FRTO				
							惯性导航系统
							多传感器导航管理
	B0-FRTO		B1-APTA, B1-FRTO, B1-CDO				
			多星座/频率和多传感器				
			B1-APTA				B3-NOPS, B3-TBO
							FMS支持PBN
推动能力	B0-FRTO, B0-CDO		B1-APTA, B1-FRTO, B1-CDO		B2-CDO		
			FMS i4D		FMS完全四维		
			B1-TBO				B3-NOPS, B3-TBO
			机场导航综合（ATN B2）				
			B1-TBO				

图 C-7　ICAO GANP 中的航空电子导航技术路线

在组块 1 和 2 内机场导航集成（通过 ATN B2）提供 FMS 与机场导航系统功能之间的集成，支持在交通计算机内便捷加载通过数据链传送的 ATC 滑行许可。

组块 1 FMS 的能力将得到提高,能够支持 i4D 运行能力。组块 3 FMS 能力将得到加强,以支持完全四维运行能力。

图 C - 8 所示为航空电子机载安全网和机载系统技术路线。ACAS II(TCAS 版本 7.1)是主要的机载安全网,将在组块 1 内持续使用。近地告警系统(ground proximity warning system,GPWS),又称地形防撞告警系统,也将继续使用。

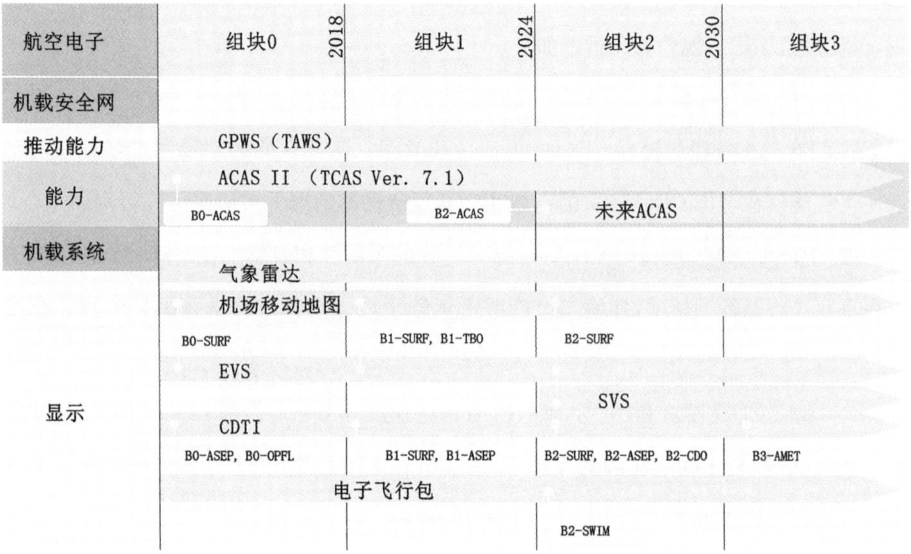

航空电子	组块0	2018	组块1	2024	组块2	2030	组块3
机载安全网							
推动能力	GPWS (TAWS)						
能力	ACAS II (TCAS Ver. 7.1)						
	B0-ACAS		B2-ACAS		未来ACAS		
机载系统							
	气象雷达						
	机场移动地图						
	B0-SURF		B1-SURF, B1-TBO		B2-SURF		
	EVS						
显示					SVS		
	CDTI						
	B0-ASEP, B0-OPFL		B1-SURF, B1-ASEP		B2-SURF, B2-ASEP, B2-CDO		B3-AMET
	电子飞行包						
					B2-SWIM		

图 C - 8　航空电子机载安全网和机载系统技术路线

这里的机载系统主要指为驾驶舱提供显示能力的系统。组块 0 提供基于 ADS - B 等技术的机场移动地图和驾驶员座舱的通信信息显示。组块 1 为驾驶舱提供机场使用的 EVS。组块 2 为驾驶舱提供机场使用的 SVS。

从图 C - 6、图 C - 7 和图 C - 8 中可以看出,绩效改进领域的组块中多个模块的实施需要 FMS 相关技术能力提供支持。例如支持 PBN 的 FMS 能力、支持基于卫星进近能力、支持机场导航的能力和支持四维运行的能力。其中 PBN 能力是最基本的,它可以支撑 B0 - FRTO、B1 - FRTO、B1 - APTA、B0 - CDO、B1 - CDO、B2 - CDO、B0 - TBO、B1 - TBO、B3 - TBO、B1 - SURF 和 B2 - SURF 模块的实施。下面简单介绍与 FMS 相关的组块。

（1）B0-FRTO 模块通过加强途中航迹提升运行。它允许使用原本会被隔离的空域（即特殊用途空域）以及针对特定交通模式进行调整的灵活航路。这将提供更大的路线选择可能性，减少主干路线和繁忙的过境点的潜在拥堵，从而减少飞行时间和燃油消耗。

（2）B1-FRTO 模块通过选择优化的 ATS 航路提升运行。在指定的空域中引入自由航路概念，在该空域中没有用已发布的航线网络或航迹系统的组成部分定义飞行计划，以促进遵循用户偏爱的飞行剖面。

（3）B1-APTA 模块优化机场可达性，这是全球实施基于 GNSS 进近中的下一步。

（4）B0-CDO 模块提高 CDO 的灵活性和效率。基于性能的空域和进场程序的部署使飞机能够在考虑 CDO 带来的空域和交通复杂性的情况下按照最优飞行剖面飞行。

（5）B1-CDO 模块利用 VNAV 提高 CDO 的灵活性和效率。在下降和到达过程中提高垂直飞行路径的精度，并使飞机能够不依赖于地面设备进行垂直引导的到达程序飞行。

（6）B2-CDO 模块利用 VNAV、所需到达速度和 CTA，提高 CDO 的灵活性和效率。在 TBO 和自主间隔管理的支持下，使飞机在原本会禁止 CDO 操作的交通流量区域可以以慢车推力或几乎慢车推力飞行到达程序。

（7）B0-TBO 模块执行一套用于 ATC 监视和通信的初始数据链应用程序，支持灵活的航线选择，减少间隔和提高安全性能。该模块主要针对航线上的初始数据链应用。该模块的实施可以更好地确定交通情况和减少间隔，提高所能提供的容量。减少通信工作量，更好地组织管制人员的任务，提高扇区容量。可以按照减小的最低限制值控制航线/航迹和飞行间隔，允许选择更接近用户首选的灵活航线和垂直剖面。提高管制员情境意识；放行高度保持监视、航线保持监视、危险区侵入等基于 ADS-C 的安全网；以及更好地支持搜索和救援。提高情境意识；降低误解发生率；解决麦克风语音通信受阻的问题。

（8）B1-TBO 模块通过使用四维航迹运行功能和机场应用程序（如 D-TAXI），空地交换与单个 RTA 有关的飞机数据，改善途中航路汇合点的交通流同步，并优化进场顺序。通过利用航空器 RTA 能力或速度控制满足地面管制到达时间要求，加强途中飞行情报区和终端区之间及这些区域内部交通流量的战略管理,提高空中交通管理系统对所有利益攸关方的可预测性。区域导航程序的闭环运行确保空中和地面对随后的交通趋势有共同的认识,便于优化后续交通。飞行效率的提高是通过主动规划 TOD、下降剖面和途中延时行动实现的,从而提高终端区航线效率。此外,与提供离港和滑行许可数据相关的工作量减少了,从而实现更经济和对环境更无害的航迹,特别是减少了一些延误。产生积极影响的原因是与建立接近汇合点的顺序有关的工作量及相关战术性干预减少了。减少复杂离港和滑行许可解释中可能出现的误解和错误,加强机场及周围的安全。特别对于那些装备了该模块的航空器和机场,要求机上和地面部署之间有良好的同步能力,以便产生重大的效益。在提供这种服务的地区,效益会随着装备本模块的航空器数量的增加而增加。

(9) B3 - TBO 模块基于航迹的运行在系统核心中使用精确的、被所有航空系统用户共享的四维航迹。这提供了全系统一致的最新信息,这些信息融入决策支持工具便于进行全球空中交通管理决策。发展支持四维航迹和速度的先进概念和技术,加强全球空中交通管理决策的一个关键点就是整合所有飞行信息,以便为地面自动化控制获得最准确的航迹模型。它适用于空中交通流量规划、途中操作、航站楼运行(进场、离港)以及到港运行,对流量和单个航空器都有好处。该模块涉及 ADS - B IN/CDTI、数据通信和先进导航能力。需要良好地同步部署机上和地面能力以便产生重大效益,特别是对于那些装备了该模块能力的航空器和机场。如果在提供服务的领域内装备该模块的航空器数量增加,则收获的效益也随之增加。

(10) B1 - SURF 模块提高场面运行的安全性和效率,提供 ANSP 和飞行机组的机场场面监视功能,为滑行运行提供驾驶舱移动地图显示以及可视系统。

(11) B2 - SURF 模块使用 A - SMGCS L3、L4 和 SVS 优化场面滑行路线选择,通过 SURF - IA 提高场面运行安全性和效率。

参考文献

［1］钦庆生.飞行管理计算机系统［M］.北京：国防工业出版社,1991.

［2］SPITZER C R. The Avionics Handbook［M］. New York：CRC Press，2001.

［3］BLAKE W. Transport Performance Methods，D6－1420［R］. Boeing Commercial Airplanes，2009.

［4］https：//upload.wikimedia.org/wikipedia/commons/thumb/a/a8/International_Standard_Atmosphere.svg/207px-International_Standard_Atmosphere.svg.png.

［5］CAAC. CCAR－93－R5 民用航空空中交通管理规则［S］. CAAC，2017.

［6］CAAC. CCAR AC－91－07 缩小垂直间隔（RVSM）空域的运行要求［S］. CAAC，2018.

［7］ARINC. ARINC 660B CNS－ATM Avionics Architectures Supporting NextGen-SESAR Concepts［S］. ARINC，2014.

［8］ICAO. ICAO Doc 9750 Global Air Navigation Plan Ed 5［S］. ICAO，2016.

［9］FAA. NextGen Avionics Roadmap 2.0［R］. FAA，2011.

［10］SESAR. ATM Master Plan Edition 2［R］. SESAR，2012.

［11］ICAO. ICAO Doc 9613 Performance-based Navigation（PBN）Manual Ed 4［S］. ICAO，2008.

［12］RTCA. DO－236C Minimum Aviation System Performance Standards：Required Navigation Performance for Area Navigation［S］. RTCA，2013.

［13］RTCA. DO－283B Minimum Operational Performance Standards for Required Navigation Performance for Area Navigation［S］. RTCA，2015.

［14］CAREY B. European Parliament Backs Sesar Extension to 2024［EB/OL］.［2014－04－25］.http：//www.ainonline.com/aviation-news/air-transport/2014－04－25/european-parliament-backs-sesar-extension-2024.

［15］SAE. ARP 4754A Guidelines for Development of Civil Aircraft and Systems ［S］. SAE，2010.

［16］秦永元,张洪钺,汪叔华.卡尔曼滤波与组合导航原理(第 3 版)［M］.西安:西北工业大学出版社,2015.

［17］谢文涛.数字航空电子技术［M］.北京:航空工业出版社,2010.

［18］金德琨,敬忠良,王国庆,等.民用飞机航空电子系统［M］.上海:上海交通大学出版社,2011.

［19］ARINC. ARINC 702A Advanced flight management computer system［S］. ARINC,2006.

［20］ARINC. ARINC Specification 424 Navigation system database［S］. ARINC,2018.

［21］ICAO. ICAO Doc 8168 Aircraft Operations Vol I Flight Procedures 5th ed［S］. ICAO,2006.

［22］刘天华.民用飞机数据链通信管理技术［J］.电讯技术,2010(05):88 - 92.

［23］刘天华.民用飞机数据链应用适航要求及实现建议［J］.电讯技术,2014(10):1326 - 1329.

［24］RTCA. DO - 322 Safety,Performance and Interoperability Requirements Document for ATSA - SURF Application［S］. RTCA,2010.

［25］RTCA. DO - 317B Minimum Operational Performance Standards(MOPS) For Aircraft Surveillance Applications System(ASAS)［S］. RTCA,2009.

［26］RTCA. Safety,Performance and Interoperability Requirements Document for Enhanced Traffic Situational Awareness on the Airport Surface with Indications and Alerts (SURF IA)［S］. RTCA,2010.

［27］RTCA. DO - 257A Minimum Operational Performance Standards for the Depiction of Navigation Information on Electronic Maps［S］. RTCA,2003.

［28］ITOH E,WICKRAMASINGHE N K,HIRABAYASHI H,et al. Feasibility study on fixed flight-path angle descent for wide-body passenger aircraft［J］. CEAS Aeronautical Journal,2019(10):589 - 612.

［29］HAYASHI M,HOANG T,JUNG Y,et al. Evaluation of Pushback Decision-Support Tool Concept for Charlotte Douglas International Airport Ramp Operations

　　［C］//11th USA/Europe ATM R&D Seminar. 2015.

［30］刘建业,曾庆化,赵伟,等.导航系统理论与应用［M］.西安：西北工业大学出版
　　　社，1970.

［31］BOEING. Automatics［R/OL］. http://www.b737.org.uk/glareshield.htm♯737－ng.

［32］767/757 Large Format Display System Flight Deck Retrofit［EB/OL］. https://
　　　www. rockwellcollins. com/Products-and-Services/Commercial-Aviation/Flight-
　　　Deck/Integrated-Systems/Flight-Deck-Retrofits/Large-Display-System.aspx.

［33］李其国.加快建设中国民航现代化空管系统［R］.重庆：第十一届中国智能交通年
　　　会,2016.

［34］Airbus. Getting to grips with the cost index［R］. Airbus Industrie，1998.

［35］http://www.esterline.com/Portals/17/SiteImages/en-us/CMA9000.jpg.

［36］BOEING. Flight Management Computer［R/OL］. http://www. b737. org. uk/
　　　fmc.htm.

［37］王昌顺.中国民用航空航行技术的革命［M］.北京：中国民航出版社,2011.

［38］FAA. Global Positioning System，Standard Positioning Service，Performance
　　　Standard(4th Edition)［R］. FAA，2008.

［39］石宝峰,程朋,程农.区域导航进近阶段导航台选择模型与仿真［J］.系统仿真学报,
　　　2011,23(10)：2039－2045.

［40］李铁颖,王科翔,戴苏榕.一种基于 AADL 的航空电子系统仿真和验证技术［J］.航
　　　空电子技术,2019,50(4)：23－28.

缩略语

缩略语	对应英文	对应中文
A－SMGCS	advanced surface movement guidance and control system	先进的场面活动地图引导和控制系统
ABAS	aircraft based augmentation system	机载增强系统
AC	advisory circular	咨询通告
ACARS	aircraft communications addressing and reporting system	飞机通信寻址与报告系统
ACAS	airborne collision avoidance system	机载防撞系统
ACM	ATC communication management	ATC通信管理
ADC	air data computer	大气数据计算机
ADF	automatic direction finder	自动定向仪
ADI	attitude direction indicator	姿态指引仪
ADIRS	air data and inertial reference system	大气数据惯性基准系统
ADS－B in	automatic dependent surveillance-broadcast in	广播式自动相关监视系统输入应用
ADS－B out	automatic dependent surveillance-broadcast out	广播式自动相关监视系统输出应用
ADS－B	automatic dependent surveillance-broadcast	广播式自动相关监视系统
ADS－C	automatic dependent surveillance-contract	合同式自动相关监视系统
ADS	automatic dependent surveillance	自动相关监视系统
AFCS	automatic flight control system	自动飞行控制系统
AFDX	avionics full duplex switched ethernet	航空电子全双工交换式以太网

AFHA	aircraft functional hazard assessment	飞机级功能危害性评估
AFN	ATS facilities notification	空中交通服务设施通告
AHRS	attitude heading reference system	姿态航向基准系统
AIM	aircraft information management	飞机信息管理
AIMS	aircraft information management system	飞机信息管理系统
AIP	aeronautical information publication	航行资料汇编
AIRAC	aeronautical information regulation and control	航行资料定期颁发制
AIS	aeronautical information service	航空情报服务
AMAN	arrival management	进场管理
ANP	actual navigation performance	实际导航性能
ANSP	air navigation service provider	空中导航服务供应商
AOC	airline/aeronautical operational control	航空公司运行控制
APP	approach	进近
APU	auxiliary power unit	辅助动力装置
APV	approach procedures with vertical guidance	带有垂直导航的进近程序
ARINC	Aeronautical Radio，Inc.	航空无线电公司
ARP	aerospace recommended practice	航空推荐实例
ASA	aircraft safety assessment	飞机安全性评估
ASAS	airborne separation assistance system	机载间隔辅助系统
ASBU	aviation system block upgrades	航空系统组块升级计划
ASMS	airport surface management system	机场场面管理系统
ASO	airport surface operations	机场场面运行
ATA	actual time of arrival	实际到达时间
ATC	air traffic control	空中交通管制

ATFCM	air traffic flow and capacity management	空中交通流量和容量管理
ATM	air traffic management	空中交通管理
ATN	aeronautical telecommunication network	航空电信网络
ATS	air traffic services	空中交通服务
ATSA SURF – IA	ATSA surface with indications and alerts	具有指示和告警的机场场面交通感知功能
ATSA SURF	air traffic situational awareness surface	机场场面交通态势感知功能
ATSU	air traffic service unit	空中交通服务组件
B/CRS	back course	反向航道
Baro	barometric	气压的
BIT	built-in test	机内自测试
BITE	built-in test equipment	机内自测试设备
BMT	business/military trajectory	商业/军用航迹
CAAC	Civil Aviation Administration of China	中国民用航空局
CAAMS	civil aviation ATM modernization strategy	中国民航空中交通管理现代化战略
CAS	calibrated air speed	校正空速
CAT	category	类
CCA	common cause analysis	共因分析
CCAR	China Civil Aviation Regulation	中国民航规章
CCD	cursor control device	光标控制设备
CCR	cabinet computing resource	机柜计算机资源
CDA	continuous descent approach	连续下降进近
CDI	course deviation indication	航向道偏差指示

CDM	collaborative decision-making	协同决策机制
CDO	continuous descent operations	连续下降运行
CDS	cockpit display system	驾驶舱显示系统
CDTI	cockpit display of traffic information	交通信息驾驶舱显示
CDU	control display unit	控制显示单元
CF	course to fix	按指定航道到固定点
CI	cost index	成本指数
CIS	cabin information system	客舱信息系统
CM	connection management	关联管理
CMA	common mode analysis	共模分析
CMU	communication management unit	通信管理单元
CNS/ATM	communication, navigation, surveillance/ air traffic management	通信导航监视/空中交通管理
CPDLC	controller-pilot data link communication	管制员和驾驶员数据链通信
CPU	central processing unit	中央处理机
CRC	cyclic redundancy check	循环冗余校验
CTA	controlled time of arrival	控制到达时间
CTO	controlled time over/over fly	控制飞越时间
CTSO	China Technical Standard Order	中国技术标准规定
D-ATIS	digital-automatic terminal information service	数字自动终端信息服务
DA	decision altitude	决断高度
DAL	development assurance level	研制保证等级
DEU	display electronic unit	显示电子组件
DF	direct to fix	直飞至固定点

DLIC	data link initial communication	数据链起始通信
DMAN	departure management	离场管理
DME	distance measuring equipment	测距仪
DS	display system	显示系统
EASA	European Aviation Safety Agency	欧洲航空安全局
ECON	economic	经济
ECS	environmental control system	环控系统
EFB	electronic flight bag	电子飞行包
EFIS	electronic flight instrument system	电子飞行仪表系统
EGNOS	Euro geostationary navigation overlay service	欧洲同步卫星导航覆盖服务
EICAS	engine indication and crew alert system	发动机指示及机组告警系统
EOD	end of descent	下降终点
EPP	extended projected profile	扩展投影剖面
EPR	engine pressure ratio	发动机压力比
EPU	estimate of position uncertainty	位置估计不确定度
ETA	estimated time of arrival	预计到达时间
EVS	enhanced vision system	增强视景系统
FA	fix to altitude	固定点至指定高度
FAA	Federal Aviation Administration	美国联邦航空管理局
FAC	flight augmentation computer	飞行增稳计算机
FADEC	full authority digital engine control	全权限数字发动机控制
FAF	final approach fix	最后进近固定点
FANS	future air navigation system	未来空中航行系统
FAR	Federal Aviation Regulation	联邦航空条例

FAS	final approach segment	最后进近航段
FCC	flight control computer	飞行控制计算机
FCM	flight control module	飞行控制模块
FDAU	flight data acquisition unit	飞行数据获取组件
FDR	flight data recorder	飞行数据记录仪
FHA	functional hazard assessment	功能危害性评估
FIM	flight interval management	飞行间隔管理
FIR	flight information region	飞行情报区
FIS	flight information service	飞行情报服务
FL	flight level	飞行高度层
FLS	FMS landing system	FMS 着陆系统
FMA	flight mode annunciation	飞行模式通告
FMC	flight management computer	飞行管理计算机
FMCS	flight management computer system	飞行管理计算机系统
FMEA	failure mode and effect analysis	失效模式与影响分析
FMES	failure mode and effect summary	失效模式与影响总结
FMF	flight management function	飞行管理功能
FMM	flight management module	飞行管理模块
FMS	flight management system	飞行管理系统
FOM	figure of merit	品质因数
FPA	flight path angle	飞行航迹角
FPAP	flight path alignment point	飞行路径对准点
FPL	flight plan	飞行计划
FQC	fuel quantity computer	燃油量计算机
FSD	FMS status display	FMS 页面显示

FTA	fault tree analysis	故障树分析
FTE	flight technical error	飞行技术误差
GBAS	ground-based augmentation system	地基增强系统
GLS	GBAS landing system	基于 GBAS 着陆系统
GNSS	global navigation satellite system	全球卫星导航系统
GP	glide path	下滑路径
GPM	general process modular	通用处理模块
GPS	global positioning system	全球定位系统
GPWC	ground proximity warning computer	近地告警计算机
GS	glide slope	下滑道
HAL	horizontal alert limit	水平告警限制值
HDD	head down display	下视显示器
HF	high frequency	高频
HIL	horizontal integrity limit	水平完好性限制
HLS	high lift system	高升力系统
HSD	horizontal situation display	水平状况显示器
HSI	horizontal situation indicator	水平位置指示器
HUD	head up display	平视显示器
i4D	initial 4D	初始四维
IAF	initial approach fix	起始进近固定点
IAN	integrated approach navigation	综合进近导航
ICAO	International Civil Aviation Organization	国际民航组织
ICD	interface control document	接口控制文件
ID	identification	标识符
IDAL	item development assurance level	组件研制保证等级

IF	initial fix	起始固定点
IFR	instrument flight rules	仪表飞行规则
ILS	instrument landing system	仪表着陆系统
IMA	integrated modular avionics	综合模块化航空电子
INAV	integrated navigation	综合导航
IRS	inertial reference system	惯性基准系统
IRU	inertial reference unit	惯性基准单元
IS	information services	信息服务
ISA	international standard atmosphere	国际标准大气
ISS	integrated surveillance system	综合监视系统
ITP	IN trail procedures	纵队程序
LAAS	local area augmentation system	局域增强系统
LDA	localizer-type directional aid	航向信标式定向设备
LGS	landing gear system	起落架系统
LNAV	lateral navigation	水平导航
LOC – BC	LOC back course	反向 LOC
LOC	localizer	航向道
LORAN	long range navigation	罗兰导航系统
LPV	localizer performance with vertical guidance	航向道性能与垂直导航
LRC	long range cruise	远程巡航
LRM	line replaceable module	航线(外场)可更换模块
LRU	line replaceable unit	航线(外场)可更换单元
MAP	missed approach point	复飞点
MBSE	model based system engineering	基于模型的系统工程
MC	means of compliance	符合性方法

MCDU	multifunction control display unit	多功能控制显示单元
MCP	mode control panel	模式控制面板
MDA	minimum descent altitude	最低下降高度
MFD	multifunction display	多功能显示器
MKB	multifunction keyboard	多功能键盘
MLS	microwave landing system	微波着陆系统
MMR	multi-mode receiver	多模接收机
MOPS	minimum operational performance standards	最低运行性能标准
MORA	minimum off route altitude	最低偏航高度
MRC	maximum range cruise	最大航程巡航
MSL	mean sea level	平均海平面
M_{MO}	maximum certified Mach number	最大认证马赫数
N1	rotational speed of low pressure compressor	低压压缩机转速
NADP	noise abatement procedure	减噪离场爬升程序
ND	navigation display	导航显示器
NDB	non-directional beacon	无方向信标
NextGen	next generation air transport system	下一代空中交通运输系统
NG FMS	next generation flight management systems	下一代飞行管理系统
NOTAM	notice to airmen	机组航行通告
OMS	onboard maintenance system	机载维护系统
OOOI	out of the gate，off the ground，on the ground，into the gate	推出登机门-离地-着陆-停靠登机门
P‐RAIM	predictive RAIM	接收机自主完好性监视预测
PASA	preliminary aircraft safety assessment	初步飞机安全性评估
PBN	performance based navigation	基于性能的导航

PDC	pre-departure clearance	起飞前放行
PF	pilot flying	操纵驾驶员
PFD	primary flight display	主飞行显示器
PM	pilot monitoring	监控驾驶员
PRA	particular risk analysis	特定风险分析
PSE	path steering error	路径操纵误差
PSSA	preliminary system safety assessment	初步系统安全性评估
QFE	field elevation atmosphere pressure	场面气压
QNE	sea level standard atmosphere pressure	标准海平面气压
QNH	sea level atmosphere pressure	修正海平面气压
RAIM	receiver autonomous integrity monitoring	接收机自主完好性监视
RBT	reference business trajectory	基准商业航迹
RDIU	remote data interface unit	远程数据接口单元
RF	radius to fix	固定半径转弯
RMP	radio management panel	无线电管理板
RNAV	area navigation	区域导航
RNP AR	RNP authorization required	RNP 特殊授权
RNP	required navigation performance	所需导航性能
RSI	runway status indication	跑道状态指示
RTA	required time of arrival	要求到达时间
RTCA	Radio Technical Commission for Aeronautics	航空无线电技术委员会
RVSM	reduced vertical separation minimum	缩小垂直间隔
SAAAR	special aircraft and aircrew authorization required	要求授权的特殊航空器和机组

SAE	Society of Automotive Engineers	国际自动机工程师学会
SATCOM	satellite communication	卫星通信
SBAS	satellite based augmentation system	星基增强系统
SBT	shared business trajectory	共享商业航迹
SDF	simplified directional facility	简化的方向引导设施
SESAR	Single European Sky ATM Research	欧洲单一天空空中交通管理研究
SFHA	system functional hazard assessment	系统功能危害性评估
SID	standard instrument departure	标准仪表离场
SSA	system safety assessment	系统安全性评估
SSM	sign status matrix	标志状态矩阵
SSPP	system safety program plan	系统安全性工作计划
STAR	standard terminal arrival route	标准终端进场
STD	standard	标准
SVS	synthetic vision system	合成视景系统
SWIM	system wide information management	广域信息管理
TACAN	tactical air navigation system	塔康
TAWS	terrain avoidance warning system	地形防撞告警系统
TBFM	time-based flow management	基于时间的流量管理
TBO	trajectory based operation	基于航迹的运行
TCAS	traffic collision avoidance system	空中告警和防撞系统
TCC	thrust control computer	推力控制计算机
TF	track to fix	沿航迹到达固定点
TIS - B	traffic information service-broadcast	广播式空中交通信息服务
TMA	terminal area	终端区域

TO/GA	take off/go around	起飞/复飞
TOAC	time of arrival control	到达时间控制
TOC	top of climb	爬升顶点
TOD	top of descent	下降顶点
TSO	technical standard order	技术标准规定
TSOA	technical standard order approval	技术标准规定项目批准书
UDPP	user-driven prioritisation process	用户驱动优先顺序过程
UIR	upper information region	高层情报区
UTC	universal time coordinated	世界协调时间
VAL	vertical alert limit	垂直告警限制值
VDB	VHF data broadcast	甚高频数据广播
VHF	very high frequency	甚高频
VNAV	vertical navigation	垂直导航
VOR	VHF omnidirectional radar	甚高频全向信标
VPA	vertical path angle	垂直路径角
VS	vertical speed	垂直速度
VSD	vertical situation display	垂直状况显示器
V_1	take off decision speed	起飞决断速度
V_2	take off safety speed	起飞安全速度
V_{MO}	maximum certified airspeed	最大认证空速
V_R	take off rotation velocity	起飞抬前轮速度
V_{ZF}	zero flap airspeed	零度襟翼最小安全机动速度
WAAS	wide area augmentation system	广域增强系统
WAM	wide area multilateration	广域多元关联监视
XTK	cross track error	偏航距
ZSA	zonal safety analysis	区域安全性分析

索引

大飞机出版工程 书目

一期书目(已出版)

《超声速飞机空气动力学和飞行力学》(译著)

《大型客机计算流体力学应用与发展》

《民用飞机总体设计》

《飞机飞行手册》(译著)

《运输类飞机的空气动力设计》(译著)

《雅克-42M 和雅克-242 飞机草图设计》(译著)

《飞机气动弹性力学和载荷导论》(译著)

《飞机推进》(译著)

《飞机燃油系统》(译著)

《全球航空业》(译著)

《航空发展的历程与真相》(译著)

二期书目(已出版)

《大型客机设计制造与使用经济性研究》

《飞机电气和电子系统——原理、维护和使用》(译著)

《民用飞机航空电子系统》

《非线性有限元及其在飞机结构设计中的应用》

《民用飞机复合材料结构设计与验证》

《飞机复合材料结构设计与分析》(译著)

《飞机复合材料结构强度分析》

《复合材料飞机结构强度设计与验证概论》

《复合材料连接》

《飞机结构设计与强度计算》

三期书目(已出版)

《适航理念与原则》

《适航性:航空器合格审定导论》(译著)

《民用飞机系统安全性设计与评估技术概论》

《民用航空器噪声合格审定概论》

《机载软件研制流程最佳实践》

《民用飞机金属结构耐久性与损伤容限设计》

《机载软件适航标准 DO－178B/C 研究》

《运输类飞机合格审定飞行试验指南》(编译)

《民用飞机复合材料结构适航验证概论》

《民用运输类飞机驾驶舱人为因素设计原则》

四期书目(已出版)

《航空燃气涡轮发动机工作原理及性能》

《航空发动机结构强度设计问题》

《航空燃气轮机涡轮气体动力学:流动机理及气动设计》

《先进燃气轮机燃烧室设计研发》

《航空燃气涡轮发动机控制》

《航空涡轮风扇发动机试验技术与方法》

《航空压气机气动热力学理论与应用》

《燃气涡轮发动机性能》(译著)

《航空发动机进排气系统气动热力学》

《燃气涡轮推进系统》(译著)

《燃气涡轮发动机的传热和空气系统》

五期书目(已出版)

《民机飞行控制系统设计的理论与方法》

《民机导航系统》

《民机液压系统》(英文版)

《民机供电系统》

《民机传感器系统》

《飞行仿真技术》

《民机飞控系统适航性设计与验证》

《大型运输机飞行控制系统试验技术》

《飞行控制系统设计和实现中的问题》(译著)

《现代飞机飞行控制系统工程》

六期书目(已出版)

《民用飞机构件先进成形技术》

《民用飞机热表特种工艺技术》

《航空发动机高温合金大型铸件精密成型技术》

《飞机材料与结构检测技术》

《民用飞机构件数控加工技术》

《民用飞机复合材料结构制造技术》

《民用飞机自动化装配系统与装备》

《复合材料连接技术》

《先进复合材料的制造工艺》（译著）

七期书目（已出版）

《支线飞机设计流程与关键技术管理》

《支线飞机验证试飞技术》

《支线飞机电传飞行控制系统研发及验证》

《支线飞机适航符合性设计与验证》

《支线飞机市场研究技术与方法》

《支线飞机设计技术实践与创新》

《支线飞机项目管理》

《支线飞机自动飞行与飞行管理设计与验证》

《支线飞机电磁环境效应设计与验证》

《支线飞机动力装置系统设计与验证》

《支线飞机强度设计与验证》

《支线飞机结构设计与验证》

《支线飞机环控系统研发与验证》

《支线飞机运行支持技术》

《ARJ21‐700新支线飞机项目发展历程、探索与创新》

《飞机运行安全与事故调查技术》

《基于可靠性的飞机维修优化》

《民用飞机实时监控与健康管理》

《民用飞机工业设计的理论与实践》

八期书目(已出版)

《航空电子系统综合化与综合技术》

《民用飞机飞行管理系统》

《民用飞机驾驶舱显示系统》

《民用飞机机载总线与网络》

《航空电子软件开发与适航》

《民用机载电子硬件开发实践》

《民用飞机无线电通信导航监视系统》

《飞机环境综合监视系统》

《民用客机健康管理系统》

《航空电子适航性分析技术与管理》

《民用飞机客舱与机载信息系统》

《民用飞机驾驶舱集成设计与适航验证》

《航空电子系统安全性设计与分析技术》

《民机飞机飞行记录系统——"黑匣子"》

《数字航空电子技术(上、下)》